Finn Zimmermann 9c

Schnittpunkt 9

Mathematik
Rheinland-Pfalz

Rainer Maroska
Achim Olpp
Rainer Pongs
Claus Stöckle
Hartmut Wellstein
Heiko Wontroba

bearbeitet von
Ilona Bernhard, Obermoschel
Volker Müller, Isenburg
Harald Schmitt, Beuren

Ernst Klett Verlag
Stuttgart · Leipzig

Schnittpunkt 9, Mathematik, Rheinland-Pfalz

Begleitmaterial:
Lösungsheft (ISBN 978-3-12-742693-9)
Arbeitsheft plus Lösungsheft (ISBN 978-3-12-742696-0)
Arbeitsheft plus Lösungsheft mit Lernsoftware (ISBN 978-3-12-742695-3)
Schnittpunkt Kompakt, Klasse 5/6 (ISBN 978-3-12-740358-9)
Schnittpunkt Kompakt, Klasse 7/8 (ISBN 978-3-12-740378-7)
Schnittpunkt Kompakt, Klasse 9/10 (ISBN 978-3-12-740398-5)
Kompetenztest 3, Klasse 9/10 (ISBN 978-3-12-740407-4)
Formelsammlung (ISBN 978-3-12-740322-0)

1. Auflage   1 13 12 11 10 9 | 21 20 19 18 17

Alle Drucke dieser Auflage sind unverändert und können im Unterricht nebeneinander verwendet werden. Die letzten Zahlen bezeichnen jeweils die Auflage und das Jahr des Druckes.

Das Werk und seine Teile sind urheberrechtlich geschützt.
Jede Nutzung in anderen als den gesetzlich zugelassenen Fällen bedarf der vorherigen schriftlichen Einwilligung des Verlages. Hinweis zu § 52a UrhG: Weder das Werk noch seine Teile dürfen ohne eine solche Einwilligung eingescannt und in ein Netzwerk eingestellt werden. Dies gilt auch für Intranets von Schulen und sonstigen Bildungseinrichtungen. Fotomechanische oder andere Wiedergabeverfahren nur mit Genehmigung des Verlages.

© Ernst Klett Verlag GmbH, Stuttgart 2009.
Alle Rechte vorbehalten.
Internetadresse: www.klett.de

Autoren: Rainer Maroska, Geislingen; Achim Olpp, Täferrot; Rainer Pongs, Hürtgenwald; Claus Stöckle, Bietigheim-Bissingen; Hartmut Wellstein, Nürnberg; Heiko Wontroba, Herrenhof
Bearbeitet von: Ilona Bernhard, Obermeschel; Volker Müller, Isenburg; Harald Schmitt, Beuren
Redaktion: Annette Thomas, Claudia Gritzbach

Zeichnungen / Illustrationen: Uwe Alfer, Waldbreitbach
Umschlagfoto: Fotosearch Stock Photography, BrandXPictures

Reproduktion: Meyle + Müller, Medien-Management, Pforzheim
DTP / Satz: media office gmbh, Kornwestheim
Druck: W.B. Druckerei GmbH, Hochheim am Main
Printed in Germany

ISBN 978-3-12-742691-5

Willkommen im Schnittpunkt

Liebe Schülerin, lieber Schüler,

der Schnittpunkt soll dich in diesem Schuljahr beim Lernen begleiten und unterstützen. Damit du dich jederzeit zurecht findest, wollen wir dir ein paar Hinweise geben.

Jedes neue Kapitel beginnt mit einer **Doppelseite**, auf der es viel zu entdecken und auszuprobieren gibt und auf der du nachlesen kannst, was du in diesem Kapitel lernen wirst. Innerhalb der Kapitel wirst du vor allem die **Aufgaben** bearbeiten – gemeinsam mit anderen oder allein.

Auf vielen Aufgabenseiten findest du immer wieder bunt hervorgehobene Kästen, die Verschiedenes bieten:

- Wichtige mathematische Methoden und Vorgehensweisen, die du immer wieder brauchen wirst.
- Informationen, Daten und Diagramme zu einem interessanten Thema sowie einige Fragestellungen, zu denen du Antworten und Fragen finden kannst.
- Den Anstoß zu einer ausführlichen Beschäftigung mit einem Thema, bei dem es einiges zu entdecken gibt.
- Wissenswertes aus alter Zeit.
- Schaufenster in die Mathematik mit Interessantem, Staunenswertem, mit Spielen, Bastelideen, Gedankenexperimenten und echten Knobelnüssen.

Am Ende jedes Kapitels findest du in der **Zusammenfassung** noch einmal alles, was du dazugelernt hast. Hier kannst du dich für die anstehenden Klassenarbeiten fit machen und jederzeit nachschlagen.

Unter **Üben • Anwenden • Nachdenken** sind Aufgaben zum Üben, Weiterdenken und Anknüpfen an früher Gelerntes zusammengestellt.

Die letzte Seite des Kapitels, der **Rückspiegel**, bietet dir eine Aufgabenauswahl, mit der du dein Wissen und Können testen kannst. Links findest du die leichteren, rechts die schwierigeren Aufgaben. Wenn du einen Aufgabentyp schon sehr gut beherrschst, kannst du nach rechts springen, wenn dir eine Art von Aufgaben noch Schwierigkeiten bereitet, wechselst du auf die linke Seite. Die Lösungen zu diesen Aufgaben findest du alle am Ende des Buches.

Nach dem letzten Kapitel kommt das **Bewerbungstraining**. Hier findest du Tipps und Übungsaufgaben, mit denen du dich auf Bewerbungstests vorbereiten kannst. Die Lösungen stehen ebenfalls am Ende des Buches.
Und jetzt wünschen wir dir viel Spaß und Erfolg!

Inhalt

- **Basiswissen** 6

1 Lineare Gleichungssysteme 12
1. Lineare Gleichungen mit zwei Variablen 14
2. Lineare Gleichungssysteme 16
3. Lösen durch Gleichsetzen 20
4. Lösen durch Addieren 23
5. Modellieren mit linearen Gleichungssystemen 25
6. Lineare Ungleichungen mit zwei Variablen* 28
7. Systeme linearer Ungleichungen* 30
8. Lineares Optimieren* 32
   Zusammenfassung 34
   Üben • Anwenden • Nachdenken 35
   Rückspiegel 39

2 Wurzeln 40
1. Quadratwurzeln 42
2. Bestimmen von Quadratwurzeln 45
3. Multiplikation und Division 48
4. Addition und Subtraktion 50
5. n-te Wurzel 52
   Zusammenfassung 54
   Üben • Anwenden • Nachdenken 55
   Rückspiegel 59

3 Zinsen 60
1. Zinsrechnung 62
2. Zinseszins 64
3. Zuwachssparen 67
4. Kleinkredit 69
   Zusammenfassung 72
   Üben • Anwenden • Nachdenken 73
   Rückspiegel 77

4 Ähnlichkeit. Strahlensätze 78
1. Zentrische Streckung 80
2. Ähnliche Figuren 84
3. Strahlensätze 87
4. Lesen und Lösen 90
   Zusammenfassung 94
   Üben • Anwenden • Nachdenken 95
   Rückspiegel 99

5	**Satzgruppe des Pythagoras**	100
1	Kathetensatz	102
2	Höhensatz	104
3	Satz des Pythagoras	106
4	Satz des Pythagoras in geometrischen Figuren	109
5	Anwendungen	113
	Zusammenfassung	117
	Üben • Anwenden • Nachdenken	118
	Rückspiegel	123

6	**Pyramide. Kegel. Kugel**	124
1	Prisma und Zylinder	126
2	Pyramide. Oberfläche	128
3	Pyramide. Volumen	130
4	Kreisteile	133
5	Kegel. Oberfläche	135
6	Kegel. Volumen	137
7	Kugel. Volumen	139
8	Kugel. Oberfläche	141
9	Zusammengesetzte Körper	143
	Zusammenfassung	146
	Üben • Anwenden • Nachdenken	147
	Rückspiegel	151

- **Bewerbungstraining** — 152
  Tests — 161
  Einstellungstests — 167

- **Treffpunkte**
  Treffpunkt Beruf — 170
  Treffpunkt Umwelt — 172

Lösungen des Basiswissens — 174
Lösungen der Rückspiegel — 177
Lösungen des Bewerbungstrainings — 182
Register — 186
Mathematische Symbole/Maßeinheiten — 188

* Diese Inhalte sind nicht explizit im Lehrplan ausgewiesen.

Basiswissen | Prozent- und Zinsrechnen

Wohin soll unser Jahresausflug gehen?
Bodensee 15
Ulm 2
Europapark 8

Bei der Umfrage in der Klasse ist die Summe der Stimmen der Grundwert.
15 von 25 stimmten für den Bodensee, das sind $\frac{15}{25} = \frac{3}{5} = \frac{60}{100}$ oder 60 %.
Hier ist 15 der Prozentwert und $\frac{60}{100}$ oder 60 % der Prozentsatz.

Beim Prozentrechnen unterscheiden wir **Grundwert G**, **Prozentwert W** und den **Prozentsatz p %**.
Der Prozentwert entspricht der **absoluten Häufigkeit**.
Der Prozentsatz entspricht der **relativen Häufigkeit** in Prozent.

W = 156 €
p % = 32 %
G = ▢

Die Formel wird nach G aufgelöst:
W = G · $\frac{p}{100}$ | : $\frac{p}{100}$
G = W : $\frac{p}{100}$; G = 156 € : $\frac{32}{100}$ = 165 € : 0,32
G = 487,50 €

Mit der **Grundformel der Prozentrechnung**
W = G · p % oder **W = G · $\frac{p}{100}$**
lassen sich W, G und p % berechnen, wenn zwei der drei Größen gegeben sind.

1 Bei welchem Angebot ist der Rabatt in Prozent höher?
alter Preis: 399,00 €   299,00 €
neuer Preis: 299,00 €   199,00 €

2 Was kostet die Jacke nach Abzug von 15 % Rabatt, wenn sie mit 195,00 € ausgezeichnet ist?
Wie hoch ist der Rabatt in Euro?

3 Nach einem Aufschlag von 5 % kostet ein MP3-Player 94,50 Euro.
a) Wie teuer war er vorher?
b) Um wie viel Prozent müsste man den Preis senken, um wieder auf den alten Preis zu kommen?
c) Um wie viel Prozent verteuert sich eine Ware insgesamt, wenn zweimal hintereinander um 10 % erhöht wird?

Grundwert ≙ Kapital K
Prozentwert ≙ Jahreszinsen Z
Prozentsatz ≙ Zinssatz p %

Die **Zinsrechnung** ist eine Anwendung der Prozentrechnung:
Entsprechend lassen sich mit der Formel
Z = K · p % oder **Z = K · $\frac{p}{100}$**
Z, K und p % berechnen, wenn zwei der drei Größen gegeben sind.
Für Teile eines Jahres müssen die Jahreszinsen mit einem Zeitfaktor multipliziert werden.
Die **Formel für Tageszinsen** heißt dann
Z = K · $\frac{p}{100}$ · $\frac{t}{360}$
Z steht für Tageszinsen und t für Tage.

K = 1500 €
Z = 67,50 €
p % = ▢

Die Formel wird nach p % aufgelöst:
Z = K · p % | : K
p % = $\frac{67,50}{1500}$ = 0,045 = 4,5 %

K = 560,00 €
p % = 11 %
t = 78

Z = 560,00 · $\frac{11}{100}$ · $\frac{78}{360}$ € = 13,35 €
Es fallen in 78 Tagen 13,35 € Zinsen an.

4 a) Tanja hat für 640 € Sparguthaben in einem Jahr 14,40 €, Tim für 490 € Zinsen in Höhe von 12,25 € bekommen.
Wer hatte den höheren Zinssatz?
b) Für welchen Kreditbetrag muss man in einem Jahr bei einem Zinssatz von 10,5 % Zinsen in Höhe von 126,00 € bezahlen?

5 a) Herr Lahm überzieht sein Konto für 24 Tage um 456,50 €. Die Bank verlangt einen Zinssatz von 14,5 %.
b) Lukas bekommt für 345 € in einem Monat 0,86 €.
Wie viel Zinsen würde er für diesen Betrag in 125 Tagen bekommen?

Basiswissen | Funktionen

Eine Funktion mit der Gleichung
f(x) = m · x + b heißt **lineare Funktion**.
Das Schaubild ist eine Gerade mit der
Steigung m. Diese Gerade schneidet die
y-Achse im Punkt P(0|b).
Der **Wert b** bezeichnet den **y-Achsenabschnitt** der Geraden.
Ist b = 0, dann ist die Funktion
f(x) = m · x eine **proportionale Funktion**.

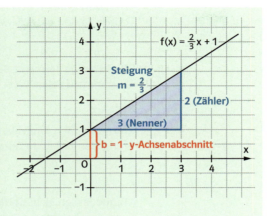

1 Ist die Funktion proportional, linear oder keines von beiden?
a) f(x) = 4,5x
b) f(x) = 4,5
c) f(x) = x^2 − 3x
d) f(x) = 3x + 2,5

2 Erstelle eine Wertetabelle und zeichne das Schaubild der Funktion.
a) y = 2x + 4
b) y = 2x − 4
c) y = −2x + 4
d) y = −2x − 4

3 Wie lautet die zugehörige Funktionsgleichung?

x	−3	−2	−1	0	1	2	3
f(x)	−9	−7	−5	−3	−1	1	3

4 Bestimme die Funktionsgleichungen.

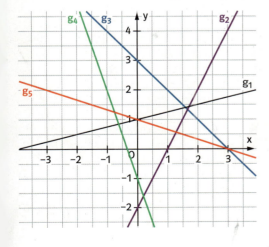

5 Zeichne.
Verwende den y-Achsenabschnitt und ein Steigungsdreieck.
a) f(x) = x + 1,5
b) f(x) = −3x − 4
c) f(x) = $\frac{4}{3}$x + 1
d) f(x) = −$\frac{2}{5}$x − 2

6 Eine Schraubenfeder ist in unbelastetem Zustand 20 cm lang. Wenn man Massestücke von 100 g anhängt, verlängert sie sich jeweils um 5 cm.
a) Gib die Funktionsgleichung zur Berechnung der Federlänge an.
b) Zeichne den Graphen bis zu einer Federlänge von 50 cm.

7 An einer Mietstation für Fahrräder werden zwei verschiedene Tarife angeboten. Vergleiche.

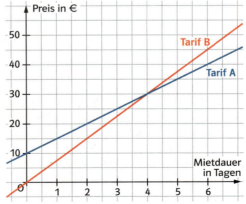

Basiswissen 7

Basiswissen | Rechnen mit Termen

$3 \cdot x - 2 \cdot y + z$
Wert des Terms für $x = 4$; $y = 3$; $z = -5$:
$3 \cdot 4 - 2 \cdot 3 + (-5) = 12 - 6 - 5 = 1$

$2x + 3y + x - 2y + 4z$
$= 2x + x + 3y - 2y + 4z$
$= 3x + y + 4z$

	T_1: $2x + 3y - 4x$	T_2: $3y - 2x$
$x = -1$	$-2 + 7{,}5 + 4$	$3 \cdot 2{,}5 - 2 \cdot (-1)$
und	$= 5{,}5 + 4$	$= 7{,}5 + 2$
$y = 2{,}5$	$= 9{,}5$	$= 9{,}5$

$3xy \cdot 5z \cdot 4xz$
$= (3 \cdot 5 \cdot 4) \cdot (x \cdot x) \cdot y \cdot (z \cdot z)$
$= 60 x^2 y z^2$
$8abc : (-4) = -2abc$

$x + (y + z) = x + y + z$
$x - (y + z) = x - y - z$
$x - (y - z) = x - y + z$
$x \cdot (y + z) = xy + xz$
$(x + y) : z = x : z + y : z$

Der **Wert eines Terms** lässt sich berechnen, wenn die Variablen durch Zahlen ersetzt werden.

Gleichartige Terme lassen sich durch Addieren und Subtrahieren **zusammenfassen**, verschiedenartige dagegen nicht.

Terme heißen **äquivalent**, wenn ihre Werte nach jeder Ersetzung der Variablen durch Zahlen übereinstimmen.

Terme lassen sich **multiplizieren**, indem man die Koeffizienten und die Variablen getrennt multipliziert.
Beim **Dividieren** eines Terms durch eine Zahl wird nur der Koeffizient dividiert.

Klammerregeln für Terme
- Addition einer Summe
- Subtraktion einer Summe
- Subtraktion einer Differenz
- Multiplikation einer Summe (Distributivgesetz)
- Division einer Summe

1 Setze die Zahl 3 für x und die Zahl −1 für y ein und berechne den Wert des Terms.
a) $2x + 3y$ b) $-2x - 3$
c) $2x \cdot 3y$ d) $y^2 - x$

2 Setze für die Variable x die ganzen Zahlen von −3 bis 3 ein und berechne den Wert des Terms.
a) $4 + 2x$ b) $-3x - 4$
c) $2x - 5x$ d) $2x^2 - x$

3 Fasse zusammen.
a) $9x + 12y - 5x + 7x - 4y$
b) $4a + 7b - 13a + 9b - b$
c) $3xy + 10ab - 9xy - 21ab$
d) $4a^2 - 4a + 4 - a^2 + a - 4$

4 Ergänze so, dass die Rechnung stimmt.
a) $10x - \square - 3x + 2y = 7x - 7y$
b) $-12x - y + \square - 5y = 5x - 6y$
c) $2a - 3b - 4 - a - \square = a - 4 + b$
d) $3xy - \square + 19ab - \square = 2xy + 20ab$

5 Multipliziere bzw. dividiere.
a) $6xy \cdot 5z \cdot 4 \cdot 8x$ b) $5x \cdot (-4y) \cdot 3 \cdot (-z)$
c) $12a \cdot (-6bc) \cdot 4a$ d) $2a \cdot 3ab \cdot c \cdot (-2a)$
e) $25xy : 2{,}5$ f) $35y^2 : (-7)$

6 Beachte „Punkt vor Strich".
a) $5xy + 4x \cdot (-7y) - 12y \cdot 3x$
b) $42xy - 40xy : 8 + 25xy - 20xy \cdot 3$
c) $3ab \cdot (-4ab) - cd \cdot cd + 5a^2b^2$

7 Löse die Klammern auf und berechne.
a) $9a + (12b - 6a) - 3b$
b) $6a + (14 - 3a) + (2a - 5)$
c) $10m - (3m + 5n) - (n + 2m)$
d) $6m - (-4n + m) + (-10m + 2n)$

8 Schreibe ohne Klammer.
a) $3a(9b + 6)$ b) $8a(7b - 9c)$
c) $(12x - 6y) \cdot 5y$
d) $(18x + 15y^2) \cdot (-2x)$
e) $-9x \cdot (-6x - 7y^2)$ f) $(14a - 21) : 7$
g) $(17ab - 34bc) : 17$
h) $(8a^2b - b^2) : (-0{,}5)$

Basiswissen | Gleichungen lösen

Um eine Gleichung zu lösen, führt man **Termumformungen** und **Äquivalenzumformungen** aus.
Durch solche Umformungen ändert sich die Lösung einer Gleichung nicht. Am Ende steht eine Gleichung, deren Lösung unmittelbar abzulesen ist.

$$8x + 27 + x + 2\cdot(8 - 3x) = -32 + 4\cdot(24 - x)$$

$$x = 3$$

Termumformungen
Die zwei Terme auf der linken und der rechten Seite der Gleichung werden durch Zusammenfassen einzeln vereinfacht. Enthält ein Term **Klammern**, werden diese zuerst aufgelöst.

$$8x + 27 + x + 2\cdot(8 - 3x) = -32 + 4\cdot(24 - x)$$
$$8x + 27 + x + 16 - 6x = -32 + 96 - 4x$$
$$3x + 43 = 64 - 4x \qquad |+4x$$
$$7x + 43 = 64 \qquad |-43$$
$$7x = 21 \qquad |:7$$
$$x = 3$$

Äquivalenzumformungen
- Auf beiden Seiten der Gleichung wird derselbe Term addiert oder subtrahiert.
- Beide Seiten der Gleichung werden mit derselben Zahl multipliziert oder durch dieselbe Zahl dividiert.
Nicht möglich sind die Multiplikation mit null und die Division durch null.

Probe:

linker Term		rechter Term
$8\cdot 3 + 27 + 3 + 2\cdot(8 - 3\cdot 3)$		$-32 + 4\cdot(24 - 3)$
= 24 + 27 + 3 + 2·(8 − 9)	=	−32 + 4·21
= 24 + 27 + 3 + 2·(−1)	=	−32 + 84
= 24 + 27 + 3 − 2	=	52
= 52		

1 Löse die Gleichung so weit wie möglich im Kopf.
a) $12x - 18 = 4x + 30$
b) $19x + 8 - 7x = 48 - 8x$
c) $29 - 17x = -18x + 30$
d) $34x - 27 + 8x = 50x - 87 - 2x$
e) $-x + 3x + 1 = -2x + 2 + 3x - 1$
f) $34 + 15x = 46 + 18x$

2 Löse die Gleichung.
a) $0{,}5x - 1 = 6$ \qquad b) $\frac{1}{3}x + 5 = 9$
c) $\frac{3}{4}x + \frac{7}{2} = \frac{1}{4}x + 6$ \qquad d) $\frac{5}{6}x + \frac{1}{4} = 4$
e) $1{,}5x + 8 = 6 - 0{,}5x$
f) $9{,}6x + 7 - 2{,}4x = -0{,}8x + 19$

3 Löse zuerst die Klammern auf, bevor du die Gleichung löst.
a) $6\cdot(3x + 4) = 5\cdot(2x + 8)$
b) $-12x + 4\cdot(x - 9) = 3\cdot(2 - 5x)$
c) $y + 2\cdot(7 - y) - 5 = 13\cdot(y - 9)$
d) $4\cdot(y - 11) = 11\cdot(y - 4)$
e) $3\cdot(6 - u) + 4\cdot(2u + 5) = 3\cdot(u - 8)$

4 Die drei Schwierigen!
a) $\frac{1}{3}x + \frac{1}{2}\cdot(4 - 2x) = \frac{7}{6} + x$
b) $6\cdot(5 + 6y) = \frac{3}{2}\cdot(9 + 21y) + 13{,}5$
c) $2\cdot(1 + z) + 3\cdot(7 - z) - 4\cdot(2z - 1) - (6 - 12z) = 0$

5 Löse die Gleichungen mit binomischen Formeln und Produkten.
a) $(x + 2)^2 = (2x - 3)^2 - 3x^2$
b) $2x + (x - 3)^2 = (x + 1)^2 - 4$
c) $(x + 2)(x - 2) = (x - 4)^2$
d) $(x + 2)(x + 3) = (x + 1)^2 - 1$
e) $(x + 2)(x - 1) = (x - 2)^2 - 1$
f) $(x + 2)\cdot(x + 3) - (x + 1)^2 = 2x - 1$

6 Das 7-Fache einer Zahl ist 3-mal so groß wie ihr um 5 verkleinertes 4-Faches.

7 a) In 8 Jahren wird Anca 3-mal so alt sein wie sie jetzt ist.
b) In 5 Jahren wird Bea 4-mal so alt sein wie sie vor 10 Jahren war.

Basiswissen | Umfang und Flächeninhalt

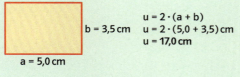

Für den Umfang und den Flächeninhalt ebener Figuren gelten die folgenden Formeln:

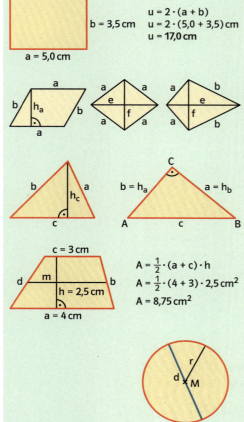

	Umfang	Flächeninhalt
Quadrat	$u = 4 \cdot a$	$A = a^2$
Rechteck	$u = 2 \cdot (a + b)$	$A = a \cdot b$
Parallelogramm	$u = 2 \cdot (a + b)$	$A = a \cdot h_a$ $A = b \cdot h_b$
Raute	$u = 4 \cdot a$	$A = a \cdot h_a$ $A = \frac{1}{2} \cdot e \cdot f$
Drachen	$u = 2 \cdot (a + b)$	$A = \frac{1}{2} \cdot e \cdot f$
Dreieck • allgemein	$u = a + b + c$	$A = \frac{1}{2} \cdot a \cdot h_a$ $A = \frac{1}{2} \cdot b \cdot h_b$ $A = \frac{1}{2} \cdot c \cdot h_c$
• rechtwinklig ($\gamma = 90°$)	$u = a + b + c$	$A = \frac{1}{2} \cdot a \cdot b$
Trapez	$u = a + b + c + d$	$A = \frac{1}{2} \cdot (a + c) \cdot h$ $A = m \cdot h$
Kreis	$u = 2 \cdot \pi \cdot r$ $u = \pi \cdot d$	$A = \pi \cdot r^2$

Gib Flächeninhalt und Umfang in Abhängigkeit von e an.

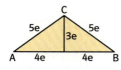

1 Berechne den Flächeninhalt des Dreiecks.
a) $c = 14{,}0$ cm; $h_c = 5{,}0$ cm
b) $a = 4{,}8$ dm; $h_a = 0{,}5$ m
c) $a = 2{,}8$ cm; $b = 72$ mm; $\gamma = 90°$

2 Berechne die Seite b des Dreiecks.
a) $u = 12{,}84$ m; $a = 3{,}6$ m; $c = 48$ dm
b) $A = 399{,}84$ mm²; $h_b = 39{,}2$ mm
c) $A = 143$ cm²; $c = 13$ cm; $\alpha = 90°$

3 Ein Kreis hat den Umfang $u = 15$ cm.
a) Berechne den Radius, den Durchmesser und den Flächeninhalt des Kreises.
b) Wie verändert sich der Flächeninhalt, wenn der Umfang verdoppelt wird?

4 Berechne den Flächeninhalt und den Umfang des Parallelogramms.
a) $a = 0{,}34$ dm; $b = 8{,}22$ cm; $h_a = 8{,}1$ cm
b) $a = 29{,}2$ m; $b = 6{,}4$ m; $h_b = 29{,}1$ m
c) $a = 10{,}6$ cm; $h_b = 5{,}3$ cm; $h_a = 5{,}0$ cm

5 Wie verändert sich der Flächeninhalt einer Raute, wenn die Länge einer Diagonalen verdreifacht und die der anderen verdoppelt wird?

6 Welchen Flächeninhalt hat der trapezförmige Querschnitt eines Deiches, dessen Kronenbreite 16,25 m, dessen Sohlenbreite 32,75 m und dessen Höhe 14,10 m beträgt?

Basiswissen | Prismen und Zylinder

Ein Prisma wird von der **Grundfläche**, der **Deckfläche** und der **Mantelfläche** begrenzt. Diese bilden die **Oberfläche**. Grundfläche G und Deckfläche D sind kongruente Vielecke. Die Mantelfläche M besteht aus Rechtecken, die in einer Seite übereinstimmen. Diese ist die **Höhe** h des Prismas.
Quader und Würfel sind besondere Prismen.

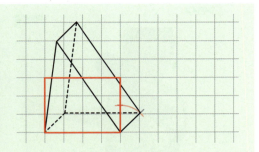

Ein Zylinder wird von zwei kongruenten Kreisflächen als Grund- und Deckfläche und einem Rechteck als Mantel begrenzt. Für den Oberflächeninhalt gilt daher bei Prisma und Zylinder:
O = 2 · G + M.
Für das Volumen gilt für beide Körper:
V = G · h.
G ist die Größe der Grundfläche bei Zylinder (Kreis) und Prisma (Vieleck).

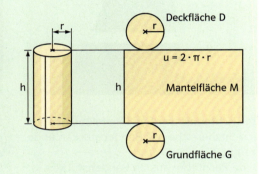

1 Zeichne das Netz des Prismas und berechne den Oberflächeninhalt. Fehlende Maße entnimmst du der Zeichnung.
a) Grundfläche: rechtwinkliges Dreieck mit a = 4 cm; b = 6 cm; γ = 90°; Höhe: h = 3 cm
b) Grundfläche: gleichseitiges Dreieck mit a = 5 cm; Höhe: h = 4 cm
c) Grundfläche: symmetrisches Trapez mit a = 6 cm; c = 4 cm; h_T = 3 cm; Höhe: h = 5 cm

2 Die Grundfläche eines Prismas ist ein rechtwinkliges Dreieck (a = 7 cm, b = 6 cm, γ = 90°). Die Körperhöhe beträgt h = 12 cm. Berechne das Volumen.

3 Ein quadratisches Prisma hat das Volumen V = 200 cm³ und ist 8 cm hoch. Berechne die Kantenlänge der Grundfläche sowie den Oberflächeninhalt des Prismas.

4 Berechne das Volumen und den Oberflächeninhalt des Prismas. (Maße in cm)
a)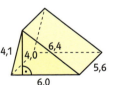
b)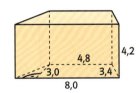

5 Berechne den Oberflächeninhalt eines Zylinders, dessen Grundfläche einen Durchmesser von d = 5 cm hat und der 8 cm hoch ist.

6 Eine Konservendose hat einen Durchmesser von 10 cm und ist 12 cm hoch.
a) Gib das Volumen in Milliliter an.
b) Wie groß ist der Materialbedarf, wenn für den Verschnitt ein Zuschlag von 15 % berechnet wird.

1 Lineare Gleichungssysteme

Größer, kleiner, gleich

Im Tischtennis werden Spielfelder, Gänge und Sitzbereiche mit Bandenstücken abgetrennt.
Bilde Rechtecke aus 24 Bandenstücken. Wie viele Möglichkeiten findest du?

Länge (Anzahl)	Breite (Anzahl)
11 Teile	☐
☐	☐

Finde eine Gleichung für den Zusammenhang von Länge und Breite bei 24 Bandenstücken.
Das Spielfeld erfordert mindestens eine Länge von 7 und eine Breite von 5 Bandenstücken. Bilde Rechtecke mit 30 Bandenstücken.
Welche symmetrischen Trapeze mit $b = c = d$ lassen sich mit 24 (30) Bandenstücken bilden?

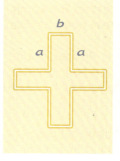

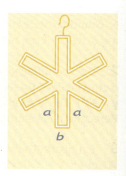

Cora will in ihrem Praktikum Ohrringe aus Golddraht herstellen.
Sie entwirft eine Kreuzform mit vier und eine Sternform mit sechs jeweils gleichen Teilfiguren.

Welche Maße kann sie bei einer Drahtlänge von 36 cm für a und b wählen? Welche ganzzahligen Maße sind möglich? Sie möchte für den Ohrstecker 3 cm der Gesamtlänge berücksichtigen.

Was kostet der Führerschein?

Maik plant, im nächsten Jahr den Führerschein für Kleinkrafträder zu machen. Er informiert sich über die zu erwartenden Kosten. Die Fahrschule „Wagner" bietet folgende Konditionen an:
Grundgebühr: 150 €
Preis pro Fahrstunde: 25 €
Vom Gesetzgeber werden dabei mindestens 12 Fahrstunden vorgeschrieben.

Eine andere Fahrschule wirbt mit einer Anzeige in der Tageszeitung.

Maik möchte sich einen Überblick verschaffen. Dabei eignen sich eine Wertetabelle und ein Schaubild, um den Zusammenhang zwischen der Anzahl der Fahrstunden und den Kosten darzustellen.

Für welche Fahrschule soll sich Maik entscheiden? Begründe.

Fahrschule Müller

Führerschein zum Sonderpreis!
Keine Grundgebühr!

Preisbeispiel: 10 Stunden für 350 €

Erkundigt euch selbst nach aktuellen Preisen beim Erwerb des Führerscheins für Kleinkrafträder und vergleicht.

Anzahl der Stunden	0	10	...
Kosten „Wagner" in €	...		
Kosten „Müller" in €	...		

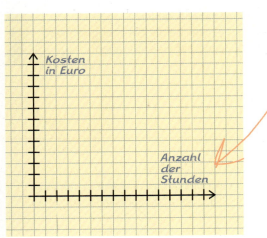

In diesem Kapitel lernst du,

- wie man mit Gleichungen arbeitet, die zwei Variablen enthalten,
- was ein lineares Gleichungssystem ist und wie man es löst,
- wie man mathematische Modelle zur Lösung von praktischen Problemen verwendet,
- wie man aus zahlreichen möglichen Lösungen die günstigste finden kann.

13

1 Lineare Gleichungen mit zwei Variablen

Aus einem 40 cm langen Draht lassen sich ohne Rest gleichschenklige Dreiecke biegen.
Die Maßzahlen der Seitenlängen sollen natürliche Zahlen sein.
→ Nenne verschiedene Möglichkeiten.

Die Gleichung $2x + y = 8$ enthält **zwei Variablen**. Ihre Lösungen sind **Zahlenpaare** (x ; y). Durch Probieren erhält man: (0 ; 8); (1 ; 6); (2 ; 4); (3 ; 2); (4 ; 0); (5 ; −2); …
Die Zahlenpaare lassen sich auch in einer Wertetabelle darstellen.

! (4 ; 2) ≠ (2 ; 4)

x	0	1	2	3	4	5 …
y	8	6	4	2	0	−2 …

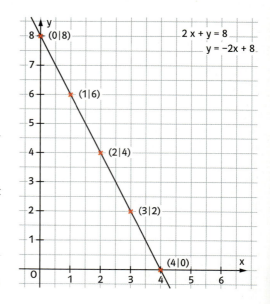

Die beiden Werte hängen voneinander ab. Legt man für eine der Variablen einen Wert fest, kann man daraus den zugehörigen Wert der anderen bestimmen.
Dazu formt man die Gleichung $2x + y = 8$ nach y um und erhält $y = -2x + 8$. Alle Lösungen können als Punkte im Koordinatensystem dargestellt werden. Zum Zahlenpaar (1 ; 6) gehört der Punkt P (1|6).
Alle Punkte liegen auf einer Geraden, dem Graphen einer linearen Funktion.

> Eine Gleichung der Form $ax + by = c$ heißt **lineare Gleichung** mit den **zwei Variablen** x und y. Hierbei stehen a, b und c für gegebene Zahlen.
> Lösungen dieser Gleichung sind **Zahlenpaare (x ; y)**, welche die Gleichung erfüllen.
> Die zugehörigen Punkte im Koordinatensystem liegen auf einer Geraden.

Beispiel
Die Differenz zweier Zahlen beträgt 3.

Gleichung: $x - y = 3$
             $y = x - 3$

Lösungen: (0 ; −3); (2,5 ; −0,5); (3 ; 0); (3,5 ; 0,5); …

Wertetabelle:

x	0	2,5	3	3,5	…
y	−3	−0,5	0	0,5	…

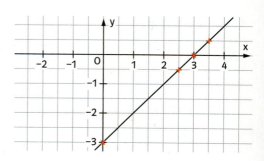

14 Lineare Gleichungen mit zwei Variablen

Aufgaben

1 Es gibt mehrere Lösungen.
a) 24 Schüler werden in Zweier- und Dreiergruppen eingeteilt.
b) Dora muss beim Einkaufen 52 € bezahlen.
Sie bezahlt mit 10-Euro-Scheinen und 2-Euro-Stücken.
c) Auf einer Waage sollen mit 3-kg- und 5-kg-Gewichten 68 kg zusammengestellt werden.

2 Stelle eine Gleichung mit zwei Variablen auf und löse das Rätsel.
a) Die Summe zweier Zahlen beträgt 9.
b) Die Summe aus einer Zahl und dem Dreifachen einer zweiten Zahl beträgt 10.
c) Die Differenz aus dem Dreifachen einer Zahl und dem Doppelten einer anderen Zahl beträgt 7.
d) Das 5-Fache einer Zahl, vermehrt um die Hälfte einer zweiten Zahl, ergibt 134.

3 Gib drei Lösungen für die Gleichung an. Rechne im Kopf.
a) $3x + 4y = 12$ b) $2x - 3y + 4 = 0$
c) $y = 2x + 5$ d) $-x + 3 = y + 2$
e) $x - 2y = 1$ f) $-2x - 1 = -y$

4 Zur zeichnerischen Darstellung benötigst du mindestens zwei Zahlenpaare. Mit einem dritten Zahlenpaar kannst du prüfen.
a) $x + y = 7$ b) $2x + y = 9$
c) $x - 2y = 3$ d) $3x - y = 3$
e) $2x + 3y = 5$ f) $5x - 3y = 2$

5 Stelle die Gleichung um in die Form
$y = mx + b$
und zeichne das Schaubild.
a) $y - 2x = 5$ b) $y - x = 3$
c) $y + 3x = 6$ d) $y + 2x = 2,5$
e) $y - 4 = x$ f) $y + 3 = \frac{1}{2}x$
g) $x - y = 5$ h) $2x - y = 3$

6 Ergänze die Zahlenpaare so, dass sie Lösung der Gleichung $y = -4x + 3$ sind.
a) (1 ; ☐) b) (0 ; ☐) c) (-2 ; ☐)
d) (☐ ; 4) e) (☐ ; -10) f) (1,5 ; ☐)

7 Prüfe zeichnerisch und rechnerisch, welche Zahlenpaare welche Gleichung erfüllen.

$2x - 3y + 3 = 0$	(4 ; 2)
$3x - y = 3$	(2 ; -2)
$x + y = 0$	(1,5 ; 1,5)
$2y + x = 8$	(-3 ; -1)

8 Stelle eine Gleichung auf und gib mindestens zwei Lösungen an.
a) Der Umfang eines Parallelogramms beträgt 28 cm.
b) Der Umfang eines symmetrischen Trapezes beträgt 30 cm. Die Grundseite ist doppelt so lang wie die Deckseite.
c) Der Umfang eines Drachens beträgt 30 cm.

9 Stelle eine Gleichung für die Summe der Kantenlängen auf und gib drei verschiedene Lösungen an.

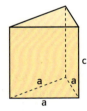 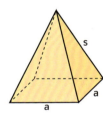

a) Die Kantensumme eines Prismas mit einem gleichseitigen Dreieck als Grundfläche beträgt 60 cm.
b) Die Summe aller Kantenlängen einer quadratischen Pyramide beträgt 40 cm.
c) Aus einem Draht von 1 m Länge soll das Kantenmodell einer quadratischen Säule hergestellt werden.

10 Ordne die Texte den Schaubildern zu.
A Die Summe zweier positiver Zahlen beträgt 8.
B Addiert man zwei Zahlen, erhält man 8.
C Werden zwei natürliche Zahlen addiert, so erhält man 8.
D Werden zwei ganze Zahlen addiert, so erhält man 8.

11 In der Schuldisco werden 124 € in 1-Euro- und 2-Euro-Münzen eingenommen. Es waren 79 Münzen. Probiere.

? *Setze die Augenzahlen für ☐ ein und suche Zahlenpaare (x ; y), die die Gleichung erfüllen.*
☐ · x + ☐ · y = 30

Lineare Gleichungen mit zwei Variablen

2 Lineare Gleichungssysteme

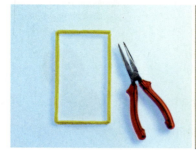
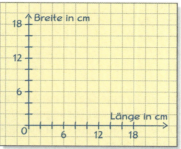

→ Welche Rechtecke mit ganzzahligen Seitenlängen lassen sich aus einem 36 cm langen Draht biegen? Stelle die jeweils zusammengehörigen Seitenlängen als Punkte im Schaubild dar.

→ Überlege dir nun Rechtecke, die doppelt so lang wie breit sind. Es entstehen wieder Punkte.

→ Gibt es ein Rechteck, welches beide Bedingungen erfüllt?

Zwei lineare Gleichungen mit zwei Variablen bilden ein **lineares Gleichungssystem**. Beim Lösen eines Gleichungssystems muss man Zahlenpaare (x ; y) finden, die beide Gleichungen erfüllen.

(1) **x + y = 6**

x	0	1	2	3	4	5
y	6	5	4	3	2	1

(2) **x − y = 2**

x	0	1	2	3	4	5
y	−2	−1	0	1	2	3

Das Zahlenpaar **(4 ; 2)** ist Lösung des linearen Gleichungssystems. Im Schaubild findet man die Lösung als **Koordinaten des Schnittpunktes** der beiden zugehörigen Geraden.

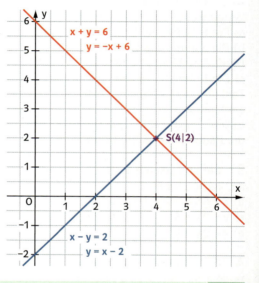

Ein **lineares Gleichungssystem (LGS)** besteht aus zwei Gleichungen mit jeweils zwei Variablen. Die Koordinaten des Schnittpunktes S (x|y) der Geraden im Schaubild erfüllen beide Gleichungen und sind somit **Lösung dieses Gleichungssystems**.

Beispiel

In einem Stall leben Hasen und Hühner. Es sind insgesamt 9 Tiere mit 24 Füßen. Wie viele Hasen und Hühner sind es jeweils?

Anzahl der Hasen: x; Anzahl der Hühner: y

(1) **x + y = 9** Gleichung für die Anzahl der Tiere
(2) **4x + 2y = 24** Gleichung für die Anzahl der Beine

Die beiden Geraden schneiden sich im Punkt **S (3|6)**.
Im Stall leben drei Hasen und sechs Hühner.

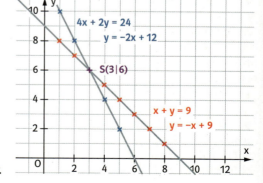

Die Anzahl der Lösungen eines linearen Gleichungssystems kann man an der Lage der zugehörigen Geraden im Koordinatensystem ablesen. Es gibt drei Fälle.

1. Fall	2. Fall	3. Fall
Das Gleichungssystem hat **genau eine Lösung**. (1) $x + 2y = 4$ (2) $x - y = 1$	Das Gleichungssystem hat **keine Lösung**. (1) $-3x + 2y = 1$ (2) $3x - 2y = 2$	Das Gleichungssystem hat **unendlich viele Lösungen**. (1) $x - y = -1$ (2) $2x - 2y = -2$

Durch Umformen erhält man die Funktionsgleichung der Form $y = mx + b$.

(1') $y = -\frac{1}{2}x + 2$ (2') $y = x - 1$	(1') $y = \frac{3}{2}x + \frac{1}{2}$ (2') $y = \frac{3}{2}x - 1$	(1') $y = x + 1$ (2') $y = x + 1$
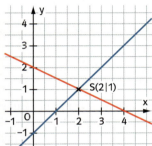	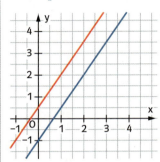	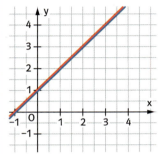
Die Geraden **schneiden sich in einem Punkt**. $\mathbb{L} = \{(2 ; 1)\}$	Die Geraden **verlaufen parallel**. Sie haben keinen gemeinsamen Punkt. $\mathbb{L} = \{\}$	Zu den zwei Gleichungen gehört **dieselbe Gerade**. **Die Koordinaten aller Punkte der Gerade erfüllen beide Gleichungen.**

> Ein lineares Gleichungssystem mit zwei Variablen hat entweder genau **eine** Lösung, **keine** Lösung oder **unendlich viele** Lösungen.

Beispiel

(1) $y = 2x - 3$
(2) $y = mx + b$

Wenn man für m und b verschiedene Zahlen einsetzt, kann das Gleichungssystem unterschiedlich viele Lösungen besitzen.
Für $m = -1$ und $b = 1{,}5$ ergibt sich:
$y = -x + 1{,}5$. Die Geraden schneiden sich im Punkt **S (1,5 | 0)**. Es gibt genau eine Lösung, da die Geraden verschiedene Steigungen haben.
Für $m = 2$ und $b = 1$ ergibt sich:
$y = 2x + 1$. Die Geraden verlaufen parallel, da sie die gleiche Steigung besitzen. Es gibt keine Lösung.
Für $m = 2$ und $b = -3$ erhält man:
$y = 2x - 3$. Zu den Gleichungen gehört dieselbe Gerade. Es gibt unendlich viele Lösungen.

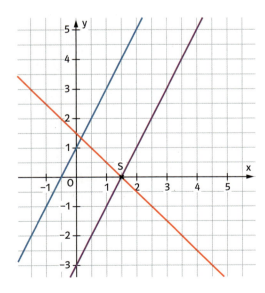

Lineare Gleichungssysteme

Peter liest die Lösung (3 ; 2) ab. Was sagst du?

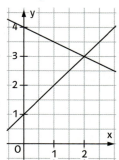

Aufgaben

1 Stelle das Gleichungssystem zeichnerisch dar und gib die Koordinaten des Schnittpunkts der beiden Geraden an. Setze zur Kontrolle die Koordinaten der Schnittpunkte in beide Gleichungen ein und prüfe, ob sie diese erfüllen.

a) $y = 2x - 3$
$y = -3x + 7$

b) $y = x + 1$
$y = -\frac{1}{2}x + 4$

c) $y = -2x + 1$
$y = -2x + 5$

d) $y = -3x - 2$
$y = x + 6$

e) $y = -\frac{1}{4}x - 2$
$y = -\frac{7}{4}x - 5$

f) $y = \frac{4}{3}x + 3$
$y = \frac{1}{3}x$

g) $y = \frac{1}{2}x + 1$
$y = -x - \frac{1}{2}$

h) $y = 3x - 3$
$y = -3x$

2 Stelle beide Gleichungen in die Form $y = mx + b$ um und löse das Gleichungssystem zeichnerisch.

a) $2y - x = 4$
$2y + 3x = 12$

b) $y + 4x = 0$
$y - 2x - 6 = 0$

c) $3x - y = -1$
$x + y = -3$

d) $2x + 24 = 6y$
$2x + 9 = 3y$

e) $3y + x = 3$
$y - x = 5$

f) $4y + 2x = 8$
$6y + 7x = 36$

3 Überlege gut, wie du die Koordinatenachsen einteilst. Löse zeichnerisch.

a) (1) $y = 50x - 300$
(2) $y = -100x + 900$

b) (1) $y = -0,02x + 1$
(2) $y = 0,02x + 5$

4 Die drei Geraden schneiden sich in drei Punkten und bilden so ein Dreieck ABC. Lies aus deiner Zeichnung die Koordinaten der drei Eckpunkte des Dreiecks ab.

a) $y = \frac{1}{2}x$
$y = -\frac{1}{2}x + 8$
$y = \frac{5}{2}x - 4$

b) $y = x - 1$
$y = -\frac{1}{2}x + 2$
$y = \frac{1}{2}x + 4$

5 In welchem Quadranten liegt der Schnittpunkt? Gelingt dir die Antwort im Kopf ohne Zeichnung?

a) $y = x$
$y = -x + 3$

b) $y = x$
$y = -x - 3$

c) $y = -x$
$y = x + 3$

d) $y = -x$
$y = x - 3$

6 Die Koordinaten des Schnittpunkts haben jeweils eine Nachkommaziffer. Zeichne besonders sorgfältig.

a) $y = \frac{1}{3}x + 4$
$y = 2x - 2$

b) $y = \frac{1}{5}x - 4$
$y = -3x + 4$

c) $y = -\frac{1}{2}x + 3$
$y = \frac{1}{3}x + 5$

d) $y = -x - 3$
$y = \frac{3}{2}x + 3$

7 Luise fotografiert mit einer Kleinbildkamera, Max mit der Digitalkamera seines Vaters. Sie vergleichen die Kosten.

Kleinbildkamera	Digitalkamera
Film und Entwicklung 3,00 €	CD, Bearbeitung 2,00 €
Preis pro Bild 0,05 €	Preis pro Bild 0,15 €

a) Ermittle die jeweiligen Kosten bei einer Anzahl von 6 bzw. 20 Bildern.
b) Stelle die beiden Zusammenhänge in einem gemeinsamen Koordinatensystem dar und bestimme die Anzahl der Bilder, bei der die Kosten gleich sind.

8 Markus ist mit seinen Eltern im Urlaub. Sie möchten Fahrräder ausleihen und finden zwei Angebote.
A: 10 € Grundgebühr und 3 € pro Tag
B: 5 € pro Tag
Was würdest du raten?

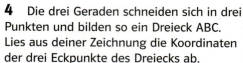

9 Zur Reparatur eines Daches liegen zwei Angebote vor.
A: Gerüstbau 125 €, je Arbeitsstunde 25 €
B: Gerüstbau kostenlos, je Arbeitsstunde 30 €
Beide Firmen veranschlagen 4 Arbeitstage.

10 Bei einer Grundgebühr von 100 € kann eine Hebebühne für 12 € pro Stunde ausgeliehen werden. Vergleiche die Kosten mit einem zweiten Verleiher, der 60 € Grundgebühr und 20 € je Stunde verlangt.

Lineare Gleichungssysteme

11 Zeige grafisch, wie viele Lösungen das Gleichungssystem hat.
a) (1) y = 2x + 5
   (2) y = 2x − 1
b) (1) 2x + y = 4
   (2) x + y = 3
c) (1) x + y = 5
   (2) 2x + 2y = 10
d) (1) 3x + y = −2
   (2) 6x + 2y = 4

12 Bilde aus den vorgegebenen Gleichungen jeweils zwei Gleichungssysteme mit einer Lösung, mit keiner Lösung und unendlich vielen Lösungen. Zeichne.

$y = \frac{1}{2}x + 5$
$y = \frac{1}{5}x - 3$
$y = -\frac{1}{2}x + 5$
$y = -2x - 5$
$y = -5x - 2$
$5y - 2 = x$

$4x - 2y - 10 = 0$
$2y = x + 10$
$2x - y = 0$
$2x + 4y - 20 = 0$
$5x - 2 = y$
$x - y - 5 = 0$

13 Was muss man für ☐ einsetzen, damit die beiden Gleichungen ein Gleichungssystem ohne Lösung bilden?
a) y = ☐x + 5
   y = 2x − 5
b) y + ☐x = 3
   y = 2x − 5
c) 2y = ☐x − 3
   y = 2x − 5
d) 6x − ☐y = 1
   y = 2x − 5

14 Eine lineare Gleichung lautet
3x − y = 6.
Bestimme jeweils eine zweite Gleichung, damit für das entstehende Gleichungssystem die folgende Aussage wahr ist.
a) Es gibt keine Lösung.
b) Es gibt unendlich viele Lösungen.
c) Die Lösung lautet 𝕃 = {(2 ; 0)}.
Formuliere und löse mit einem Partner weitere derartige Aufgaben.

Treffpunkte

Bewegungen lassen sich zeichnerisch in einem Koordinatensystem darstellen. Im Allgemeinen wird auf der x-Achse die benötigte Zeit t und auf der y-Achse der zurückgelegte Weg s abgetragen.

Wenn man die Bewegungen von zwei Autos, Fahrrädern oder Schiffen in ein Koordinatensystem einträgt, kann man ablesen, wann und nach welchem Weg sich beide treffen.

Auto A fährt mit 60 km/h. Auto B fährt 40 Minuten später los, aber mit einer Geschwindigkeit von 90 km/h. Auto B holt Auto A nach 120 km und 1h 20 min ein.

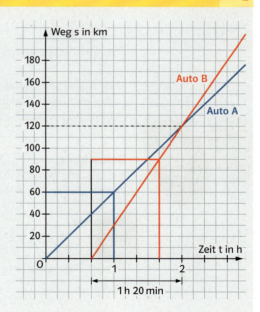

■ Vom Rastplatz „Dürre Buche" startet um 5:30 Uhr ein Schwertransporter. Ein LKW folgt ihm von dort um 6:00 Uhr. Der Schwertransporter fährt mit 40 km/h, der LKW ist doppelt so schnell. Wo und nach welcher Fahrzeit überholt der LKW den Schwertransporter?

■ Herr Peters fährt mit dem Auto von Limburg nach Trier. Zur gleichen Zeit startet Herr Pauli in Koblenz nach Trier. Herr Peters fährt mit 90 km/h, Herr Pauli mit 50 km/h. Wie viele Kilometer ist Herr Peters im Augenblick des Überholens gefahren? Nach welcher Zeit überholt er?

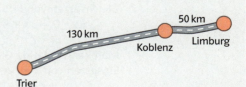

■ Frau Müller ist von Trier nach Limburg unterwegs. Sie begegnet Herrn Pauli eine Stunde nach dem gemeinsamen Fahrtbeginn. Wie schnell ist Frau Müller gefahren?

Lineare Gleichungssysteme

3 Lösen durch Gleichsetzen

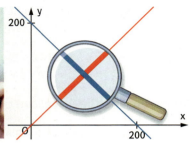

Löse das Gleichungssystem zeichnerisch.
(1) $y = \frac{3}{4}x - 1$ (2) $y = \frac{3}{5}x + 1$

→ Wie genau kannst du die Lösung ablesen?

→ Welche Probleme bekommst du bei der zeichnerischen Lösung des Gleichungssystems aus
(1) $y = -x + 199$ und (2) $y = x - 1$?

Die Lösungen von Gleichungssystemen lassen sich zeichnerisch nicht immer exakt bestimmen. Mit **rechnerischen Lösungsverfahren** ist dies aber möglich. Ziel ist es, aus zwei Gleichungen mit zwei Variablen eine Gleichung mit einer Variablen zu machen.

(1)	$2y = 6x - 4$	$\mid :2$	Beide Gleichungen werden nach y aufgelöst.
(2)	$y - 2x = 8$	$\mid +2x$	
(1')	$y = 3x - 2$		Die beiden Terme der rechten Seite werden gleichgesetzt.
(2')	$y = 2x + 8$		
	$3x - 2 = 2x + 8$	$\mid -2x + 2$	Man erhält eine Gleichung mit einer Variablen, die sich lösen lässt.
	$x = 10$		
	$y = 3 \cdot 10 - 2$		Durch Einsetzen des Wertes für x kann man den Wert für y berechnen.
	$y = 28$		

Das Gleichungssystem hat als Lösung das Zahlenpaar $x = 10$; $y = 28$, kurz $\mathbb{L} = \{(10\,;\,28)\}$.

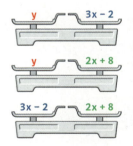

> **Gleichsetzungsverfahren**
> Man löst beide Gleichungen des Gleichungssystems nach derselben Variablen auf. Durch Gleichsetzen der Terme erhält man eine Gleichung mit einer Variablen.

Bemerkung
Bei bestimmten Koeffizienten von x bietet es sich an, die beiden Gleichungen nach demselben Vielfachen einer Variablen aufzulösen.

Beispiele

a) (1) $y = 4x - 2$
   (2) $y - 3x = 5$ $\mid +3x$
Hier ist eine Gleichung bereits nach y aufgelöst.
   (1') $y = 4x - 2$
   (2') $y = 3x + 5$
Gleichsetzen von (1) und (2'):
   $4x - 2 = 3x + 5$ $\mid -3x + 2$
   $x = 7$
Man kann in beide Gleichungen einsetzen:
Einsetzen von $x = 7$ in (1) liefert
   $y = 4 \cdot 7 - 2$
   $y = 26$
   $\mathbb{L} = \{(7\,;\,26)\}$

b) (1) $3x + 4y = 32$ $\mid -4y$
   (2) $3x + 7y = 47$ $\mid -7y$
Hier ist das Auflösen beider Gleichungen nach 3x besonders vorteilhaft.
   (1') $3x = 32 - 4y$
   (2') $3x = 47 - 7y$
Gleichsetzen von (1') und (2'):
   $32 - 4y = 47 - 7y$ $\mid +7y - 32$
   $3y = 15$ $\mid :3$
   $y = 5$
Einsetzen von $y = 5$ in (1'):
   $3x = 32 - 4 \cdot 5$
   $x = 4$
   $\mathbb{L} = \{(4\,;\,5)\}$

! *Für die Probe müssen beide Gleichungen erfüllt sein.*

Aufgaben

1 Gleichungssysteme lassen sich auch mit Balkenwaagen veranschaulichen.

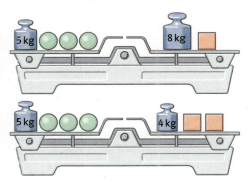

Wie viel wiegt ein Würfel?

2 Löse das Gleichungssystem rechnerisch.
a) $y = 3x - 4$
   $y = 2x + 1$
b) $x = y + 5$
   $x = 2y + 3$
c) $5x + 4 = 2y$
   $6x - 1 = 2y$
d) $y = 4x + 2$
   $5x - 1 = y$
e) $5y = 2x - 1$
   $4x + 3 = 5y$
f) $12y + 12 = 6x$
   $6x = 25y - 1$

3 Löse nach einer Variablen auf und rechne.
a) $x + 2y = 3$
   $x + 3y = 4$
b) $2x + y = 5$
   $5x + y = 11$
c) $12x - y - 15 = 0$
   $8x - y + 1 = 0$
d) $2y - 3x = 9$
   $3x + y = 18$

4 Wenn du geschickt umformst, gelingt dir eine schnelle Lösung.
a) $3x - 2y = 3$
   $3x - y = 5$
b) $2x + 4y = 2$
   $3x + 4y = 5$
c) $2x - 5y = 7$
   $3y = 2x + 3$
d) $5x + 3y = 30$
   $4x = 3y - 3$
e) $5x = y + 6$
   $5x - 12 = 2y$
f) $5x + 2y = 3$
   $3x - 2y = 11$

5 Löse im Kopf.
a) $y = x$
   $y = -x$
b) $y = x$
   $y = -x + 2$
c) $y = x + 2$
   $y = 2x + 2$
d) $y = x - 5$
   $y = -x + 5$

Erkläre dein Vorgehen. Kannst du dir auch das Schaubild vorstellen?

6 Beschreibe zunächst, wie du beim Umformen vorgehen willst, um schnell zur Lösung zu kommen.
a) $x + 5y = 13$
   $2x + 6y = 18$
b) $7x + y = 37$
   $3x + 2y = 30$
c) $2x + 3y = 4$
   $4x - 4y = 28$
d) $4x = 6y + 2$
   $5y = 2x - 7$
e) $3x + 4y - 5 = 2x + 3y - 1$
   $6x - 2y + 2 = 4x - 3y + 5$

7 Gleichungsvariable müssen nicht immer x und y heißen.
a) $a = 2b + 4$
   $a = b + 5$
b) $21 + 6n = 3m$
   $12m - 36 = 6n$
c) $s = 5 + t$
   $s = 2t + 1$
d) $5p + 5q = 10$
   $3p + 5q = 14$
e) $2a + 2b = 0$
   $5a - 27 = 4b$
f) $7z + 5p = 9$
   $10p - 5z = -20$

8 Hier musst du die Gleichungen erst umformen.
a) $2x + 3y - 4 = 3x + 6y - 5$
   $5x + 2y + 7 = 4x - 5y + 12$
b) $x + 5y + 2 = 6x + 4y - 12$
   $6x + 3y - 4 = 2x + 2y + 9$
c) $2(x + 3) + 4y = 3(x - 2) + 7y$
   $5x - 2(y + 3) = 4x + 8(y - 2,5)$

9 a) Finde zu den Gleichungen

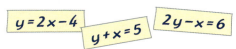

jeweils eine zweite Gleichung, so dass das Gleichungssystem mit dem Gleichsetzungsverfahren vorteilhaft gelöst werden kann. Gib die Gleichungssysteme deinem Nachbarn zum Lösen.
b) Ergänze $y = 2x + 1$ durch eine weitere Gleichung zu einem Gleichungssystem mit der Lösung $x = 1$ und $y = 3$. Vergleicht eure Gleichungen.
Das Schaubild hilft dir auch beim Finden verschiedener Lösungen.

10 Bestimme die Koordinaten des Schnittpunkts der beiden Geraden durch Rechnung exakt und vergleiche deine Lösung mit dem Schaubild. Zeichne selbst.

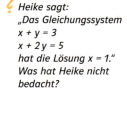

? *Heike sagt:*
„Das Gleichungssystem
$x + y = 3$
$x + 2y = 5$
hat die Lösung $x = 1$."
Was hat Heike nicht bedacht?

Lösen durch Gleichsetzen 21

Lösen durch Einsetzen

Bei manchen Gleichungssystemen ist ein weiteres Verfahren noch vorteilhafter. Überlege zunächst selbst, wie du vorgehen würdest.
(1) 5x + y − 281x + 5 = 20
(2) y = 281x

Um aus zwei Gleichungen mit zwei Variablen eine Gleichung mit einer Variablen zu erhalten, kann man auch in die andere Gleichung **einsetzen**.

(1)   3x + 2y = 19
(2)   y = x − 3
Einsetzen von x − 3 in (1):
   3x + 2(x − 3) = 19
   3x + 2x − 6 = 19 | + 6
   5x = 25 | : 5
   x = 5
Einsetzen von x = 5 in (2):
   y = 5 − 3
   y = 2   𝕃 = {(5 ; 2)}

Weil man das Gleichungssystem dadurch löst, dass man in eine Gleichung **einsetzt**, nennt man das Verfahren **Einsetzungsverfahren**.

■ Löse mit dem Einsetzungsverfahren.
(1) 5x + y = 8   (1) x + 2y = 49
(2) y = 3x   (2) x = 5y

(1) 3x + y = 11   (1) x − 2y = 7
(2) x + 1 = y   (2) 5y + 4 = x

■ Löse mit dem Einsetzungs- und dem Gleichsetzungsverfahren und vergleiche. Kannst du die Unterschiede und die Gemeinsamkeiten beschreiben?
(1) 5x + y = 7   (1) x + 3y = 5
(2) 2x + y = 4   (2) x − 2y = 10

(1) 3x − 2y = 2   (1) 4x + 3y = 15
(2) 5x + 2y = 14   (2) 4x − 2y = 10

(1) x − 3y = 9   (1) 5x + 3y = 1
(2) 2x = 3y − 3   (2) x + 3y = 11

(1) 4x + 2y = 16   (1) 4x + 3y = 11
(2) 4y = 5x − 7   (2) 6y + 28 = 2x

Suche selbst weitere Beispiele.

11 Wie viele Lösungen hat das Gleichungssystem?
a) x + y = 2   (1)   2x + 2y = 5   (2)
b) 3x + 4y = 5   (1)   9x + 12y = 15   (2)
c) x + y + 1 = 0   (1)   x − y + 1 = 0   (2)
Erkläre die Anzahl der Lösungen mithilfe eines Schaubildes. Was fällt dir bei der Rechnung auf?

12 Ergänze y = 2x − 3 durch eine zweite Gleichung zu einem Gleichungssystem,
a) das keine Lösung hat.
b) das unendlich viele Lösungen hat.
c) Warum gibt es nicht genau zwei Lösungen?

13 Löse das Gleichungssystem.
a) 5x + 2y = 20   b) 7x + 3y = 64
   3x − y = 1   6y − 8x = 40
c) 11x − 6y = 39   d) 40 − 5x = 6y
   2y + 17 = 5x   4y + x = 8
e) 5x + 28 = 3y   f) 3(x − 3y) = 27
   12y − 4x = 80   3(y − 4) = 4(x − 3)

14 Wenn du bei einem Gleichungssystem beide Gleichungen nach y auflöst, kannst du die Gleichungen als lineare Funktionen auffassen.
Erkläre den Zusammenhang zwischen grafischer und rechnerischer Lösung von linearen Gleichungssystemen.

15 Ermittle die Gleichungen der beiden Geraden, lies die Koordinaten des Schnittpunkts ab und bestimme sie anschließend exakt durch Rechnung.

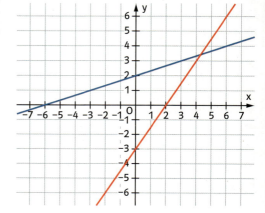

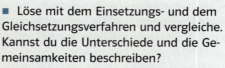

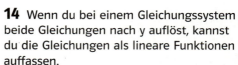

22 Lösen durch Gleichsetzen

4 Lösen durch Addieren

Addiere die beiden rechten Terme und die beiden linken Terme der Gleichungen.
(1) $2x + 2y = 10$
(2) $2x = 2y + 6$
→ Kannst du jetzt lösen?
Stelle dir vor, dass du bei den beiden Waagen die beiden linken Waagschalen und die beiden rechten Waagschalen jeweils auf einer Waagschale zusammen legst.
→ Vergleiche deinen rechnerischen Lösungsvorgang mit diesem Vorgehen.

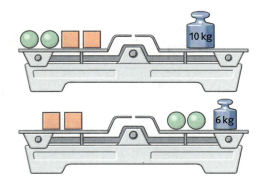

Wenn in einem Gleichungssystem in einer Gleichung eine Variable den Koeffizient 3 und in der zweiten Gleichung den Koeffizient −3 hat, kann man das Gleichungssystem lösen, nachdem man die beiden Gleichungen addiert hat.

Durch Addieren wird aus zwei Gleichungen mit zwei Variablen eine Gleichung mit einer Variablen.
Diese Gleichung hat die Lösung $x = 3$.
Durch Einsetzen in eine der beiden Ausgangsgleichungen erhält man $y = 1$.

(1) $4x + 3y = 15$
(2) $3x − 3y = 6$
(1) + (2) $7x = 21 \;|:7$
 $x = 3$
$x = 3$ in (1): $4 \cdot 3 + 3y = 15$
 $y = 1$

Das Gleichungssystem hat als Lösung das Zahlenpaar $x = 3$; $y = 1$, kurz $\mathbb{L} = \{(3\;;\;1)\}$.

> **Additionsverfahren**
> Man formt beide Gleichungen so um, dass beim Addieren beider Gleichungen eine Variable wegfällt.
> So entsteht eine Gleichung mit nur noch einer Variablen.

Beispiele

a) Durch Umformen soll beim Addieren die Variable x wegfallen. Beim Vervielfachen beider Gleichungen sucht man daher ein gemeinsames Vielfaches der Koeffizienten von x.

(1) $2x + 3y = 9 \quad |\cdot 3$
(2) $3x − 4y = 5 \quad |\cdot (−2)$
(1') $6x + 9y = 27$
(2') $−6x + 8y = −10$
(1') + (2') $17y = 17 \quad |:17$
 $y = 1$
Einsetzen in (1):
 $2x + 3 \cdot 1 = 9 \quad |−3$
 $2x = 6 \quad |:2$
 $x = 3;\; \mathbb{L} = \{(3\;;\;1)\}$

b) Bei manchen Gleichungssystemen ist es einfacher zu subtrahieren. Dieses Vorgehen wird auch als Subtraktionsverfahren bezeichnet.
Hier fällt die Variable y weg und man bekommt eine Gleichung für x.
(1) $15x + 3y = 57$
(2) $7x + 3y = 33$
(1) − (2) $8x = 24 \quad |:8$
 $x = 3$
Einsetzen in (1):
 $15 \cdot 3 + 3y = 57 \quad |−45$
 $3y = 12 \quad |:3$
 $y = 4$
 $\mathbb{L} = \{(3\;;\;4)\}$

Löse schnell durch Addieren oder Subtrahieren.
(1) $x + y = 5$
(2) $x − y = 1$

Aufgaben

1 Wie schwer ist ein Würfel?

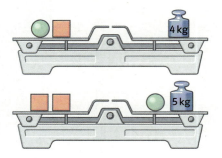

Ordne vor dem Addieren!
... x ... y = ...
... x ... y = ...

2 Löse das Gleichungssystem.
a) 3x + y = 18
   2x − y = 7
b) 4x + 3y = 2
   5x − 3y = 16
c) 12x − 5y = 6
   2x + 5y = 36
d) 14x − 7y = 7
   7y + 3x = 27
e) 4x + 3y = 14
   5y = 4x − 30
f) −28 = 6y + 5x
   5x + 3y = −19

... + ○·y = ...
... − ·y = ...   /·○

3 Bei diesen Gleichungssystemen genügt es, eine der beiden Gleichungen geschickt zu multiplizieren.
a) 3x + y = 5
   2x − 2y = 6
b) 5x − 3y = 16
   6x + y = 33
c) 4x + 3y = 35
   −2x − 5y = −21
d) 4x − 3y = 1
   5x + 6y = 50
e) 3x + y = 12
   7x − 5y = 6
f) 2x − 3y = 13
   9y + 4x = 11

4 Vervielfache beide Gleichungen geschickt und löse das Gleichungssystem.
a) 5x + 2y = 16
   8x − 3y = 7
b) 5x + 4y = 29
   −2x + 15y = 5
c) 3x − 2y = −22
   7x + 6y = 2
d) 11x + 3y = 21
   2x − 4y = 22
e) 4x + 3y = 23
   5y − 6x = 13
f) 3y − 10x = 22
   15x − 4y = −31

5 a) Beschreibe die Vorteile des Additionsverfahrens.
b) Gib drei verschiedene lineare Gleichungssysteme an, die man vorteilhaft mit dem Additionsverfahren lösen kann.
c) Finde Gleichungssysteme mit der Lösung x = 2 und y = 1, die geschickt mit dem Additionsverfahren gelöst werden können.

Gleichungskette

Löse diese Gleichungssysteme nacheinander.
1. x + y = 1
   x + 2y = 1
2. x + 2y = 1
   2x + 3y = 1
3. 2x + 3y = 1
   3x + 5y = 1
4. 3x + 5y = 1
   5x + 8y = 1
5. 5x + 8y = 1
   8x + 13y = 1
...

■ Hast du das Baumuster für die Gleichungssysteme erkannt? Erkläre die Gesetzmäßigkeit.
■ Schreibe die nächsten drei Gleichungssysteme auf.
Wenn du die Lösungen ohne Rechnung angeben kannst, mache zur Kontrolle eine Probe.

6 Löse das Gleichungssystem. Begründe, warum du ein bestimmtes Verfahren bevorzugst.
a) 8x + 3y − 47 = 0
   4x − 2y − 6 = 0
b) 14x − 5y + 3 = 2
   4x + 15y − 26 = 23
c) 5x − 2y + 36 = 4y
   3y − 63 + 15x = 10x
d) 45 − 4x + 6y = 5y
   4x − 3y + 8 = 3x

7 Löse die linearen Gleichungssysteme. Was fällt dir auf?
a) 2x = 4y + 4
   2x = 4y + 5
b) 2x = 4y + 4
   4y = 2x − 4

Überprüfe deine Ergebnisse durch eine zeichnerische Lösung.
Kann man die Besonderheit schon am Gleichungssystem erkennen?

8 An der Kasse im Zoo zahlen zwei Erwachsene und zwei Kinder zusammen 28 €. Ein Erwachsener und drei Kinder müssen 22 € bezahlen.
Nun kommen drei Erwachsene mit vier Kindern.
Wie viel Eintritt müsste deine gesamte Familie bezahlen?

5 Modellieren mit linearen Gleichungssystemen

Beim Kauf eines Druckers muss man verschiedene Dinge beachten.
Neben dem Kaufpreis spielt vor allem der Preis für die Ausdrucke eine Rolle.
→ Vergleiche den Tintenstrahldrucker mit dem Laserdrucker.
→ Von welchen Überlegungen würdest du deine Kaufentscheidung abhängig machen?

Mithilfe von linearen Gleichungssystemen lassen sich Preise oder Angebote vergleichen und Entscheidungen vorbereiten. Bevor man die Mathematik zu Hilfe nehmen kann, muss man die Situation verstehen, strukturieren und meist auch vereinfachen.
Die mathematische Lösung muss dann noch in der Alltagssituation auf ein sinnvolles Ergebnis überprüft werden.
Diesen Kreislauf nennt man **mathematisches Modellieren**.

Zur Bewertung des Ergebnisses muss Martinas Vater nur noch überschlagen, wie viele Kilometer er wohl fahren wird.

Das **mathematische Modellieren** läuft in Stufen ab.
1. **Übersetzen** der Realsituation in ein mathematisches Modell
2. **Lösen:** Ermitteln der mathematischen Ergebnisse
3. **Interpretieren** der Lösung in der Realsituation
4. **Bewerten** des realen Ergebnisses

Beispiel

Familie Baumann hat zwei Angebote für die Warmwasseraufbereitung in ihrem neuen Haus.
Die Elektroanlage kostet in der Anschaffung 2000 € und 450 € Jahresenergiekosten.
Die Solaranlage kostet in der Anschaffung 4000 € und 250 € Energiekosten jährlich.

1. **Übersetzen:** Als mathematisches Modell zur Darstellung der Gesamtkosten beider Anlagen können beide Angebote mit linearen Funktionen im Schaubild veranschaulicht und verglichen werden.
x sei die Anzahl der Jahre; y seien die Gesamtkosten in Euro
Elektroanlage: y = 450 x + 2000   Solaranlage: y = 250 x + 4000
2. **Lösen:** Die beiden Geraden schneiden sich am Ende des 10. Jahres, die Gesamtkosten betragen dann 6500 €.
3. **Interpretieren:** Am Schaubild erkennt man, dass in den ersten zehn Jahren die Gesamtkosten bei der Elektroanlage geringer sind. Nach Ablauf des 10. Jahres sind die Gesamtkosten bei der Solaranlage günstiger.
4. **Bewerten:** Zur Entscheidung muss die Familie nun überlegen, ob bzw. wann sich die Investition lohnt. Dazu müssen noch weitere Aspekte wie z. B. die Kosten der Wartung, die Gesamtnutzungsdauer oder die Beschaffung von öffentlichen Fördermitteln berücksichtigt werden. Aber auch ökologische Aspekte können die Entscheidung beeinflussen.

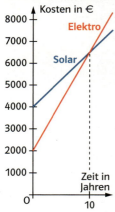

Aufgaben

1 Simone will sich einen neuen Drucker anschaffen. Sie prüft zwei Angebote:
Der erste Drucker kostet als Sonderangebot nur noch 99 €. Die Druckerpatrone kostet 30 €. Der zweite Drucker kostet 150 €, die Druckerpatrone jedoch nur 20 €. Bei beiden Modellen reicht eine Patrone für etwa 1000 Seiten.
a) Was muss Simone beim Kauf berücksichtigen, wie soll sie sich entscheiden?
b) Wie müsste der Druckerpatronenpreis beim ersten Drucker gesenkt werden, um auch bei 10 000 Seiten günstiger zu sein? Gibt es noch weitere Aspekte?

2 Die SMV veranstaltet ein Konzert in der Turnhalle. Der Eintritt kostet 4 €.
Um das Kostenrisiko gering zu halten macht die Band zwei Angebote:
Entweder 300 € und zusätzlich 1 € pro Konzertbesucher oder 600 € und 0,40 € pro Besucher.
Welches Angebot würdest du wählen? Was musst du überlegen?
Die SMV macht ein drittes Angebot: 450 € und ab dem 400. Besucher zusätzlich 2 € für die Band.

3 Im Schaubild sind die Kosten für die unterschiedlichen Transportformen zum Transport von Gütern dargestellt.
a) Beschreibe die Unterschiede bei Schiff, Zug und LKW.
b) Auf welche Weise würdest du Güter transportieren? Gib Empfehlungen für einige Beispiele.
Was empfiehlst du an den Schnittpunkten?
c) Stelle für die Funktionen in der Grafik die Funktionsgleichungen auf und gib die Unterschiede der Kosten für eine Entfernung von 1200 km an.

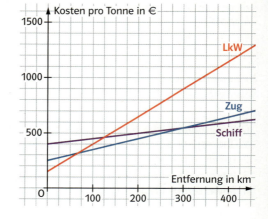

Modellieren mit linearen Gleichungssystemen

„Break-even-Point"

Um den Nutzen einer Produktion festzustellen, muss man die Kosten mit den Erlösen (Einnahmen) vergleichen.
Wenn die Kosten auf Dauer die Einnahmen übersteigen, geht die Firma bankrott.
Den Punkt, ab dem die Einnahmen die Kosten übersteigen, nennt man Nutzenschwelle oder „Break-even-Point".
In dem Schaubild ist der Sachverhalt veranschaulicht.

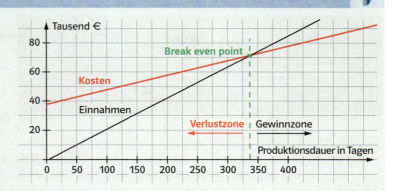

Zur Herstellung von Maschinenteilen werden fixe Kosten von 300 € berechnet. Pro Teil kommen 1,50 € variable Kosten dazu.
Beim Verkauf bringt jedes Teil 3,50 €.
- Stelle den Sachverhalt in einem Schaubild dar.
- Lies aus dem Schaubild ab, bei welcher Stückzahl die Nutzenschwelle liegt.
- Wie groß ist der Verlust bei 125, wie groß ist der Gewinn bei 250 verkauften Teilen?
- Auf welchen Betrag müsste man den festen Kostenanteil senken, um schon bei 100 verkauften Teilen die Nutzenschwelle zu erreichen?
- Wie ändert sich der „break-even-point", wenn die festen Kosten 400 € betragen?
- Löse die Aufgaben auch rechnerisch.

Eine Firma holt zwei Angebote von verschiedenen Herstellern für Mikrochips ein.

Hersteller A
Versandkostenanteil:
10 € pro Lieferung
10 € für jeweils 10 Chips

Hersteller B
Mindestbestellmenge:
40 Chips
keine Versandkosten
40 Chips kosten 30 €
je 10 weitere 20 € mehr

- Stelle den Sachverhalt grafisch dar.
- Bei welchem Hersteller sollte die Firma 100 Chips bestellen?
- Für welche Bestellmenge ist welcher Hersteller am günstigsten?

Eine Autozeitschrift hat folgende monatliche Kosten für das Diesel- und Benzinmodell eines PKW veröffentlicht:

	Festkosten	Kraftstoffkosten/km
Benzin	190,95 €	0,12 €
Diesel	230,90 €	0,08 €

- Stelle Gleichungen für die Berechnung der monatlichen Gesamtkosten in Abhängigkeit von der Anzahl der gefahrenen Kilometer auf.
- Vergleiche die Kosten bei 5000 km, 10 000 km und 20 000 km Fahrleistung im Jahr.
- Stelle die unterschiedlichen Kosten in einem gemeinsamen Schaubild dar. Was kannst du alles ablesen?
- Wann ist der Kauf eines Dieselfahrzeugs günstiger? Was muss man dabei noch berücksichtigen?
Hol dir die nötigen Informationen bei einem Autohändler.

6 Lineare Ungleichungen mit zwei Variablen*

Kevin braucht für den Geburtstag seiner Schwester mindestens 25 €. Fürs Rasenmähen bekommt er in der Nachbarschaft 5 €, für das Austragen von Werbeprospekten 8 € in der Stunde.
→ Überlege verschiedene Möglichkeiten.

Aussageformen wie $x + 2y < 6$ heißen **lineare Ungleichungen mit zwei Variablen**. Nimmt man als Grundmenge für beide Variablen die Menge der rationalen Zahlen an, gibt es unendlich viele Zahlenpaare, die die Ungleichungen erfüllen, z. B. (0; 2), (1; 1,5), (...).
Die Gleichung $x + 2y = 6$ beschreibt eine Gerade g mit der Geradengleichung
g: $y = -0,5x + 3$.
Diese Gerade teilt die Koordinatenebene in zwei **Halbebenen L und L'**.
Die Ungleichung $x + 2y < 6$ beschreibt die Halbebene L: $y < -0,5x + 3$.
Alle Punkte der Halbebene L liegen unterhalb der **Randgeraden g** ($y < \ldots$). Die Randgerade gehört in diesem Fall nicht zur Halbebene L.
Soll auch sie zu L gehören, so schreibt man $y \leq -0,5x + 3$. Dann gehört z. B. auch der Punkt (0|3) zu L.

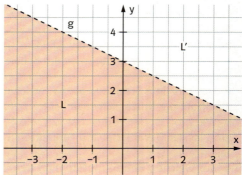

Ungleichungen der Form $ax + by < c$ oder $ax + by \leq c$ heißen **lineare Ungleichungen mit zwei Variablen**. Ihre Lösungen sind Zahlenpaare (x; y), die die Ungleichung zu einer wahren Aussage werden lassen. Im Koordinatensystem liegen die zugehörigen Punkte in einer von der **Randgeraden** $ax + by = c$ begrenzten **Halbebene**.

Bemerkung
Multipliziert man eine Ungleichung mit einer negativen Zahl, so ist das Ungleichheitszeichen umzukehren. Gleiches gilt für die Division durch eine negative Zahl. Gleiche Halbebenen können durch verschieden aussehende Ungleichungen beschrieben werden, die sich durch Äquivalenzumformungen ineinander überführen lassen.

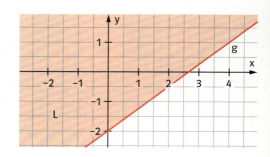

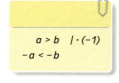

Beispiele
a) $3x - 4y \leq 8$ $| -3x$
      $-4y \leq -3x + 8$ $|:(-4)$
      $y \geq \frac{3}{4}x - 2 \rightarrow g: y = \frac{3}{4}x - 2$

Der Lösungsbereich liegt über der Randgeraden, die zum Lösungsbereich L gehört.

b) Die Ungleichung $-2x + 3y < 6$ mit $x \in \mathbb{Z}$ und $y \in \mathbb{Z}$ hat nur Punkte mit ganzzahligen Koordinaten als Lösungen. Die zugehörige Geradengleichung hat die Form g: $y = \frac{2}{3}x + 2$.
Die **Punktprobe** mit dem Punkt O(0|0) führt auf die wahre Aussage $-2 \cdot 0 + 3 \cdot 0 < 6$ oder $0 < 6$. Der Punkt O(0|0) liegt also in der Lösungshalbebene. Der Punkt (0|3) führt bei der Punktprobe auf die falsche Aussage $-2 \cdot 0 + 3 \cdot 3 < 6$ oder $9 < 6$, er gehört nicht zur Lösungshalbebene. Lösungspunkte sind zum Beispiel auch (2|1) aus dem ersten Quadranten mit $-2 \cdot 2 + 3 \cdot 1 < 6$ oder $-1 < 6$ und $(-10|-5)$ aus dem dritten Quadranten mit $5 < 6$.

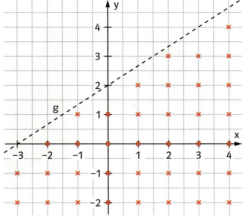

$\left.\begin{array}{l} y < \\ y \leq \end{array}\right\}$ unterhalb von

$\left.\begin{array}{l} y > \\ y \geq \end{array}\right\}$ oberhalb von

Ist die Gerade parallel zur y-Achse:

$\left.\begin{array}{l} x < \\ x \leq \end{array}\right\}$ links von

$\left.\begin{array}{l} x > \\ x \geq \end{array}\right\}$ rechts von

Aufgaben

1 Nenne fünf Lösungen mit $x \in \mathbb{N}$ und $y \in \mathbb{N}$.
a) $x + y \leq -2$ b) $x < -2$
c) $y > 7$ d) $-3x + y \geq 0$
e) $4x - 3y \leq 1$ f) $-0{,}5x - 5y > 1$

2 Bestimme durch Einsetzen, welche Punkte Lösungen der Ungleichung $3x + 2y < 6$ sind.
A(1|1) B(5|5) C(-5|5) D(10|0)
E(0|-3) F(-3|-3) G(2|0) H(1,5|0,5)

3 Zeichne die Lösungshalbebenen und die Randgeraden in ein gemeinsames Koordinatensystem.
a) $x \geq 4$ b) $y < -4{,}5$
c) $x - y > -2$ d) $-3x + 5y \geq 15$

4 Bestimme die Gleichung der Randgeraden.
a) $-x + y < 1$ b) $2x - 3y \geq 4$
c) $-2x - 4y \leq 3$ d) $17x + 8y > 300$

5 Zeichne die Lösungshalbebenen in ein gemeinsames Koordinatensystem. Wähle eine geeignete Achseneinteilung.
a) $20x + 40y < 800$
    $50x + 30y < 1500$
b) $4x + 3y \leq 1200$
    $2x + 3y \leq 600$

6 Bestimme ohne zu zeichnen, welche der Punkte A(4|-4), B(3|2), C(2|-4), D(1|-1), E(7|0) und F(0|-3) zur Lösungshalbebene gehören und welche auf der Randgeraden liegen.
a) $x + 3y < 6$ b) $2x + y \geq 0$

7 Bestimme die Ungleichungen, deren Lösungsmengen die folgende Schnittmenge haben.

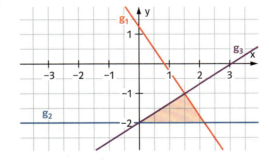

8 Beschreibe die folgenden Bereiche des Koordinatensystems durch Ungleichungen.
a) Erster Quadrant.
b) Halbebene über der Hauptdiagonalen.
c) Nicht der erste und nicht der zweite Quadrant.
d) Alle Punkte unterhalb der x-Achse.
e) Halbebene rechts der Nebendiagonale.

Lineare Ungleichungen mit zwei Variablen*

7 Systeme linearer Ungleichungen. Planungsgebiete*

Eine Gießerei plant den Versand von Motorteilen, die in Kisten mit den Maßen 1,6 t/2,7 m³ und 2 t/1,8 m³ verpackt sind. Die zum Transport vorgesehenen Fahrzeuge haben eine Nutzlast von maximal 16 Tonnen und einen Laderaum von höchstens 18 m³.

→ Nenne mehrere Möglichkeiten für eine Beladung.

Bei der Planung von Abläufen müssen meist mehrere einschränkende Bedingungen gleichzeitig beachtet werden. Diese Bedingungen führen häufig auf ein System linearer Ungleichungen. Sucht man die Lösung eines Ungleichungssystems mit zwei Variablen, muss man für die beiden Variablen Werte finden, die alle Ungleichungen erfüllen.

Das Ungleichungssystem

(1) $x \geq 5$
(2) $y \geq 8$
(3) $x + 2y \leq 64$
(4) $x + y \leq 40$

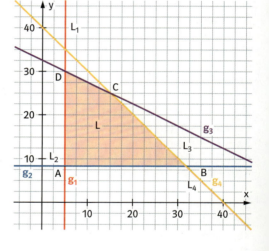

hat $x = 10$ und $y = 10$ als mögliche Lösung, während zum Beispiel (10; 30) die einschränkende Bedingung (3) nicht erfüllt. Da ein System linearer Ungleichungen mit zwei Variablen oft mehrere, meist unendlich viele Lösungen hat, sucht man diese Lösungen **grafisch**. Dazu zeichnet man die Randgeraden und die zugehörigen Halbebenen:

(1) $x \geq 5$ → L_1
(2) $y \geq 8$ → L_2
(3) $y \leq -0,5x + 32$ → L_3
(4) $y \leq -x + 40$ → L_4

Eine mögliche Lösung muss **alle** Ungleichungen erfüllen. Die Lösungen liegen daher in der Schnittmenge der Halbebenen. Die **Schnittmenge L** der Halbebenen ist das Viereck ABCD. Da hier die Randgeraden zu den Halbebenen dazugehören, gehören auch die Rand- und Eckpunkte des Vierecks ABCD zur Lösungsmenge L. Die Lösungsmenge enthält alle möglichen Lösungen, deren Sinn noch zu bedenken ist. Man nennt sie das **Planungsgebiet**.

Ungleichungssysteme lassen sich auch mit aufwändigeren Verfahren rechnerisch lösen.

> Ein **System linearer Ungleichungen mit zwei Variablen** löst man grafisch. Die einschränkenden Geraden umschließen ein Vieleck, das die Schnittmenge der durch die Randgeraden bestimmten Halbebenen ist. Das Lösungsvieleck nennt man **Planungsgebiet**.
> Je nachdem, ob die Geraden zu den von ihnen begrenzten Halbebenen gehören oder nicht, sind auch die **Rand- und Eckpunkte** des Planungsgebietes mögliche Lösungen oder nicht.

Beispiel

Die Ungleichungen (1) $x \geq 0$
(2) $y \geq 0$
(3) $x < 4$
(4) $y \leq x + 0{,}5$

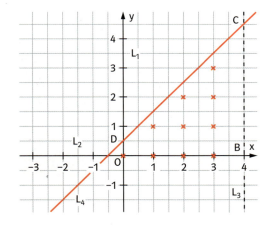

haben die Lösungsgebiete L_1, L_2, L_3 und L_4. Lösungen, die alle vier Ungleichungen gleichzeitig erfüllen, liegen in der Schnittmenge der einzelnen Lösungsgebiete. Die Schnittmenge ist hier das Viereck OBCD. Drei Ungleichungen schließen die Ränder des Planungsgebietes mit ein, die Ungleichung (3) schließt die Randpunkte aus. Die Eckpunkte haben die Koordinaten $O(0|0)$, $B(4|0)$, $C(4|4{,}5)$ und $D(0|0{,}5)$.

Lassen die Grundmengen für die Lösungsvariablen x und y nur ganzzahlige Lösungen zu, so besteht das Planungsgebiet nur aus den markierten Punkten. Die Randgerade zu Ungleichung (4) lässt keine Lösungen zu, bei denen x und y gleichzeitig ganzzahlig sind.

Bemerkung

Beim Zeichnen der Planungsgebiete benutzt man nur die auftretenden Maßzahlen.
Bei der Diskussion geeigneter Lösungen aus dem Planungsgebiet sind die Maßeinheiten und Definitionsmengen der jeweiligen Größen x und y zu beachten.

Aufgaben

1 Zeichne das Planungsgebiet und bestimme die Koordinaten der Eckpunkte (Einheit 1 cm).
Wo haben $x \in \mathbb{Z}$ und $y \in \mathbb{Z}$ jeweils ihre größten und kleinsten Werte?

a) $x \leq 3$
$y \geq -2$
$x - y \geq 0$

b) $x > 0$
$x - y \geq 0$
$2x + y \leq 5$

c) $y \leq -2$
$x - y \leq -3$
$x + y \geq 2$

d) $x + y > 1$
$0{,}5x + y > -0{,}5$
$2x - y > -2$

e) $x \geq 0$
$x \leq 4$
$-x + y \leq 3$
$x + y \leq 5$
$0{,}25x - y \leq 1$

f) $x > 0$
$y > 0$
$x \leq 6$
$y \leq 7$
$x + y < 11$

g) $x \leq 4$
$y \leq 3$
$2x + y \geq -3$
$x - y \leq 3$

h) $x > 1$
$x < 5$
$y < 4$
$y > 2$

i) $x \geq 3$
$x + y \leq -1$
$0{,}5x - y > -4$

j) $y < 2$
$0{,}5x + y \leq 2$
$2x - y < -0{,}5$

2 Gib ein Ungleichungssystem an, dessen Planungsgebiet die folgenden Eckpunkte hat. Zeichne das Planungsgebiet und bestimme Lösungen für $x \in \mathbb{Z}$ und $y \in \mathbb{Z}$ mit $x = y$.

a) $A(-3|-3)$, $B(2|-1)$, $O(0|0)$
b) $A(-3|-2)$, $B(3|-1)$, $C(1|3)$, $D(-3|3)$

3 Beschreibe das abgebildete Planungsgebiet durch ein Ungleichungssystem.

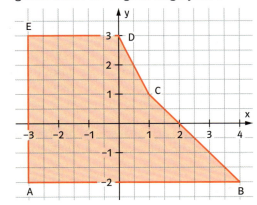

Systeme linearer Ungleichungen. Planungsgebiete*

8 Lineares Optimieren*

Ein Kraftwerk bezieht Kohle von zwei Gruben. Aufgrund der Lieferverträge müssen aus Grube I mindestens 500 t und aus Grube II 800 t wöchentlich abgenommen werden. Grube I kann höchstens 4000 t, Grube II höchstens 2000 t wöchentlich liefern. Das Kraftwerk kann selbst nicht mehr als 5000 t in der Woche verheizen. Beim Verstromen erzielt man für 1 t Kohle aus Grube I 40 € Gewinn und für 1 t aus Grube II 60 €.

→ Wie hoch ist der Gewinn bei verschiedenen wirtschaftlichen Situationen?

Eine Maschinenfabrik stellt Mofas und Roller her. In einem Monat können höchstens produziert werden: 600 Motoren für Mofas und Roller, 500 Mofas ohne Motor und 400 Roller ohne Motor. Wenn man die Anzahl der kompletten Mofas mit $x \in \mathbb{N}$ und die Anzahl der kompletten Roller mit $y \in \mathbb{N}$ bezeichnet, ergibt sich:

(1) $x \geq 0$ → $g_1: x = 0$
(2) $y \geq 0$ → $g_2: y = 0$
(3) $x \leq 500$ → $g_3: x = 500$
(4) $y \leq 400$ → $g_4: y = 400$
(5) $x + y \leq 600$ → $g_5: y = -x + 600$

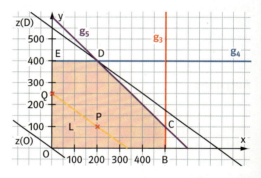

Die entstehenden Randgeraden umschließen das **Planungsgebiet** mit den Eckpunkten $O(0|0)$, $B(500|0)$, $C(500|100)$, $D(200|400)$ und $E(0|400)$.

Erzielt man für ein Mofa 300 € und für einen Roller 400 € Gewinn, so ergibt sich ein Gesamtgewinn von $z = 300x + 400y$. Man spricht dann von der **Zielfunktion z**. Produziert und verkauft man zum Beispiel 200 Mofas und 100 Roller (Punkt P im Planungsgebiet), beträgt der Gewinn $z = (300 \cdot 200 + 400 \cdot 100)\,€ = 100\,000\,€$.
Die Produktionszahlen für einen möglichst hohen Gewinn ermittelt man folgendermaßen: Nimmt man zunächst an, der Gewinn wäre Null, so ergibt sich die Geradengleichung der **Zielgeraden für z = 0**: $0 = 300x + 400y$ oder $y = -\frac{3}{4}x$. Diese Ursprungsgerade wird in das Planungsdiagramm eingezeichnet.
Verschiebt man die Zielgerade parallel, so erhält man weitere Zielgeraden für verschiedenen Werte von z. Für die Gerade durch $P(200|100)$ gilt: $z = 100\,000$. Diesen Wert erhält man für alle Punkte dieser Zielgeraden, z.B. für $Q(0|250)$: $z = 300 \cdot 0 + 400 \cdot 250 = 100\,000$. Die möglichen Gewinne kann man für beliebige Punkte des Planungsgebietes ermitteln:

Je größer der y-Achsenabschnitt der Zielfunktion ist, desto höher ist der Gewinn. Bei einer Produktion von 200 Mofas und 400 Rollern ist der Gewinn am höchsten.

Punkt	B(500 Mofas|0 Roller)	E(0|400)	C(500|100)	D(200|400)
Gewinn	$(300 \cdot 500 + 400 \cdot 0)\,€ = 150\,000\,€$	160 000 €	190 000 €	220 000 €

Beim **linearen Optimieren** sucht man für eine **Zielfunktion** den günstigsten Wert, in der Regel den größten oder den kleinsten. Die günstigsten Werte der Zielfunktion findet man durch Parallelverschiebungen der **Zielgeraden** für z = 0. Es sind diejenigen Punkte, die innerhalb des Planungsgebietes auf der Zielgeraden mit dem größten (bzw. kleinsten) y-Achsenabschnitt liegen.

Beispiel

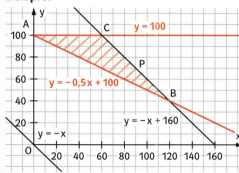

Das vorgegebene Planungsgebiet hat die Eckpunkte A(0|100), B(120|40), C(60|100). Für die Zielfunktion z = 75x + 75y ergeben sich in den Eckpunkten folgende Werte:

Im Eckpunkt A ergibt sich also für die Zielfunktion der kleinste Wert im Planungsgebiet. Den größten Wert hat die Zielfunktion sowohl im Eckpunkt B als auch im Eckpunkt C. Diesen Wert hat die Zielfunktion in allen Randpunkten des Planungsgebietes entlang der Strecke $\overline{BC}$, so zum Beispiel in Punkt P(90|70) mit z = 75 · 90 + 75 · 70 = 12 000. Setzt man den Wert der Zielfunktion zunächst auf Null, so ergibt sich die Geradengleichung 0 = 75x + 75y oder
y = –x. Der Graph der Zielfunktion ist parallel zur Strecke $\overline{BC}$. Verschiebt man ihn in die Eckpunkte B und C der größten Funktionswerte, so liegen alle Punkte der Strecke $\overline{BC}$ auf dem Graphen.

Eckpunkt	A	B	C
z	7500	12 000	12 000

Aufgaben

1 Ein Landwirt möchte höchstens 40 ha seines Landes bebauen. Er will Weizen und Zuckerrüben anbauen, das bedeutet 5 Tage bzw. 10 Tage Arbeitsaufwand pro ha. Er hat höchstens 240 Arbeitstage im Jahr und 12 000 € Kapital zur Verfügung. Der Anbau von 1 ha Weizen kostet 200 € und der Anbau von 1 ha Zuckerrüben 600 €. 1 ha Weizen bringt 1000 € und 1 ha Zuckerrüben 1200 € Gewinn.
a) Wie viel ha Zuckerrüben können höchstens angebaut werden? Wie viel ha Weizen werden dann angebaut? Wie viel Kapital und Arbeitstage müssen aufgebracht werden.
b) Wo liegen die Punkte im Planungsgebiet, die die Bodenfläche, den Arbeitsaufwand, das Kapital voll ausnutzen?
c) Bei welcher Bebauung ist der Gewinn am größten?

2 In einer Realschule müssen 4200 m² Fußbodenbelag möglichst preiswert erneuert werden. Mindestens 1400 m² sind mit einem Kunststoffbelag auszustatten, der Rest mit einem Nadelfilzbelag. Die Folgekosten, Pflege und Reinigung, dürfen im Jahr 27 000 € nicht übersteigen.
Wie können die Gesamtkosten minimiert werden?

3 Eine Maschinenfabrik stellt Kreissägen und Tischbohrmaschinen her. In einem Monat können höchstens produziert werden: 600 Elektromotoren für Kreissägen oder Bohrmaschinen, 400 Kreissägen ohne Motor und 500 Bohrmaschinen ohne Motor. Eine Kreissäge bringt 300 € Gewinn und eine Tischbohrmaschine 200 €. Wie muss produziert werden, damit der Gewinn möglichst hoch ist?

Belag	Verlege-kosten	Folge-kosten
Nadel-filz	18 $\frac{€}{m^2}$	9 $\frac{€}{m^2}$
Kunst-stoff	30 $\frac{€}{m^2}$	6 $\frac{€}{m^2}$

Lineares Optimieren*

Zusammenfassung

Lineares Gleichungssystem (LGS)

Zwei lineare Gleichungen mit je zwei Variablen bilden ein lineares Gleichungssystem. Jedes Zahlenpaar, das **beide** Gleichungen erfüllt, ist **Lösung** des LGS.

(1) $x - 2y = 2$
(2) $x + 4y = 8$
$\mathbb{L} = \{(4; 1)\}$

Grafisches Lösungsverfahren

Ein LGS wird grafisch gelöst, indem man die Gleichungen zu Funktionsgleichungen umformt, deren Geraden zeichnet und den Schnittpunkt bildet. Seine **Koordinaten** sind die **Lösungen** des LGS.
Sind die Geraden **parallel**, so gibt es **keine** Lösung. Sind sie **identisch**, so gibt es **unendlich** viele Lösungen.

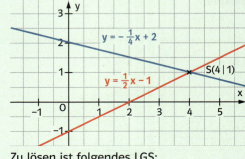

Rechnerisches Lösungsverfahren

Ein LGS wird **rechnerisch** gelöst, indem man es auf eine Gleichung mit **einer Variablen** zurückführt und zuletzt durch **Einsetzen** die **zweite** Variable bestimmt.

Zu lösen ist folgendes LGS:
(1) $x - 2y = 2$
(2) $x + y = 5$

Gleichsetzungsverfahren: Löse jede Gleichung nach derselben Variablen auf, setze dann die Terme gleich.
Einsetzungsverfahren: Löse eine der Gleichungen nach einer Variablen auf, setze den Term in die andere Gleichung ein.
Additionsverfahren: Forme so um, dass eine Variable in beiden Gleichungen den selben Koeffizienten erhält, nur mit verschiedenen Vorzeichen. Addiere dann.

| $-2y$ ergibt (1') $x = 2 - 2y$
| $-y$ ergibt (2') $x = 5 - y$
Gleichsetzen ergibt $2 - 2y = 5 - y$

| $-y$ ergibt (2') $x = 5 - y$
Einsetzen in (1) ergibt $5 - y - 2y = 2$

| $\cdot (-2)$ ergibt (2') $2x + 2y = 10$
Addition von
(1) und (2') ergibt $3x = 12$

Lineares Ungleichungssystem (LUS)*

Zwei lineare Ungleichungen mit je zwei Variablen bilden ein lineares Ungleichungssystem. Seine Lösungen sind alle Zahlenpaare, die **beide** Ungleichungen erfüllen.

Grafisches Lösungsverfahren*

Zu jeder **Ungleichung** gehört eine **Halbebene** mit oder ohne zugehörige **Randgerade**. Die Lösungen eines LUS sind die Koordinaten aller Punkte, die zu allen Halbebenen gehören.

Lineares Optimieren*

Beim **Linearen Optimieren** sucht man zu einer **Zielfunktion** optimale Werte.
Zu ihnen gehören die Punkte eines **Planungsgebietes**, die den größten bzw. kleinsten Ordinatenabschnitt haben.

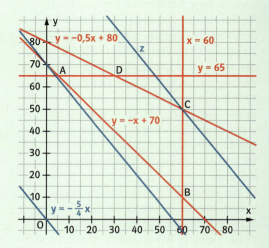

Üben • Anwenden • Nachdenken

1 Löse das Gleichungssystem. Überlege dir vorher, welches Verfahren am besten geeignet ist.
a) $y = 2x + 1$
   $y = -x + 10$
b) $2x - y = 4$
   $3x + y = 1$
c) $y = 3x - 15$
   $2y = x + 10$
d) $3y + x = -1$
   $y = x + 3$
e) $y + 3x = 7$
   $x = y - 3$
f) $2x - 3 = y$
   $3x + 2 = 2y$
g) $13x - 2y = 20$
   $2x + y = 7$
h) $2x + 1 = 3y$
   $4x - 5y = 0$
i) $2x + 3y = 0$
   $x = 4y - 11$
k) $3x + 4y = 21$
   $2x + 2y = 13$
l) $3x + 5y = -30$
   $5x - 3y = 120$
m) $x + 2y = 2$
    $9x + 14y = 64$

2 Löse das Gleichungssystem zeichnerisch. Prüfe durch Rechnung.
a) $y = 2x - 4$
   $y = -3x + 6$
b) $y = \frac{1}{2}x - 2$
   $y = -2x + 3$
c) $y = -\frac{3}{2}x + 3$
   $y = \frac{1}{2}x - 5$
d) $y = -\frac{2}{5}x - \frac{4}{5}$
   $y = -\frac{5}{2}x + 5{,}5$
e) $y + 2x + 6 = 0$
   $y - x + 3 = 0$
f) $2x - y = 7$
   $5x + 2y = 10$

3 Löse rechnerisch. Forme geschickt um.
a) $\frac{1}{2}x - 2 = \frac{1}{4}y$
   $\frac{1}{3}x + 6 = 2y$
b) $\frac{1}{3}x + 3y = 29$
   $3x - \frac{1}{5}y = -11$
c) $3y + 5x + 57 - 7x = 3x - 11y - 23$
   $4y + 9x - y - 20 = 5x - 11 - 8x$
d) $10 + (4x - 3) + (y + 9) = 2x + (3y - 16) + 19$
   $6x + 2 + (2y - 20) = (18x - 3) + (18 - y) - 3$

4 Stelle durch Zeichnung und Rechnung fest, ob das Gleichungssystem eine, keine oder unendlich viele Lösungen hat.
a) $y = 3x - 4$
   $y = 3x + 1$
b) $y = \frac{1}{2}x - 3$
   $y = -\frac{1}{2}x + 3$
c) $2x + 3y = 9$
   $y = -\frac{2}{3}x + 3$
d) $y = \frac{2}{5}x + 4$
   $y = -\frac{2}{5}x + 4$
e) $2y = 3x - 5$
   $y = \frac{3}{2}x + 1$
f) $8x - 6y + 12 = 0$
   $-3y + 6 + 4x = 0$
g) $2x + 3y - 4 = 3x + 4y - 5$
   $2y - 5x - 2 = -2x + 5y - 5$

5 Arbeite besonders sorgfältig.
a) $3(14 - 5x) - 2y = y + 3$
   $2(9 - 2x) - y = y + 4$
b) $34 - 4(x + y) = 10 - x - y$
   $41 - 8(y - x) = 5 - x - y$
c) $3(4x - y) - 2(3x - 1) = -13$
   $-2(3y - x) - 5(x - 2y) = 10$
d) $(x + 5)(y + 2) = xy + 130$
   $(x + 3)(y - 2) = xy + 14$
e) $(2x - 1)(3y - 5) = (2x - 3)(3y - 1)$
   $3(5x - 2) = 2(5y - 4) + 2$
f) $(x + 3)(y - 4) + 3 = x(y - 2)$
   $(2x + 5)(y - 1) + 10 = 2y(x + 3) - 6$

6 Achte auf die Brüche.
a) $\frac{x}{3} + \frac{y}{5} = 260$
   $5x - 3y = 150$
b) $\frac{2x}{7} - \frac{3y}{5} = 5$
   $\frac{x}{5} + \frac{2y}{25} = 1$
c) $x - y = 37$
   $\frac{x-1}{y} = 3$
d) $x + y = 45$
   $\frac{x}{y} = \frac{2}{3}$

7 Die Zehnerziffer einer zweistelligen Zahl ist das Doppelte der Einerziffer. Vertauscht man die Ziffern, entsteht eine um 27 kleinere Zahl. Bestimme die ursprüngliche Zahl.

8 Die Quersumme einer zweistelligen Zahl ist 15, die Differenz ihrer Ziffern ist 3. Tipp: Es gibt zwei Lösungen.

9 Bei einem gleichschenkligen Dreieck ist der Winkel an der Spitze doppelt so groß wie ein Basiswinkel. Berechne die Winkel.

10 Aus einem 24 cm langen Draht soll ein Rechteck gebogen werden, dessen Seitenlängen sich um 2 cm unterscheiden. Bestimme den Flächeninhalt.

11 In einem allgemeinen Trapez ABCD mit $\overline{AB} \parallel \overline{CD}$ sind die Winkel α und β zusammen 120°, α und γ zusammen 200°. Bestimme alle Winkelgrößen.

12 Der Flächeninhalt eines Trapezes mit der Höhe 8 cm beträgt 96 cm². Die Grundseite $\overline{AB}$ ist 6 cm länger als $\overline{CD}$. Bestimme die Länge dieser Seiten.

Üben • Anwenden • Nachdenken 35

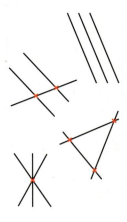

13 Drei verschiedene Geraden können keinen, einen, zwei oder drei Schnittpunkte haben. Zeichne und stelle fest, welcher der vier Fälle vorliegt.
Bestätige dein Ergebnis durch Rechnung.

a) $y = 2x - 2$
   $y = -x + 4$
   $y = \frac{1}{2}x + 1$

b) $y = \frac{1}{2}x + 3$
   $y = \frac{1}{2}x - 2$
   $y = \frac{1}{2}x$

c) $y = -\frac{2}{3}x + 8$
   $y = \frac{3}{5}x + \frac{2}{5}$
   $y = \frac{5}{2}x - \frac{3}{2}$

d) $2y = 3x + 4$
   $3y = -\frac{3}{2}x + 12$
   $4y = 6x - 8$

e) Berechne bei den Dreiecken Umfang und Flächeninhalt. Miss die notwendigen Größen.

14 Entnimm der Zeichnung die Gleichungen der parallelen Geraden.
Übertrage die Schaubilder in dein Heft und lies die Schnittpunktkoordinaten auf eine Nachkommaziffer genau ab.
Überprüfe durch Rechnung.

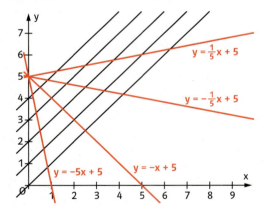

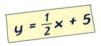

15 Bilde aus den vorgegebenen Gleichungen je zwei Gleichungssysteme mit einer Lösung, mit keiner Lösung und mit unendlich vielen Lösungen.

Noch mehr Variablen

Es gibt auch lineare Gleichungssysteme mit drei Gleichungen und drei Variablen.

Beispiel:
(1) $2x + 3y + z = 1$
(2) $2y + 3z = 13$
(3) $2z = 6$ $\quad |:2$

aus (3) erhält man:
$z = 3$
$z = 3$ eingesetzt in (2): $2y + 3 \cdot 3 = 13$
$y = 2$
$y = 2$ und $z = 3$ eingesetzt in (1):
$2x + 3 \cdot 2 + 3 = 11$
$x = 1$
$\mathbb{L} = \{(1\,;\,2\,;\,3)\}$

Die Art der Lösung erinnert an viele aneinandergestellte Dominosteine, die alle umkippen, wenn man den ersten Stein umwirft.

■ Löse nun selbst einige Gleichungssysteme mit drei Variablen.

$2x + 3y + 4z = 9$
$x + 2y = 10$
$3x = 12$

$2x + 3y - z = 20$
$y + z = 6$
$2y - z = 9$

$x + y + z = 24$
$x - y + z = 8$
$x + y - z = 2$

■ Finde drei natürliche Zahlen, bei denen sich die Summen 8, 10 und 12 ergeben, wenn man je zwei der drei Zahlen addiert. Vielleicht findest du die Lösung durch Raten. Bestätige deine Vermutung durch das entsprechende Gleichungssystem.

36 Üben • Anwenden • Nachdenken

16* Zeichne das Planungsgebiet. Wähle eine geeignete Einteilung der Achsen.
(1) $-x + y < 1$
(2) $3x + 2y < 6$
(3) $x > 0$
(4) $y > 0$

17* Untersuche das durch die Ungleichungen
(1) $x \geq -2$
(2) $x - 2y \leq -2$
(3) $2x + 3y \leq 6$
beschriebene Planungsgebiet:
a) Wo hat x den kleinsten/größten Wert?
b) Wo hat y den kleinsten/größten Wert?
c) Wo hat die Summe von x und y den kleinsten/größten Wert?
d) Wo sind x und y gleich groß?

18* Für eine Faschingsparty sollen Getränkedosen beschafft werden. Vom letzten Kuchenbasar sind noch 25 € übrig. Die Coladosen sollen zu 0,49 € das Stück und Limonadedosen zu 0,42 € das Stück gekauft werden. Jeder der 28 Schüler sollte mindestens eine Dose bekommen. Zeichne das Planungsgebiet und diskutiere die Einkaufsmöglichkeiten.

19* Auf einer Geflügelfarm können 600 Tiere gehalten werden: Enten, Gänse und Hühner. Aus ökologischen Gründen sollen es mindestens 20 Enten und 20 Gänse, aber nicht mehr als 100 Enten und 80 Gänse, zusammen nicht mehr als 140 sein. Für ein Huhn sind 3 € Gewinn, für eine Ente 6 € und für eine Gans 10 € Gewinn zu erzielen.

20* Ein Patient erhält jeden Tag Vitamintabletten. Die tägliche Mindestgabe an Vitaminen beträgt:

Vitamin	A	B_1	C
	1,5 mg	1 mg	60 mg

Vitamintabletten werden von zwei Firmen in folgender Zusammensetzung geliefert:

Hersteller	Kosten	Vitamingehalt in mg		
		A	B_1	C
Pharmax	9 ct	0,375	0,4	5
Vytan	9 ct	0,25	0,1	40

Geradengleichung aus zwei Punkten

Mithilfe der Koordinaten zweier Punkte einer Geraden kann man deren Gleichung bestimmen.
Wenn man die Koordinaten der Punkte P und Q in die Geradengleichung $y = mx + b$ einsetzt, erhält man ein lineares Gleichungssystem mit den Variablen m und b.

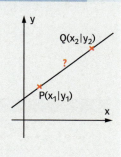

Beispiel: $P(2|2)$ und $Q(4|3)$
$P(2|2)$ ergibt: (1) $2 = 2m + b$
$Q(4|3)$ ergibt: (2) $3 = 4m + b$
Man erhält $m = \frac{1}{2}$ und $b = 1$.
Damit ergibt sich die Gleichung der Geraden: $y = \frac{1}{2}x + 1$.

■ Finde die Gleichung der Geraden, die durch P und Q verläuft.
$P(1|2)$ und $Q(5|6)$
$P(3|4)$ und $Q(6|1)$
$P(-1|2)$ und $Q(3|7)$

■ Prüfe ohne zu zeichnen, ob der Punkt Q auf der Geraden liegt, die durch P und R verläuft.
$P(2|3); Q(3|4)$ und $R(5|7)$
$P(1|5); Q(3|3)$ und $R(5|1)$

Mit der Formel $\frac{y - y_1}{x - x_1} = \frac{y_2 - y_1}{x_2 - x_1}$

kann man schnell die Gleichung einer Geraden mithilfe der Koordinaten zweier Punkte bestimmen. Man bezeichnet dies als **Zwei-Punkte-Form** der Geradengleichung.
Jeder der beiden Terme der Gleichung kann als Steigung der Geraden interpretiert werden.

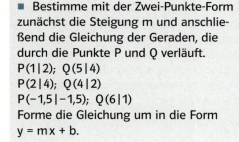

■ Bestimme mit der Zwei-Punkte-Form zunächst die Steigung m und anschließend die Gleichung der Geraden, die durch die Punkte P und Q verläuft.
$P(1|2); Q(5|4)$
$P(2|4); Q(4|2)$
$P(-1,5|-1,5); Q(6|1)$
Forme die Gleichung um in die Form $y = mx + b$.

Grafische Lösung mit dem Computer

Mit einem Computerprogramm, in das ein Computer-Algebra-System (CAS) integriert ist, lassen sich lineare Gleichungssysteme mit zwei Variablen grafisch und rechnerisch lösen.

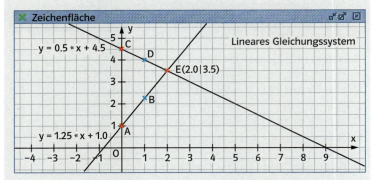

Die beiden Geraden lassen sich beliebig verändern. Die Punkte A und C auf der y-Achse bestimmen den y-Achsenabschnitt der jeweiligen Gerade.
Die Punkte B und D liegen auf einer Parallelen zur y-Achse mit dem Abstand 1 LE. Aus der Differenz der y-Koordinaten von B und A bzw. D und C ergibt sich die Steigung der Gerade.

- Überprüfe die Lösungen einiger Aufgaben, die du zeichnerisch oder rechnerisch gelöst hast, mit dem Computer.
- Die Gerade g geht durch die Punkte P(0|−3) und Q(1|0), die Gerade h durch R(0|3) und T(1|2).
Ermittle die Koordinaten des Schnittpunkts S der beiden Geraden.

? Wo schneiden sich die beiden Geraden?

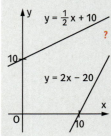

- Es lassen sich auch Gleichungssysteme grafisch lösen, bei denen der Schnittpunkt weit entfernt vom Nullpunkt liegt. Durch Verschieben des Ursprungs oder eine andere Skalierung kann man am Computer den Schnittpunkt sichtbar machen. Dies geht nicht unbegrenzt.
- Löse die Aufgabe vom Rand.
- Löse die beiden Gleichungssysteme:

(1) $y = 10x + 1$ (1) $y = -\frac{1}{10}x + 10$
(2) $y = 11x - 1$ (2) $y = \frac{1}{5}x - 5$

21 Der Elektroladen bietet Glühbirnen und Energiesparleuchten an.

a) Stelle für die Gesamtkosten der beiden Angebote zwei Gleichungen auf. Rechne mit einem Strompreis von 0,19 € pro kWh.
b) Wie lange müssen eine 75-Watt-Glühbirne und eine 15-Watt-Energiesparleuchte eingeschaltet sein, damit die jeweiligen Gesamtkosten gleich hoch sind?
c) Stelle in einem Schaubild die Gesamtkosten der Glühbirne und der Energiesparleuchte im Vergleich dar. Interpretiere.
d) Überprüfe in eurer Wohnung, wie viele Glühbirnen durch Energiesparleuchten ersetzt werden könnten.
Wenn du überschlägig ermittelst, wie lange die Birnen im Jahr brennen, kannst du die Ersparnis für ein Jahr ausrechnen. Gib die Ersparnis auch in Prozent an.

22* An einer Kreuzung steuert die Ampel X drei Fahrspuren, die Ampel Y zwei Fahrspuren. Durch Verkehrszählungen hat man festgestellt, dass die Ampel X länger grün zeigen soll als die Ampel Y, aber weniger als doppelt so lang. Damit die Wartezeit für die Fußgänger nicht zu lang wird, sollen die Grünphasen der beiden Ampeln zusammen nicht länger als 40 Sekunden dauern. Erfahrungswerte zeigen, dass auf jeder Fahrspur im Durchschnitt ein Fahrzeug pro Sekunde die Kreuzung überquert. Der Fahrzeugdurchsatz soll möglichst hoch sein.

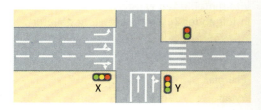

Rückspiegel

1 Löse das Gleichungssystem. Zeichne.
a) $y = -3x + 7$
$y = -\frac{1}{3}x - 1$
b) $y = -\frac{1}{2}x + 4$
$y = x - 2$

2 Löse das Gleichungssystem rechnerisch. Wähle ein geeignetes Verfahren.
a) $y = -x + 5$
$y = 2x - 1$
b) $2x - 3y = 4$
$4x + 3y = 2$
c) $2x + 1 = 6y$
$x - 2y = 1$
d) $4x + 5y = 31$
$22 = 4x + 2y$
e) $4(x + 2) = 3(y + 2)$
$5(x + 5) = 4(y + 5)$

3 Die Gerade g geht durch die Punkte P(0|2) und Q(1|3), die Gerade h durch R(0|5) und S(1|4,5).
Bestimme die Funktionsgleichungen der beiden Geraden und berechne die Koordinaten ihres Schnittpunkts.

4 Stelle das Gleichungssystem grafisch dar und gib an, ob es eine oder keine Lösung hat.
a) $y = \frac{2}{3}x - 3$
$y = \frac{2}{3}x + 3$
b) $y = \frac{3}{4}x - 1$
$y = \frac{4}{3}x - 1$

5 Drei Limo und zwei Döner kosten 16 €. Eine Limo und drei Döner kosten 17 €. Wie viel kosten zwei Limo und ein Döner? Löse rechnerisch und zeichnerisch.

6 Gegeben ist das Ungleichungssystem
(1) $x \geq 150$
(2) $y \geq 125$
(3) $x + y \leq 800$
(4) $3x + 15y \leq 9000$.
Zeichne das Planungsgebiet und berechne die Koordinaten der Eckpunkte.

7 Familie Mann will sich ein Wohnmobil leihen. Sie bekommen zwei Angebote:
A: Grundgebühr 120 € und für jeden Tag der Nutzung 25 €.
B: Grundgebühr 100 € und für jeden Tag der Nutzung 30 €.
Was muss die Familie berücksichtigen und wofür soll sie sich dann entscheiden?

Rückspiegel

1 Löse das Gleichungssystem. Zeichne.
a) $y = \frac{4}{3}x - 2$
$y = -\frac{2}{3}x + 4$
b) $2x + 5y = -4$
$5x + 2y = 11$

2 Löse das Gleichungssystem rechnerisch. Wähle ein geeignetes Verfahren.
a) $6y = 5x + 17$
$4 - 8x = 6y$
b) $2x + 3y - 12 = 0$
$6x - 3y + 12 = 0$
c) $4x + 5y = 2$
$7x + 5y = 11$
d) $5x + 8y = 248$
$8x + 5y = 272$
e) $3(x + 7) - 2(y + 7) = 0$
$4(x + 21) - 3(y + 20) = 0$

3 Die Punkte P(0|2) und Q(3|3) liegen auf der Geraden g, die Punkte R(0|4) und S(4|0) auf der Geraden h.
Wie heißen die Funktionsgleichungen der beiden Geraden? Bestimme zeichnerisch und rechnerisch ihren Schnittpunkt.

4 Prüfe durch Rechnung, wie viele Lösungen das Gleichungssystem hat. Begründe mithilfe des Schaubildes.
a) $3x - y = 4$
$2y + 8 = 6x$
b) $2x + 5y - 5 = 0$
$5y + 2x + 5 = 0$

5 Beim Konzert kauft Mara drei Postkarten und fünf Sticker. Sie zahlt 8,50 €. Ihr Bruder zahlt für fünf Postkarten und drei Sticker 9,90 €. Was kosten acht Postkarten und sieben Sticker?

6 Untersuche das Planungsgebiet aus
(1) $3x > -6$
(2) $4x - 8y < -8$
(3) $12x + 18y < 36$
a) Wo hat x den kleinsten (größten) Wert?
b) Wo hat y den kleinsten (größten) Wert?
c) Wo sind x und y gleich groß?

7 Familie Munz liegen zwei Angebote für die Stromversorgung vor.
Tarif A: Grundgebühr 45,50 €
Kosten pro kWh 16,5 ct
Tarif B: Grundgebühr 75,25 €
Kosten pro kWh 15,5 ct
Für welchen Tarif soll sich Familie Munz entscheiden? Begründe.

2 Wurzeln

Who's perfect?

Das unten abgebildete gelbe Quadrat hat die Seitenlänge 7 cm.
Kann es mit den neun Quadraten, deren Seitenlängen 4 cm; 3 cm; 2 cm und 1 cm betragen, vollständig abgedeckt werden?
Lässt sich das gelbe Quadrat auch mit weniger Quadraten abdecken?

Aufzeichnen und Ausschneiden kann dir helfen.
Zeichne ein Quadrat mit 11 cm Seitenlänge und überdecke es mit möglichst wenigen Quadraten.
Wie hoch ist die geringste Anzahl von Teilquadraten?

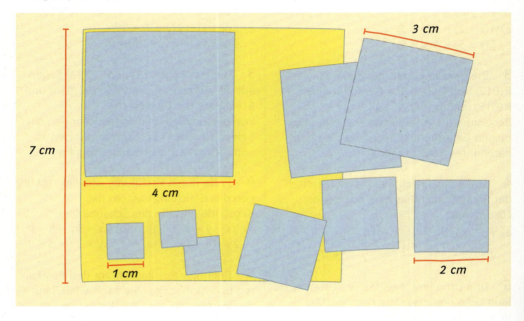

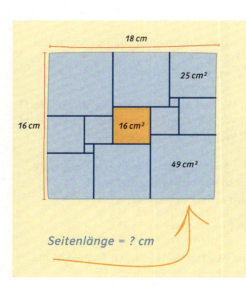

Das nebenstehende Rechteck ist 18 cm lang und 16 cm breit. Es wird in 13 Quadrate zerlegt.
Das orange gefärbte Quadrat kommt dreimal vor, alle anderen jeweils zweimal.
Bestimme die Seitenlängen aller Quadrate.

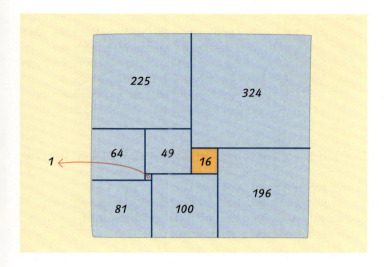

Rechtecke bzw. Quadrate, die in lauter verschiedene Quadrate unterteilt werden können, heißen perfekte Rechtecke bzw. perfekte Quadrate.

Das abgebildete Rechteck besteht aus neun Quadraten. Es ist das Rechteck mit der geringsten Anzahl von unterschiedlichen Teilquadraten.
In den einzelnen Quadraten stehen jeweils die Maßzahlen der Flächeninhalte.
Bestimme durch Probieren die Seitenlängen der eingezeichneten Quadrate.
Berechne den Umfang des gesamten Rechtecks.

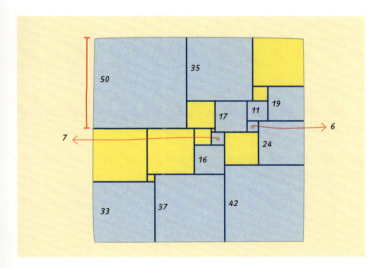

Links siehst du ein perfektes Quadrat. Es hat die geringste Anzahl von unterschiedlichen Teilquadraten und wurde 1948 vom Engländer T. H. Willcocks entdeckt.

Einige Seitenlängen der Teilquadrate sind eingetragen.
In wie viele Teilquadrate wurde das Quadrat unterteilt?
Weise nach, dass die gelben Teilflächen auch wirklich Quadrate sind.

In diesem Kapitel lernst du,

- was Quadratwurzeln sind und wie man sie näherungsweise bestimmen kann,
- wie man mit Quadratwurzeln rechnet,
- wie man Quadratwurzeln umformt und vereinfacht,
- was n-te Wurzeln sind und wozu man sie verwendet.

Who's perfect? **41**

1 Quadratwurzeln

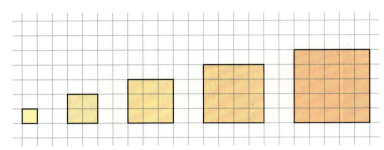

Die Quadrate werden größer.
→ Setze die Reihe fort. Notiere alle Möglichkeiten bis 100 Kästchen Flächeninhalt.
→ Kann man auch Quadrate mit zwei oder drei Kästchen Flächeninhalt zeichnen?
→ Ein Quadrat hat einen Flächeninhalt von 144 Kästchen. Gib die Seitenlänge an.
→ Welchen Umfang hat ein Quadrat mit einem Flächeninhalt von 100 Kästchen?

Multipliziert man eine Zahl mit sich selbst, erhält man deren **Quadratzahl**. Dieser Vorgang heißt **Quadrieren**.
$15 \cdot 15 = 15^2 = 225$ Allgemein schreibt man: $a \cdot a = a^2$
Umgekehrt lässt sich zu einer vorgegebenen Quadratzahl die Zahl finden, die mit sich selbst multipliziert diese Quadratzahl ergibt. Man bestimmt die **Quadratwurzel**.
Diesen Vorgang bezeichnet man als **Wurzelziehen** (**Radizieren**).
Für die Zahl 49 erhält man die Zahl 7 als Quadratwurzel, denn $7 \cdot 7 = 49$.

Radikand (lat. radix = Wurzel)
Zahl unter dem Wurzelzeichen $\sqrt{49}$

> Die **Quadratwurzel** einer positiven Zahl b ist die positive Zahl a, die mit sich selbst multipliziert die Zahl b ergibt: $a^2 = b$
> Man verwendet die Schreibweise $a = \sqrt{b}$ und sagt:
> „a ist die Quadratwurzel von b."

! Für den Radikanden 0 gilt:
$\sqrt{0} = 0$, da $0^2 = 0$

Bemerkungen

• Die Quadratwurzel einer negativen Zahl gibt es nicht, da keine Zahl mit sich selbst multipliziert einen negativen Wert ergibt.

• Bei positiven Zahlen ist das Wurzelziehen die Umkehrung des Quadrierens und das Quadrieren die Umkehrung des Wurzelziehens.
Allgemein gilt: $\sqrt{a^2} = a$ und $(\sqrt{a})^2 = \sqrt{a} \cdot \sqrt{a} = a$.

12   1,5 $\frac{1}{10}$ 0,2
   5   17
7   10   30   0,5
         0,02

Beispiele
a) $\sqrt{36} = 6$; da $6^2 = 36$
b) $\sqrt{121} = 11$; da $11^2 = 121$
c) $\sqrt{0{,}25} = 0{,}5$; da $0{,}5^2 = 0{,}25$
d) $\sqrt{\frac{1}{4}} = \frac{1}{2}$; da $\left(\frac{1}{2}\right)^2 = \frac{1}{4}$
e) $\sqrt{8^2} = \sqrt{64} = 8$
f) $(\sqrt{0{,}81})^2 = 0{,}9^2 = 0{,}81$

298   4   0,25
   144   99
2,5   0,04
   900   49
289   $\frac{1}{100}$ 2,25

Aufgaben

1 Welche Zahl passt nicht in die Reihe?
a) 1; 25; 49; 55; 64; 81; 121; 196
b) 144; 169; 225; 325; 400; 625; 900
c) 0,04; 0,16; 0,36; 0,50; 0,81; 1,21; 2,56
d) $\sqrt{\frac{1}{4}}$; $\sqrt{\frac{4}{9}}$; $\sqrt{\frac{16}{27}}$; $\sqrt{\frac{9}{25}}$; $\sqrt{\frac{49}{64}}$; $\sqrt{\frac{16}{81}}$

? Wie kann man die Zahlen auf dem oberen und unteren Notizzettel einander sinnvoll zuordnen?

2 Bestimme die Quadratwurzel im Kopf.
a) $\sqrt{16}$ b) $\sqrt{49}$ c) $\sqrt{100}$
d) $\sqrt{225}$ e) $\sqrt{121}$ f) $\sqrt{169}$
g) $\sqrt{256}$ h) $\sqrt{400}$ i) $\sqrt{625}$
j) $\sqrt{0{,}25}$ k) $\sqrt{0{,}36}$ l) $\sqrt{1{,}44}$

3 Berechne.
a) $\sqrt{2{,}89}$ b) $\sqrt{3{,}24}$ c) $\sqrt{5{,}29}$
d) $\sqrt{4{,}41}$ e) $\sqrt{2{,}56}$ f) $\sqrt{0{,}0144}$
g) $\sqrt{0{,}0004}$ h) $\sqrt{0{,}0576}$ i) $\sqrt{0{,}0049}$

4 Das geht auch ohne Taschenrechner.
a) $\sqrt{\frac{16}{49}}$ b) $\sqrt{\frac{4}{81}}$ c) $\sqrt{\frac{36}{121}}$
d) $\sqrt{\frac{196}{144}}$ e) $\sqrt{\frac{169}{225}}$ f) $\sqrt{\frac{400}{441}}$
g) $\sqrt{\frac{5}{20}}$ h) $\sqrt{\frac{12}{27}}$ i) $\sqrt{\frac{44}{99}}$

5 Fülle die Lücken.
a) $\sqrt{\square 1} = 9$ b) $\sqrt{14\square} = 12$
c) $\sqrt{1\square 9} = 13$ d) $\sqrt{\square 21} = 11$
e) $\sqrt{\frac{81}{\square}} = \frac{9}{11}$ f) $\sqrt{\frac{\square}{25}} = \frac{2}{\square}$

6 Welche Ziffern muss man einsetzen?
Beispiel: $\sqrt{2\square 6} = \square 6$
Für ▨ wird 5, für ▨ wird 1 eingesetzt: $\sqrt{256} = 16$
a) $\sqrt{1\square 1} = 11$ b) $\sqrt{32\square} = \square 8$
c) $\sqrt{6\square} = 2\square$ d) $\sqrt{\square 76} = 2\square$
e) $\sqrt{\square 89} = \square 7$ f) $\sqrt{\square\square 1} = \square 1$

7 Die Summe der eingesetzten Ziffern ergibt 41.
a) $\sqrt{\square 4} = 8$ b) $\sqrt{1\square\square} = 13$
c) $\sqrt{2\square 9} = \square 7$ d) $\sqrt{3 + \square\square} = 4$
e) $\sqrt{54 - \square} = 7$ f) $\sqrt{72 \cdot \square} = 12$

8 Natascha behauptet: „Vier der sechs Quadratwurzeln sind keine natürlichen Zahlen. Dies kann ich ohne Taschenrechner nachweisen."
Hast du eine Idee, wie Natascha vorgeht?
$\sqrt{765\,432}$ $\sqrt{7\,531\,357}$
$\sqrt{344\,569}$ $\sqrt{12\,345\,678}$
$\sqrt{852\,743}$ $\sqrt{23\,503\,104}$

9 Welche der Gleichungen sind falsch? Begründe.
a) $\sqrt{2{,}5} = 0{,}5$
b) $\sqrt{490} = 70$
c) $40^2 = 160$
d) $\sqrt{3600} = 60$
e) $\sqrt{0{,}4} = 0{,}2$
f) $0{,}005^2 = 0{,}000\,025$

10 Der Pariser Platz in Berlin ist quadratisch und ungefähr 144 a groß.
Pia geht einmal um den Platz.

11 Ein Rechteck hat die Länge a und die Breite b.
Berechne die Seitenlänge eines dazu flächengleichen Quadrats.
a) a = 18 m; b = 8 m
b) a = 30 m; b = 7,5 m
c) a = 20 m; b = 3,2 m
d) a = 2,88 m; b = 0,5 m

Zahlenzauber

Auch Wurzeln haben etwas Zauberhaftes.

■ Wie geht es wohl weiter?
$\sqrt{1}$
$\sqrt{121}$
$\sqrt{12321}$
$\sqrt{1234321}$
$\sqrt{123454321}$

■ Wie geht es weiter?
Prüfe deine Vermutung auch nach.
$\sqrt{16}$ $\sqrt{81}$ $\sqrt{49}$
$\sqrt{1156}$ $\sqrt{9801}$ $\sqrt{4489}$
$\sqrt{111556}$ $\sqrt{998001}$ $\sqrt{444889}$

■ Ziehe die Wurzel. Was fällt dir auf?
121   484
10201   12321
14641   40804
44944   1002001

■ Berechne. Was stellst du fest?
26^2 264^2
307^2 836^2

■ Vergleiche die Wurzeln $\sqrt{169}$ und $\sqrt{961}$.

■ Der Mathematiker Hill fand heraus, dass 139 854 276 eine Quadratzahl ist, die alle Ziffern von 1 bis 9 enthält.
Was er nicht wusste: es gibt noch mehr davon. Überprüfe.
$\sqrt{152\,843\,769}$ $\sqrt{597\,362\,481}$
$\sqrt{842\,973\,156}$

12 Die Figuren bestehen aus aneinandergereihten Quadraten. Der Flächeninhalt der Quadratreihe ist gegeben.
Berechne den Umfang der Quadratreihe.

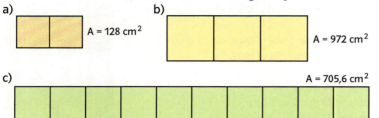

a) A = 128 cm²
b) A = 972 cm²
c) A = 705,6 cm²

17 Berechne mit dem Taschenrechner. Was meinst du zu den Ergebnissen?

$$\sqrt{15,9} + \sqrt{16,1}$$
$$\sqrt{15,99} + \sqrt{16,01}$$
$$\sqrt{15,999} + \sqrt{16,001}$$
$$\sqrt{15,9999} + \sqrt{16,0001}$$
$$\sqrt{15,99999} + \sqrt{16,00001}$$

18 Berechne.
a) $(\sqrt{81})^2$ b) $\sqrt{7,5^2}$ c) $(\sqrt{0,36})^2$
d) $\left(\sqrt{\frac{1}{4}}\right)^2$ e) $\sqrt{\left(\frac{2}{5}\right)^2}$ f) $\left(\sqrt{\frac{37}{74}}\right)^2$

13 Die Oberfläche ist gegeben. Berechne die Kantenlänge a eines Würfels.

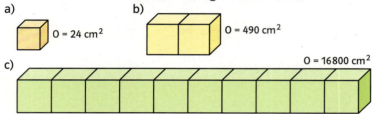

a) O = 24 cm²
b) O = 490 cm²
c) O = 16 800 cm²

d) Ein Quader besteht aus 100 in Reihe aneinandergesetzten Würfeln und hat eine Oberfläche von 1608 cm².
Welches Volumen hat der Körper?

14 Berechne das Volumen für die vorgegebene Oberfläche.

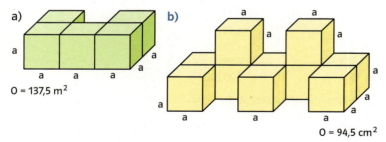

a) O = 137,5 m²
b) O = 94,5 cm²

15 Bestimme die Lösungsmenge.
a) $x^2 = 49$ b) $a^2 = 225$
c) $m^2 = 900$ d) $b^2 = 2500$
e) $k^2 = 0$ f) $x^2 - 36 = 0$
g) $a^2 = -121$ h) $3x^2 = 75$

Gleichungen mit „hoch 2" kannst du so lösen:
$x^2 = 81$
$|x| = 9$
$x = -9$ oder $x = 9$
$\mathbb{L} = \{-9; 9\}$

16 Ohne Taschenrechner geht es schneller.
a) $\sqrt{1\,234\,567\,890\,987\,654\,321^2}$
b) $\sqrt{122\,333\,444\,455\,555\,666\,666^2}$

Wurzeln und Variablen

Wir vereinbaren: Wird aus einem quadratischen Term die Wurzel gezogen, benutzen wir nur die Werte, für die der Term positiv ist oder den Wert null hat.

■ Vereinfache.
a) $\sqrt{x^2}$ b) $(\sqrt{2a})^2$ c) $(\sqrt{5xy})^2$
d) $\sqrt{4z^2}$ e) $\sqrt{9a^2b^2}$ f) $(\sqrt{5rs})^2$

■ Schreibe ohne Wurzelzeichen.
a) $\sqrt{(a+b)^2}$ b) $\sqrt{(x-y)^2}$
c) $\sqrt{(2v+w)^2}$ d) $\sqrt{(0,1a-0,9b)^2}$
e) $\sqrt{(x+y+z)^2}$ f) $\sqrt{(2a-3b+4c)^2}$

■ Vereinfache. Nenne einen Wert, den man für x nicht einsetzen darf.
a) $(\sqrt{3+x})^2$ b) $(\sqrt{x-5})^2$
c) $(\sqrt{0,5-x})^2$ d) $\left(\sqrt{y+\frac{1}{4}}\right)^2$
e) $(\sqrt{4+x})^2$ f) $(\sqrt{2x-8})^2$

■ Verwandle zuerst in ein Binom.
Beispiel: $\sqrt{x^2 - 6x + 9} = \sqrt{(x-3)^2} = x - 3$
a) $\sqrt{x^2 + 2x + 1}$ b) $\sqrt{a^2 + 10a + 25}$
c) $\sqrt{4y^2 + 20y + 25}$ d) $\sqrt{100 - 20x + x^2}$
e) $\sqrt{49a^2 + 28ab + 4b^2}$

■ Ergänze den Radikanden. Ziehe dann die Wurzel.
a) $\sqrt{x^2 + 6x + \square}$
b) $\sqrt{2,25s^2 - 15s + \square}$
c) $\sqrt{\square + 7,5t + 6,25}$

44 Quadratwurzeln

2 Bestimmen von Quadratwurzeln

Durch Zerschneiden und Umlegen der beiden Quadrate lässt sich ein neues größeres Quadrat bilden.
→ Wie groß ist der Flächeninhalt des neuen Quadrats?
→ Warum ist der Umfang der ursprünglichen Quadrate viel leichter zu bestimmen als der des neuen?
→ Bestimme die Seitenlänge des großen Quadrats. Miss so genau wie möglich.

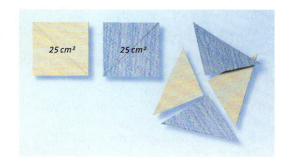

Quadratwurzeln wie z. B. $\sqrt{3}$ oder $\sqrt{7{,}4}$ lassen sich zunächst nur abschätzen. Bei der Quadratwurzel der Zahl 2 erkennt man, dass sie zwischen 1 und 2 liegen muss, da für die Quadrate die Eingrenzung $1^2 < 2 < 2^2$ gilt. Der Bereich der Eingrenzung heißt **Intervall**.
$\sqrt{2}$ liegt zwischen den natürlichen Zahlen 1 und 2, das heißt $\sqrt{2}$ liegt im Intervall [1; 2].
Durch Probieren lässt sich eine größere Genauigkeit mit mehr Dezimalen erreichen:
Wegen $1{,}4^2 < 2 < 1{,}5^2$ liegt $\sqrt{2}$ zwischen 1,4 und 1,5; also im Intervall [1,4; 1,5].
Wegen $1{,}41^2 < 2 < 1{,}42^2$ liegt $\sqrt{2}$ zwischen 1,41 und 1,42; also im Intervall [1,41; 1,42].

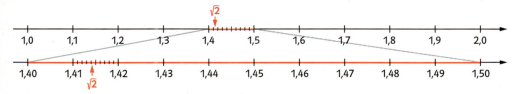

Auf diese Weise gelangt man zu immer mehr Nachkommaziffern. Beispielsweise lauten die ersten 40 Ziffern von $\sqrt{2}$ so: 1,414 213 562 373 095 048 801 688 724 209 698 078 569 ...

Quadratwurzeln aus positiven Zahlen, die keine Quadratzahlen sind, haben unendlich viele Nachkommaziffern.

Beispiel
Näherung für $\sqrt{30}$: $5 < \sqrt{30} < 6$; da $5^2 < 30 < 6^2$
Durch systematisches Probieren erhält man eine bessere Näherung.
$5{,}1^2 = 26{,}01$; $5{,}2^2 = 27{,}04$; $5{,}3^2 = 28{,}09$; $5{,}4^2 = 29{,}16$; $5{,}5^2 = 30{,}25$
Damit gilt: $5{,}4 < \sqrt{30} < 5{,}5$
Auf diese Art und Weise kann man zu immer mehr Nachkommastellen gelangen.

Diese Werte solltest du kennen:
$\sqrt{2} \approx 1{,}41$
$\sqrt{3} \approx 1{,}73$
$\sqrt{5} \approx 2{,}24$

Aufgaben

1 Welche Werte lassen sich genau, welche nur näherungsweise bestimmen?
a) $\sqrt{20}$ b) $\sqrt{144}$ c) $\sqrt{80}$
d) $\sqrt{4{,}5}$ e) $\sqrt{6{,}25}$ f) $\sqrt{2{,}56}$
g) $\sqrt{0{,}4}$ h) $\sqrt{0{,}09}$ i) $\sqrt{0{,}081}$

2 Zwischen welchen benachbarten natürlichen Zahlen liegt die Quadratwurzel?
Beispiel: $6 < \sqrt{40} < 7$; da $6^2 < 40 < 7^2$
a) $\sqrt{20}$ b) $\sqrt{50}$ c) $\sqrt{70}$ d) $\sqrt{120}$
e) $\sqrt{190}$ f) $\sqrt{350}$ g) $\sqrt{500}$ h) $\sqrt{700}$

? Wie heißt die 37. Nachkommastelle von $\frac{1}{3}$? Wie die von $\sqrt{3}$? Welche Frage ist unfair?

3 Fülle die Lücken. Manchmal sind auch mehrere Lösungen möglich.
a) $7 < \sqrt{\square 5} < 8$
b) $6 < \sqrt{4\square} < 7$
c) $12 < \sqrt{1\square 8} < 13$
d) $13 < \sqrt{\square\square 7} < 14$

4 Welche der Quadratwurzeln lassen sich exakt bestimmen?
a) $\sqrt{9}$; $\sqrt{0{,}9}$; $\sqrt{900}$; $\sqrt{90}$; $\sqrt{0{,}09}$
b) $\sqrt{4}$; $\sqrt{0{,}04}$; $\sqrt{0{,}4}$; $\sqrt{4000}$; $\sqrt{0{,}0004}$

5 Corinna behauptet, der Bruch $\frac{665857}{470832}$ habe den Wert $\sqrt{2}$.
Christian sagt: „Wenn ich den Bruch quadriere und die Endziffern des Zählers und Nenners betrachte, kann das Ergebnis nicht die Zahl 2 sein." Was meinst du?

6 Welcher Wurzelwert gehört zu welcher Quadratzahl? Schätze ab.

21,7485…	217,9449…	746
473		23,7697…
565	20,1494…	406
27,3130…	47 500	

7 Vergleiche die Brüche mit der Taschenrechner-Anzeige von $\sqrt{2}$.
$\frac{1}{1}$; $\frac{3}{2}$; $\frac{7}{5}$; $\frac{17}{12}$; $\frac{41}{29}$; $\frac{99}{70}$; $\frac{239}{169}$; $\frac{577}{408}$

Wie heißen die nächsten drei Brüche? Berechne für diese Brüche $\frac{a}{b}$ den Term $a^2 - 2b^2$. Was bemerkst du?

Nicht vorstellbare Zahlen

$1{,}41..2 \cdot 1{,}41..2$
….
……
…………..4

Die Anzeige des Taschenrechners zeigt für $\sqrt{2}$ den Wert 1,41423562. Multipliziert man diesen Wert schriftlich mit sich selbst, so erhält man nicht die Zahl 2, sondern einen Dezimalbruch mit der letzten Nachkommaziffer 4. Entsprechendes gilt auch für alle anderen möglichen Endziffern von 1 bis 9 und die Null kommt als Endziffer nicht in Frage. $\sqrt{2}$ lässt sich also nicht durch einen abbrechenden Dezimalbruch darstellen, nur durch einen nicht abbrechenden. Wäre $\sqrt{2}$ als Bruch darstellbar, so könnte man sie als vollständig gekürzten Bruch in der Form $\frac{p}{q}$ notieren, also $\sqrt{2} = \frac{p}{q}$. Quadrieren ergibt dann $2 = \frac{p \cdot p}{q \cdot q}$. Da der Bruch $\frac{p}{q}$ gekürzt war, gilt dies auch für den Bruch $\frac{p \cdot p}{q \cdot q}$. Zähler und Nenner haben also keinen gemeinsamen Teiler. Der Wert von $\frac{p \cdot p}{q \cdot q}$ kann also nicht 2 sein. $\sqrt{2}$ lässt sich also nicht als Bruch darstellen, ist somit keine rationale Zahl. Dies lässt sich auch für andere Wurzeln zeigen, ebenso für die Kreiszahl π. Solche Zahlen nennt man **irrationale Zahlen**. Zusammen mit den rationalen Zahlen fasst man sie in der Menge der **reellen Zahlen** ℝ zusammen.

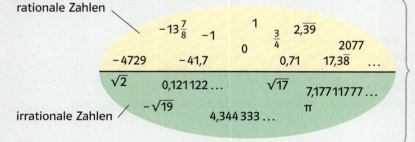

Auch Zahlen wie z.B. 0,123 456 789 101 112 …, 1,211 221 112 22… sind irrationale Zahlen, da sie nicht abbrechen und nicht periodisch sind.
■ Welche der Zahlen sind irrational, welche rational? Gib das Bildungsgesetz an.
1,121 231 234 …, 8,232 323 …, 1,010 010 001 …, 4,515 151, 0,059 373 737 …, 1,162 536 49 …
■ Die Skizze zeigt, wie $\sqrt{2}$ auf der Zahlengeraden konstruiert werden kann. Konstruiere in gleicher Weise $\sqrt{8}$, $\sqrt{18}$, $\sqrt{32}$, $\sqrt{50}$, $\sqrt{72}$, $\sqrt{200}$.

Heron-Verfahren

Mit einem Verfahren, das nach **Heron von Alexandria** (ca. 60 n. Chr.) benannt wurde, lassen sich Quadratwurzeln berechnen. Der Grundgedanke des Heron-Verfahrens ist die schrittweise Annäherung an ein Quadrat durch flächengleiche Rechtecke.

Um beispielsweise die Quadratwurzel der Zahl R = 18 zu bestimmen, kann man mit einem Rechteck beginnen, das die Seitenlängen a_1 = 6 cm und b_1 = 3 cm hat. Die Quadrate der Maßzahlen 3^2 = 9 und 6^2 = 36 schließen nämlich die Zahl 18 ein.

Da der Wert 6 zu groß und der Wert 3 zu klein ist, bildet man den Mittelwert von Länge und Breite. Damit erhält man eine neue Rechteckslänge a_2.
$\frac{a_1 + b_1}{2} = \frac{6+3}{2}$ cm = 4,5 cm

Die neue Rechtecksbreite b_2 bestimmt man aus dem Quotienten
$\frac{R}{a_2} = \frac{18}{4,5}$ = 4 cm.

Im nächsten Schritt ergibt sich:
$a_3 = \frac{a_2 + b_2}{2} = \frac{4,5 + 4}{2}$ cm = 4,25 cm und
$b_3 = \frac{R}{a_3} = \frac{18}{4,25}$ cm ≈ 4,24 cm.

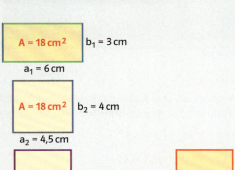

Vergleicht man die Eingrenzung [a_3; b_3] = [4,25; 4,24] mit der Anzeige des Taschenrechners von $\sqrt{18}$ = 4,2426…, stellt man fest, dass man bereits eine gute Annäherung erzielt hat.
Wiederholt man diese Schritte, dann bekommt man sehr rasch noch bessere Näherungen für die zu bestimmende Quadratwurzel. Die heutigen Taschenrechner arbeiten nach einem ähnlichen Verfahren.

■ Bestimme mit dem Heron-Verfahren auf drei Dezimalen genau.
$\sqrt{7}$ $\sqrt{23}$ $\sqrt{200}$

Mit einer Tabellenkalkulation lässt sich das Heron-Verfahren leicht durchführen.
Formel in Zelle B9:   =(B8+C8)/2
         Zelle C9:   =$C$1/B9

■ Erstelle das Rechenblatt. Füge weitere Zeilen an. Was stellst du fest?
■ Wähle als ersten Schätzwert für die Länge des Quadrats den Wert 1.
Wie viele Schritte braucht das Programm dann mehr?
■ Bestimme $\sqrt{500}$ mit dem Schätzwert 1, anschließend mit dem Schätzwert 22.
■ Bestimme $\sqrt{5\,000\,000}$ mit dem Schätzwert 1. Verwende anschließend den Schätzwert 2000.
Wie viele Schritte sparst du?

	A	B	C	D
1	Flächeninhalt des Rechtecks:		18	
2				
3	Erster Schätzwert für die Seitenlänge des Quadrates:		6	
4				
5	Schritt	Rechtecklänge	Rechtecksbreite	Flächeninhalt
6	1	6,00000000000000	3,00000000000000	18
7	2	4,50000000000000	4,00000000000000	18
8	3	4,25000000000000	4,23529411764706	18
9	4	4,24264705882353	4,24263431542461	18
10	5	4,24264068712407	4,24264068711450	18
11				
12				

3 Multiplikation und Division

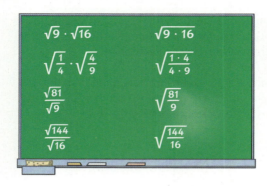

Vergleiche die Terme der linken und der rechten Tafelhälfte.
→ Was fällt dir auf?
→ Stelle eine Vermutung auf.
→ Kannst du sie begründen?

Werden die Quadratwurzeln von Quadratzahlen multipliziert bzw. dividiert, kann man das Produkt bzw. den Quotienten sehr leicht bestimmen:

$\sqrt{49} \cdot \sqrt{36} = 7 \cdot 6 = 42$ $\qquad\qquad \sqrt{\frac{225}{9}} = \frac{15}{3} = 5$

$\sqrt{49 \cdot 36} = \sqrt{1764} = 42$ $\qquad\qquad \sqrt{\frac{225}{9}} = \sqrt{25} = 5$

Also gilt: $\sqrt{49} \cdot \sqrt{36} = \sqrt{49 \cdot 36}$ $\qquad$ bzw. $\qquad \frac{\sqrt{225}}{\sqrt{9}} = \sqrt{\frac{225}{9}}$

> Quadratwurzeln kann man **multiplizieren** bzw. **dividieren**, indem man die Radikanden miteinander multipliziert bzw. dividiert und dann die Wurzel zieht.
>
> $\sqrt{a} \cdot \sqrt{b} = \sqrt{a \cdot b}$; $a, b \geq 0$ $\qquad\qquad \frac{\sqrt{a}}{\sqrt{b}} = \sqrt{\frac{a}{b}}$; $a \geq 0$; $b > 0$

Beispiele
a) $\sqrt{5} \cdot \sqrt{20} = \sqrt{5 \cdot 20} = \sqrt{100} = 10$ $\qquad$ b) $\sqrt{64 \cdot 81} = \sqrt{64} \cdot \sqrt{81} = 8 \cdot 9 = 72$
c) $\frac{\sqrt{175}}{\sqrt{7}} = \sqrt{\frac{175}{7}} = \sqrt{25} = 5$ $\qquad\qquad$ d) $\sqrt{\frac{9}{121}} = \frac{\sqrt{9}}{\sqrt{121}} = \frac{3}{11}$

Durch **teilweises Wurzelziehen** lassen sich die Werte von Quadratwurzeln auch ohne die Verwendung eines Taschenrechners leichter eingrenzen und abschätzen.
Überschlägt man $\sqrt{3}$ mit 1,732, kann nach der Regel zur Multiplikation gerechnet werden:
$\sqrt{300} = \sqrt{100 \cdot 3} = \sqrt{100} \cdot \sqrt{3} = 10 \cdot \sqrt{3} \approx 10 \cdot 1,732 = 17,32$
Der Radikand wird dabei in ein Produkt mit einer Quadratzahl als Faktor zerlegt.

> Beim **teilweisen Wurzelziehen** wird der Radikand so in ein Produkt zerlegt, dass einer der Faktoren eine Quadratzahl ist.
> $\sqrt{a^2 b} = \sqrt{a^2} \cdot \sqrt{b} = a \cdot \sqrt{b}$; $a, b \geq 0$

Beispiele
a) $\sqrt{75} = \sqrt{25 \cdot 3}$ $\qquad$ b) $\sqrt{80} = \sqrt{4 \cdot 20}$ $\qquad$ oder $\qquad \sqrt{80} = \sqrt{16 \cdot 5}$
$\phantom{a)\ \sqrt{75}} = \sqrt{25} \cdot \sqrt{3}$ $\qquad\phantom{b)\ \sqrt{80}} = 2 \cdot \sqrt{20}$ $\qquad\qquad\qquad\phantom{oder\ \sqrt{80}} = \sqrt{16} \cdot \sqrt{5}$
$\phantom{a)\ \sqrt{75}} = 5 \cdot \sqrt{3}$ $\qquad\phantom{b)\ \sqrt{80}} = 2 \cdot \sqrt{4} \cdot \sqrt{5}$ $\qquad\qquad\qquad\phantom{oder\ \sqrt{80}} = 4 \cdot \sqrt{5}$
$\phantom{a)\ \sqrt{75} = 5 \cdot \sqrt{3}} \qquad\phantom{b)\ \sqrt{80}} = 2 \cdot 2 \cdot \sqrt{5} = 4 \cdot \sqrt{5}$

Aufgaben

1 Rechne im Kopf.
a) $\sqrt{3} \cdot \sqrt{12}$ b) $\sqrt{8} : \sqrt{2}$
c) $\sqrt{36 \cdot 25}$ d) $\sqrt{32} \cdot \sqrt{2}$
e) $\sqrt{99} : \sqrt{11}$ f) $\sqrt{121 \cdot 49}$

2 Berechne.
a) $\sqrt{0{,}49 \cdot 100}$ b) $\sqrt{10} \cdot \sqrt{3{,}6}$
c) $\sqrt{2{,}5} \cdot \sqrt{0{,}9}$ d) $\sqrt{400 \cdot 0{,}64}$
e) $\sqrt{\frac{1}{2}} \cdot \sqrt{\frac{9}{8}}$ f) $\sqrt{\frac{4}{25} \cdot \frac{49}{9}}$

3 Rechne auch mit mehr als zwei Faktoren.
a) $\sqrt{2} \cdot \sqrt{6} \cdot \sqrt{12}$ b) $\sqrt{49 \cdot 25 \cdot 9}$
c) $\sqrt{81 \cdot 36 \cdot 4}$ d) $\sqrt{7} \cdot \sqrt{21} \cdot \sqrt{3}$
e) $\sqrt{24} \cdot \sqrt{8} \cdot \sqrt{2} \cdot \sqrt{6}$
f) $\sqrt{144 \cdot 25} \cdot \sqrt{3} \cdot \sqrt{12}$

4 Fülle die Lücken.
a) $\sqrt{\square} \cdot \sqrt{289} = 34$ b) $\sqrt{14\square} \cdot \sqrt{3} = 21$
c) $\sqrt{117} \cdot \sqrt{\square} = 39$ d) $\sqrt{675} : \sqrt{\square} = 15$
e) $\sqrt{\square 80} : \sqrt{5} = 14$ f) $\sqrt{50\square} : \sqrt{3} = 13$

5 Setze für 🟨 und 🟦 die richtigen Werte ein.
a) $\sqrt{5} \cdot \sqrt{\square} = 10$
b) $\sqrt{36} \cdot \sqrt{\square 6} = 24$
c) $\sqrt{6} \cdot \sqrt{2\square} = 1\square$
d) $\sqrt{19\square} : \sqrt{4} = 7$
e) $\sqrt{\square 76} : \sqrt{\square 4} = 3$

6 Lege aus den Dominosteinen eine geschlossene Kette.

7 Ziehe teilweise die Wurzel.
a) $\sqrt{50}$ b) $\sqrt{8}$ c) $\sqrt{18}$
d) $\sqrt{32}$ e) $\sqrt{48}$ f) $\sqrt{20}$
g) $\sqrt{45}$ h) $\sqrt{98}$

8 Bringe den Faktor unter die Wurzel.
Beispiel: $3 \cdot \sqrt{2} = \sqrt{3^2 \cdot 2} = \sqrt{9 \cdot 2} = \sqrt{18}$
a) $4 \cdot \sqrt{3}$ b) $2 \cdot \sqrt{5}$ c) $6 \cdot \sqrt{8}$

9 Welche der Terme auf dem Rand haben den gleichen Wert? Rechne ohne Taschenrechner.

10 Ziehe die Wurzel so weit wie möglich.
a) $\sqrt{9x}$ b) $\sqrt{5a^2}$ c) $\sqrt{81z}$
d) $\sqrt{15y^2}$ e) $\sqrt{18x^2}$ f) $\sqrt{27s^2t^3}$
g) $\sqrt{\frac{3a^2}{b^2}}$ h) $\sqrt{\frac{x^3}{9y}}$ i) $\sqrt{\frac{32xy^2}{25}}$

11 Kürze vor dem Vereinfachen.
a) $\sqrt{\frac{2y^2}{18}}$ b) $\sqrt{\frac{3x^3}{12x^2}}$ c) $\sqrt{\frac{12x^3}{27x}}$
d) $\sqrt{\frac{24a}{8a^3}}$ e) $\sqrt{\frac{10a^4b^3}{5ab^2}}$ f) $\sqrt{\frac{88r^2s^4}{11rs}}$

12 Vereinfache und ziehe teilweise die Wurzel.
a) $\sqrt{\frac{2a}{3b}} \cdot \sqrt{\frac{24}{3b}}$ b) $\sqrt{\frac{11}{3y^2}} \cdot \sqrt{\frac{12x^2}{99}}$
c) $\sqrt{\frac{5}{9x^2}} : \sqrt{\frac{12}{5y}}$ d) $\sqrt{\frac{7a}{3b^2}} : \sqrt{21a^2}$

13 Rechne wie im Beispiel.
$\sqrt{70\,000} = \sqrt{10\,000} \cdot \sqrt{7} = 100 \cdot \sqrt{7}$
a) $\sqrt{300}$ b) $\sqrt{500}$
c) $\sqrt{28\,800}$ d) $\sqrt{8\,000\,000}$

14 Vereinfache.
a) $(\sqrt{8} + \sqrt{18})^2$ b) $(\sqrt{6} + \sqrt{8})^2$
c) $(\sqrt{12} - \sqrt{3})^2$ d) $(\sqrt{2} + 2\sqrt{50})^2$

15 Wie gehts weiter?
$2 \cdot \sqrt{\frac{2}{3}} = \sqrt{2\frac{2}{3}}$
$3 \cdot \sqrt{\frac{3}{8}} = \sqrt{3\frac{3}{8}}$
$4 \cdot \sqrt{\frac{4}{15}} = \sqrt{4\frac{4}{15}}$
Prüfe nach und versuche eine Regel zu finden.

$6 \cdot \sqrt{2}$
$2 \cdot \sqrt{18}$
$4 \cdot \sqrt{27}$
$\sqrt{32}$
$12 \cdot \sqrt{3}$
$4 \cdot \sqrt{2}$
$\sqrt{72}$
$3 \cdot \sqrt{8}$
$3 \cdot \sqrt{48}$
$2 \cdot \sqrt{108}$
$\sqrt{432}$
$2 \cdot \sqrt{8}$
$6 \cdot \sqrt{12}$

Multiplikation und Division

4 Addition und Subtraktion

$\sqrt{64} + \sqrt{36} =$ $\sqrt{64 + 36} =$

$\sqrt{100} - \sqrt{64} =$ $\sqrt{100 - 64} =$

$\sqrt{169} - \sqrt{25} =$ $\sqrt{169 - 25} =$

$\sqrt{144} + \sqrt{81} =$ $\sqrt{144 + 81} =$

Vergleiche die Terme auf der linken Seite mit denen auf der rechten Seite.
→ Was bemerkst du?

Im Gegensatz zur Multiplikation und Division von Quadratwurzeln lassen sich bei der Addition bzw. Subtraktion zweier Quadratwurzeln die Radikanden nicht unter einer Wurzel zusammenfassen.

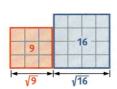

$\sqrt{9} + \sqrt{16} = 3 + 4 = 7$

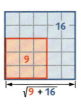

$\sqrt{9 + 16} = \sqrt{25} = 5$

Diese Überlegungen gelten auch für die Subtraktion.
$\sqrt{25} - \sqrt{16} = 5 - 4 = 1$ $\sqrt{25 - 16} = \sqrt{9} = 3$

Quadratwurzeln mit gleichen Radikanden lassen sich mithilfe des **Distributivgesetzes** (**Verteilungsgesetzes**) zusammenfassen.
$5 \cdot \sqrt{3} + 2 \cdot \sqrt{3} = (5 + 2) \cdot \sqrt{3} = 7 \cdot \sqrt{3}$
oder
$7 \cdot \sqrt{3} - 2 \cdot \sqrt{3} = (7 - 2) \cdot \sqrt{3} = 5 \cdot \sqrt{3}$

Summen bzw. Differenzen, in denen Quadratwurzeln mit gleichen Radikanden vorkommen, können durch **Ausklammern** zusammengefasst werden.

Beispiele
a) $2 \cdot \sqrt{5} + 3 \cdot \sqrt{5} = (2 + 3) \cdot \sqrt{5}$
   $= 5 \cdot \sqrt{5}$
b) $7 \cdot \sqrt{2} - 3 \cdot \sqrt{2} = (7 - 3) \cdot \sqrt{2}$
   $= 4 \cdot \sqrt{2}$
c) $6 \cdot \sqrt{a} + 9 \cdot \sqrt{b} - 5 \cdot \sqrt{a} - 8 \cdot \sqrt{b} = 6 \cdot \sqrt{a} - 5 \cdot \sqrt{a} + 9 \cdot \sqrt{b} - 8 \cdot \sqrt{b} = \sqrt{a} + \sqrt{b}$

Aufgaben

1 Rechne im Kopf.
a) $4\sqrt{2} + 3\sqrt{2}$
b) $7\sqrt{3} - 4\sqrt{3}$
c) $12\sqrt{7} - \sqrt{7}$
d) $\sqrt{5} + 5\sqrt{5}$
e) $3\sqrt{11} - 4\sqrt{11}$
f) $-2\sqrt{3} + \sqrt{3}$

2 Fasse zusammen.
a) $2\sqrt{3} + 3\sqrt{3} + 4\sqrt{3}$
b) $5\sqrt{7} - 4\sqrt{7} + \sqrt{7}$
c) $10\sqrt{3} - 5\sqrt{3} - 2\sqrt{3} - \sqrt{3}$

3 Schreibe so einfach wie möglich.
a) $4\sqrt{5} + 3\sqrt{5} + 8\sqrt{3} + 2\sqrt{3}$
b) $2\sqrt{3} + 3\sqrt{2} - 2\sqrt{2} + \sqrt{3}$
c) $8\sqrt{7} - 5\sqrt{11} - 5\sqrt{7} + 4\sqrt{11}$
d) $13\sqrt{17} - 8\sqrt{23} - \sqrt{23} - 11\sqrt{17}$
e) $-\sqrt{13} - 6\sqrt{19} - 6\sqrt{13} + 5\sqrt{19} - \sqrt{19}$

4 Vereinfache.
a) $10\sqrt{6} + (3\sqrt{7} - 2\sqrt{6}) - 5\sqrt{7}$
b) $\sqrt{5} - (3\sqrt{8} - 4\sqrt{5}) + (\sqrt{8} - 5\sqrt{5})$
c) $3\sqrt{3} - (3\sqrt{2} - 4\sqrt{3}) - (6\sqrt{3} - 2\sqrt{2})$
d) $9(\sqrt{5} - \sqrt{7}) - 2(\sqrt{7} + 4\sqrt{5})$

5 Die Lösungen sind ganzzahlig.
a) $\sqrt{3}(\sqrt{27} + \sqrt{3})$
b) $\sqrt{5}(\sqrt{125} - 2\sqrt{5})$
c) $2\sqrt{3}(\sqrt{12} - \sqrt{3})$
d) $2\sqrt{5}(4\sqrt{5} - \sqrt{20} + \sqrt{80})$

6 Fülle die Lücken.
a) $\square(\sqrt{5} + \sqrt{3}) = \sqrt{35} + \sqrt{21}$
b) $\sqrt{7}(\square + \sqrt{2}) = \sqrt{21} + \sqrt{14}$
c) $3\sqrt{11}(4 - \square) = \square - 3\sqrt{22}$

7 Berechne.
a) $(19\sqrt{2} - 11\sqrt{2}) : 4$
b) $(20\sqrt{5} + 5\sqrt{5}) : \sqrt{5}$
c) $7\sqrt{3} - 12\sqrt{6} : 4\sqrt{2}$
d) $3\sqrt{5} - \sqrt{2} \cdot \sqrt{5} - 2\sqrt{5}$

8 Fasse zusammen.
a) $4\sqrt{x} + 5\sqrt{x}$ b) $17\sqrt{y} - 16\sqrt{y}$
c) $11\sqrt{a} - 10\sqrt{a}$ d) $12\sqrt{t} - 13\sqrt{t}$
e) $3\sqrt{5x} - 2\sqrt{5x}$ f) $-2\sqrt{2a} - \sqrt{2a}$

9 Vereinfache.
a) $\sqrt{x}(\sqrt{9x} + \sqrt{16x})$
b) $(\sqrt{81a} - \sqrt{36a}) \cdot \sqrt{a}$
c) $(\sqrt{18y} + \sqrt{2y}) \cdot \sqrt{2y}$
d) $\sqrt{3x}(\sqrt{48x} - \sqrt{75x})$
e) $\sqrt{m}(\sqrt{m} + \sqrt{n}) - \sqrt{mn}$
f) $\sqrt{x^3y}\left(\sqrt{xy} - \sqrt{\frac{x}{y}}\right)$

10 Die Ergebnisse lauten 1; 2; 3 und 4.
a) $\dfrac{7\sqrt{3} + 12\sqrt{5} - 10\sqrt{3} + 3\sqrt{3}}{4\sqrt{5}}$
b) $\dfrac{5\sqrt{2} - \sqrt{3} - 9\sqrt{2} + 5\sqrt{3}}{\sqrt{3} - \sqrt{2}}$
c) $\dfrac{3(\sqrt{6} - \sqrt{2}) - (\sqrt{2} - \sqrt{6})}{2\sqrt{6} - 2\sqrt{2}}$
d) $\dfrac{(2\sqrt{2} - 1)(3\sqrt{2} + 1)}{11 - \sqrt{2}}$

Zahlenzauber

■ Berechne.
$\sqrt{1 \cdot 2 \cdot 3 \cdot 4 + 1}$
$\sqrt{2 \cdot 3 \cdot 4 \cdot 5 + 1}$
$\sqrt{3 \cdot 4 \cdot 5 \cdot 6 + 1}$
Kannst du $\sqrt{7 \cdot 8 \cdot 9 \cdot 10 + 1}$ ohne Taschenrechner berechnen?

■ Wie gehts jeweils weiter?
$\sqrt{1 \cdot 3 + 1}$ $\sqrt{1 \cdot 5 + 4}$
$\sqrt{2 \cdot 4 + 1}$ $\sqrt{2 \cdot 6 + 4}$
$\sqrt{3 \cdot 5 + 1}$ $\sqrt{3 \cdot 7 + 4}$
…   …

$\sqrt{1 \cdot 4 + 5}$
$\sqrt{2 \cdot 5 + 6}$
$\sqrt{3 \cdot 6 + 7}$
$\sqrt{4 \cdot 7 + 8}$
…

Beschreibe den Radikanden mit eigenen Worten.
Welche Regel vermutest du?
Bestimme nun ohne Taschenrechner $\sqrt{100 \cdot 103 + 104}$.

$\sqrt{1 + 4 \cdot 2}$ $\sqrt{1^2 + 1 + 2}$
$\sqrt{4 + 4 \cdot 3}$ $\sqrt{2^2 + 2 + 3}$
$\sqrt{9 + 4 \cdot 4}$ $\sqrt{3^2 + 3 + 4}$
…   …

Stelle für den Radikanden einen Term mit Variablen auf und weise nach, dass er stets eine Quadratzahl ist.

■ Was fällt dir auf?
Setze fort und überprüfe.
$\sqrt{676}$ $\sqrt{2601}$ $\sqrt{5776}$
$\sqrt{576}$ $\sqrt{2401}$ $\sqrt{5476}$

■ Wie gehts weiter? Berechne.
$\sqrt{1 \cdot 3 \cdot 5 \cdot 7 + 16}$
$\sqrt{2 \cdot 4 \cdot 6 \cdot 8 + 16}$
$\sqrt{3 \cdot 5 \cdot 7 \cdot 9 + 16}$

Für diese Folge von Quadratwurzeln gilt:
$\sqrt{n(n+2)(n+4)(n+6) + 16} = n(n+6) + 4$.
Führe den allgemeinen Nachweis, indem du die rechte Seite quadrierst und mit dem Radikanden vergleichst.

Addition und Subtraktion

5 n-te Wurzel

Aus den kleinen Würfeln soll ein großer Würfel gebaut werden.
→ Wie viele kleine Würfel würdest du verwenden – 26; 27 oder 28?
→ Aus 125 kleinen Würfeln soll ein großer Würfel gebildet werden. Geht das?
→ Du hast 1000 kleine Würfel zur Verfügung. Wie viele verschiedene, aus kleinen Würfeln zusammengesetzte große Würfel lassen sich bauen?

Zahlen der Form a^3 wie z.B. $5 \cdot 5 \cdot 5 = 5^3 = 125$ heißen **Kubikzahlen**.
Will man umgekehrt zu einer vorgegebenen Kubikzahl die Zahl bestimmen, die dreimal mit sich selbst multipliziert wieder die Kubikzahl ergibt, sucht man die **3. Wurzel** oder die **Kubikwurzel** der Zahl. $\sqrt[3]{27} = 3$; da $3 \cdot 3 \cdot 3 = 27$.

Von Zahlen, die keine Kubikzahlen sind, lassen sich Kubikwurzeln näherungsweise bestimmen. Durch Probieren gelangt man beispielsweise so zur Kubikwurzel der Zahl 50:
Wegen $3^3 < 50 < 4^3$ liegt $\sqrt[3]{50}$ zwischen 3 und 4; also im Intervall [3; 4].
Wegen $3{,}6^3 < 50 < 3{,}7^3$ liegt $\sqrt[3]{50}$ zwischen 3,6 und 3,7; also im Intervall [3,6; 3,7].

Wurzelexponent $\sqrt[8]{6561}$ *Radikand*

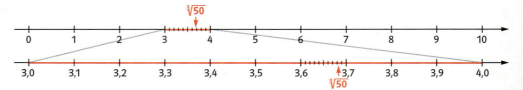

In gleicher Weise lässt sich auch eine 4. Wurzel, 5. Wurzel usw. bestimmen. Allgemein bezeichnet man solche Wurzeln als **n-te Wurzeln**.

> Die **Kubikwurzel** einer positiven Zahl b ist die positive Zahl a, deren 3. Potenz gleich der Zahl b ist: $\sqrt[3]{b} = a$, wenn $a^3 = b$ und $a, b \geq 0$.
> Die **n-te Wurzel** einer positiven Zahl b ist die positive Zahl a, deren n-te Potenz gleich der Zahl b ist: $\sqrt[n]{b} = a$, wenn $a^n = b$ und $a, b \geq 0$; $n \in \mathbb{N} \setminus \{0\}$

! Bei Quadratwurzeln schreibt man den Wurzelexponenten in der Regel nicht: $\sqrt[2]{49} = \sqrt{49}$.

Beispiele
a) $\sqrt[3]{125} = 5$; da $5^3 = 125$
b) $\sqrt[3]{0{,}343} = 0{,}7$; da $0{,}7^3 = 0{,}343$
c) $\sqrt[4]{81} = 3$; da $3^4 = 81$
d) $\sqrt[7]{128} = 2$; da $2^7 = 128$

Aufgaben

1 Berechne im Kopf.
a) $\sqrt[3]{8}$ b) $\sqrt[3]{64}$ c) $\sqrt[3]{216}$
d) $\sqrt[3]{343}$ e) $\sqrt[3]{1000}$ f) $\sqrt[3]{512}$
g) $\sqrt[3]{0{,}001}$ h) $\sqrt[3]{0{,}027}$ i) $\sqrt[3]{0{,}125}$

2 Zwischen welchen natürlichen Zahlen liegt die Kubikwurzel? Schätze zuerst.
a) $\sqrt[3]{20}$ b) $\sqrt[3]{60}$ c) $\sqrt[3]{90}$
d) $\sqrt[3]{170}$ e) $\sqrt[3]{300}$ f) $\sqrt[3]{700}$

52   n-te Wurzel

3 Berechne die Kubikwurzeln der Zahlen. Was fällt dir auf?
a) 8; 80; 800; 8000; 80 000; 800 000
b) 0,027; 0,27; 2,7; 27; 270; 2700; 27 000

4 Ergänze.
a) $\sqrt[3]{\square} = 3$
b) $\sqrt[3]{\square} = 12$
c) $\sqrt[3]{\square 12} = 8$
d) $\sqrt[3]{\square 2\square} = 9$
e) $\sqrt[3]{64 + \square} = 5$
f) $\sqrt[3]{72 \cdot \square} = 6$

5 Berechne die Kantenlänge und die Oberfläche für das vorgegebene Volumen.
a) V = 512 cm³
b) V = 843,75 cm³
c) V = 40960 cm³

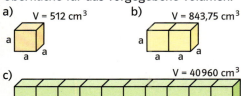
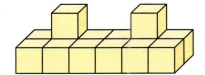

6 Der zusammengesetzte Körper hat ein Volumen von 896 cm³. Die Kantenlänge eines Einzelwürfels ist ganzzahlig. Berechne die Oberfläche.

7 a) Die Würfeltreppe besteht aus drei Stufen. Das Volumen der Treppe beträgt 93,75 m³. Berechne die Oberfläche.

b) Eine Würfeltreppe mit zehn Stufen hat ein Volumen von 3,52 m³. Wie groß ist deren Oberfläche?

8 Bestimme ohne Taschenrechner.
a) $\sqrt[4]{16}$
b) $\sqrt[4]{81}$
c) $\sqrt[5]{32}$
d) $\sqrt[5]{243}$
e) $\sqrt[4]{10\,000}$
f) $\sqrt[5]{1024}$
g) $\sqrt[6]{64}$
h) $\sqrt[7]{128}$
i) $\sqrt[7]{1}$
j) $\sqrt[10]{1024}$
k) $\sqrt[3]{729}$
l) $\sqrt[11]{2048}$

9 Welche Wurzeln haben denselben Wert?

$\sqrt[3]{512}$ $\sqrt[3]{64}$ $\sqrt[6]{729}$
$\sqrt{64}$ $\sqrt[5]{243}$ $\sqrt[5]{1024}$
$\sqrt[4]{256}$ $\sqrt[7]{2187}$ $\sqrt[4]{4096}$ $\sqrt[3]{27}$

10 Ziehe teilweise die Wurzel.
a) $\sqrt[3]{16}$
b) $\sqrt[3]{54}$
c) $\sqrt[3]{81}$
d) $\sqrt[3]{250}$
e) $\sqrt[3]{320}$
f) $\sqrt[3]{7000}$
g) $\sqrt[4]{32}$
h) $\sqrt[5]{160}$
i) $\sqrt[7]{256}$

? Welche der vorgegebenen Zahlen lösen die Gleichungen?

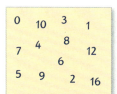

$x^3 = 343$
$x^4 = 256$
$x^6 = 64$
$x^7 = 1$
$x^9 = 512$
$x^9 = 0$

? $\sqrt[3]{2\tfrac{2}{7}} = 2 \cdot \sqrt[3]{\tfrac{2}{7}}$

$\sqrt[3]{3\tfrac{3}{26}} = 3 \cdot \sqrt[3]{\tfrac{3}{26}}$

$\sqrt[3]{4\tfrac{4}{63}} = 4 \cdot \sqrt[3]{\tfrac{4}{63}}$

Setze die Reihe fort. Beschreibe die Gesetzmäßigkeit.

Kubikwurzeln immer genauer

Die Kubikwurzel einer Zahl a lässt sich näherungsweise durch folgendes Verfahren bestimmen:

1. Wähle einen Schätzwert von $\sqrt[3]{a}$ als Startwert x_1. Notfalls kannst du 1 wählen.
2. Berechne $x_2 = \tfrac{1}{3} \cdot \left(2 \cdot x_1 + \tfrac{a}{x_1^2}\right)$
3. Berechne $x_3 = \tfrac{1}{3} \cdot \left(2 \cdot x_2 + \tfrac{a}{x_2^2}\right)$

Rechne so lange weiter, bis sich das Ergebnis nicht mehr ändert.

■ Erstelle das Tabellenblatt und berechne Kubikwurzeln deiner Wahl.
■ Verwende unterschiedliche Startwerte. Was stellst du fest?

C9   fx =(1/3)*(2*C8+$D$5/C8^2)

	A	B	C	D
1	Berechnung der Kubikwurzel $\sqrt[3]{a}$			
2				
3	Iterationsverfahren mit der Formel:		$x_{n+1} = \tfrac{1}{3}\left(2 \cdot x_n + \tfrac{a}{x_n^2}\right)$	
4	Eingabe des Radikanden a der Kubikwurzel:			7
5	Startwert x_n	1	Näherung	Kontrollwert
6			3	27
7			2,259259259259	11,5318295
8			1,963308018222	7,567724629
9			1,914212754166	7,014078412
10			1,912932040597	7,000009417
11			1,912931182773	7
12				

n-te Wurzel 53

Zusammenfassung

Quadratwurzel Die Quadratwurzel einer positiven Zahl b ist die positive Zahl a, die mit sich multipliziert wiederum die Zahl b ergibt: $a^2 = b$.
Schreibweise: $a = \sqrt{b}$
Diese Regel gilt auch für die Zahl Null.

$\sqrt{64} = 8$; da $8 \cdot 8 = 64$
$\sqrt{1{,}21} = 1{,}1$; da $1{,}1 \cdot 1{,}1 = 1{,}21$
$\sqrt{\frac{9}{49}} = \frac{3}{7}$; da $\frac{3}{7} \cdot \frac{3}{7} = \frac{9}{49}$
$\sqrt{0} = 0$; da $0 \cdot 0 = 0$

näherungsweise Bestimmung von Quadratwurzeln Von Quadratwurzeln aus positiven Zahlen, die keine Quadratzahlen sind, lassen sich durch Eingrenzung beliebig viele Nachkommaziffern bestimmen. Jede Eingrenzung heißt **Intervall**.

$\sqrt{3}$ liegt im Intervall [1,7; 1,8], denn $1{,}7^2 < 3 < 1{,}8^2$
$\sqrt{3}$ liegt im Intervall [1,73; 1,74], denn $1{,}73^2 < 3 < 1{,}74^2$

Multiplikation und Division von Quadratwurzeln Quadratwurzeln kann man multiplizieren bzw. dividieren, indem man die Radikanden miteinander multipliziert bzw. dividiert und dann die Wurzel zieht.
$\sqrt{a} \cdot \sqrt{b} = \sqrt{a \cdot b}$ $a, b \geq 0$
$\frac{\sqrt{a}}{\sqrt{b}} = \sqrt{\frac{a}{b}}$ $a \geq 0, b > 0$
Diese Regeln gelten **nicht** für die Addition und Subtraktion.
$\sqrt{a} + \sqrt{b} \neq \sqrt{a + b}$
$\sqrt{a} - \sqrt{b} \neq \sqrt{a - b}$

$\sqrt{7} \cdot \sqrt{28} = \sqrt{7 \cdot 28} = \sqrt{196} = 14$
$\frac{\sqrt{112}}{\sqrt{7}} = \sqrt{\frac{112}{7}} = \sqrt{16} = 4$

$\sqrt{36} + \sqrt{64} \neq \sqrt{36 + 64}$
$6 + 8 \neq 10$

Zusammenfassen von Quadratwurzeln Summen bzw. Differenzen, in denen Quadratwurzeln mit gleichen Radikanden vorkommen, können durch **Ausklammern** zusammengefasst werden.

$5\sqrt{3} + 2\sqrt{3} = (5 + 2)\sqrt{3} = 7\sqrt{3}$
$8\sqrt{2} - 5\sqrt{2} = 3\sqrt{2}$

teilweises Wurzelziehen Beim **teilweisen Wurzelziehen** wird der Radikand so in ein Produkt zerlegt, dass einer der Faktoren eine Quadratzahl ist.
$\sqrt{a^2 \cdot b} = \sqrt{a^2} \cdot \sqrt{b} = a \cdot \sqrt{b}$ mit $a, b \geq 0$

$\sqrt{175} = \sqrt{25 \cdot 7} = \sqrt{25} \cdot \sqrt{7} = 5 \cdot \sqrt{7}$

Kubikwurzel Die Kubikwurzel einer positiven Zahl b ist die positive Zahl a, deren dritte Potenz gleich der Zahl b ist:
$\sqrt[3]{b} = a$; wenn $a^3 = b$ $a, b \geq 0$

$\sqrt[3]{343} = 7$; da $7^3 = 343$

n-te Wurzel Die n-te Wurzel einer positiven Zahl b ist die positive Zahl a, deren n-te Potenz gleich der Zahl b ist:
$\sqrt[n]{b} = a$; wenn $a^n = b$ $a; b \geq 0$; $n \in \mathbb{N} \setminus \{0\}$

$\sqrt[7]{279\,936} = 6$; da $6^7 = 279\,936$

Üben • Anwenden • Nachdenken

1 Welche Kärtchen gehören zusammen? Ordne zu. Mit Taschenrechner ist die Aufgabe langweilig.

2 Ziehe die Wurzel.
a) $\sqrt{121x^2}$
b) $\sqrt{625x^2y^2}$
c) $\sqrt{\frac{64x^2}{169}}$
d) $\sqrt{\frac{196x^2}{36y^2}}$
e) $\sqrt{\frac{153xy^3}{17xy}}$
f) $\sqrt{48ab \cdot 3ab^3}$
g) $\sqrt[3]{\frac{448s^3}{7s}}$
h) $\sqrt[4]{\frac{16a^4}{81}}$

3 Multipliziere bzw. dividiere so, dass ganzzahlige Ergebnisse entstehen. Es können auch mehr als zwei Wurzeln verwendet werden.
Beispiel: $(\sqrt{18} \cdot \sqrt{27}) : \sqrt{6} = \sqrt{81} = 9$

| $\sqrt{27}$ | $\sqrt{2}$ | $\sqrt{6}$ | $\sqrt{3}$ | $\sqrt{96}$ |
| $\sqrt{48}$ | $\sqrt{12}$ | $\sqrt{18}$ | $\sqrt{72}$ | |

4 Setze die fehlenden Ziffern ein und bilde das Lösungswort.
Du musst die Buchstaben zuerst noch in die richtige Reihenfolge bringen.
a) $\sqrt{\square 24} = 3^2 \cdot 2$
b) $\sqrt{2\square 6} = 8\sqrt{4}$
c) $\sqrt{\square 1} \cdot \sqrt{49} = 8^2 - 1$
d) $\sqrt{\square 15} : \sqrt{35} = \sqrt{16} - 1$
e) $\sqrt{484} - \sqrt{28\square} = 2 \cdot \sqrt{4} + 1$
f) $\sqrt{196} - \sqrt{\square 6} \cdot \sqrt{4} = 2$
g) $3\sqrt{\square} \cdot \sqrt{24} = 6^2$
h) $(\sqrt{12} + \sqrt{\square 8})^2 = 108$

5 Im magischen Quadrat haben jede Zeile, Spalte und Diagonale denselben Summenwert. Diese magische Zahl lautet $15\sqrt{2}$.

$\sqrt{32}$	$\sqrt{18}$	
		$\sqrt{8}$

Bei diesem magischen Quadrat haben die Zeilen, Spalten und Diagonalen denselben Produktwert.

	2	$\sqrt{6}$
		$2\sqrt{2}$
		6

A/1	P/3	T/8
R/4		O/3
		N/2
	S/0	
U/5	C/9	M/6
D/7		E/3

Alles ganz!

Die komplizierten Wurzelterme haben alle einen ganzzahligen Wert.
■ Prüfe nach.
$\sqrt[3]{1\,003\,003\,001}$
$\sqrt[4]{104\,060\,401}$
$\sqrt[3]{4096} - \sqrt[4]{4096}$
$\sqrt{126} \cdot \sqrt{6776}$
$(\sqrt{60} + \sqrt{735})^2$
$(\sqrt{693} + \sqrt{308})^2$
$(\sqrt{28} + \sqrt{63} + \sqrt{175})^2$
$\sqrt[3]{80^2 + 40^2}$
$\sqrt[2]{27} \cdot \sqrt[3]{27} \cdot \sqrt[4]{27} \cdot \sqrt[6]{27} \cdot \sqrt[12]{27}$
$(\sqrt[3]{162} + \sqrt[3]{48})^3$
$\sqrt{4848^2 + 5555^2} - \sqrt{5852^2 + 4485^2}$

Faszinierende Fehler!
Ganz und trotzdem falsch.
■ Erkläre.
$\sqrt{16} + \sqrt{9} = \sqrt{16 + 9}$
$\sqrt{169} - \sqrt{25} = \sqrt{169 - 25}$
$\sqrt{4} + \sqrt{36} + \sqrt{81} = \sqrt{4 + 36 + 81}$
$\sqrt{196} - \sqrt{36} + \sqrt{9} = \sqrt{196 - 36 + 9}$
$\sqrt{961 - 25 - 36} = \sqrt{961} - \sqrt{25} - \sqrt{36}$

Gleiche Symbole stehen für gleiche Ziffern.

■ Ergänze so, dass die Rechnung stimmt.
$\sqrt{\square\square\square\square} = \square\square$
$\sqrt{\square\square\square\square} = \square\square$

? Cora antwortete auf die Frage nach Ihrem Alter:
„Im Jahre x werde ich Wurzel aus x Jahre alt sein." Sie wurde im Jahre 2005 zum ersten Mal Mutter. Wann wurde sie geboren?

Zahlenzauber

■ Wie hängen die Quadrate mit den Wurzeltermen zusammen?
Überprüfe und setze fort.
$\sqrt{1}$
$\sqrt{1+3}$
$\sqrt{1+3+5}$
$\sqrt{1+3+5+7}$

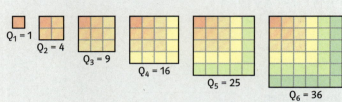

■ Wie weit muss man addieren, bis die Summe eine Quadratzahl wird?
$1^3 + 2^3 + 3^3 + \ldots = \square^2$
Wie verhält es sich bei den 5. Potenzen?

■ Die Grafik zeigt eine Treppe mit sechs Stufen. Aus wie vielen Bausteinen besteht sie?

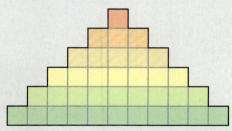

Zerschneide die Treppe mit einem geradlinigen Schnitt so, dass sich aus den beiden Teilen ein Quadrat legen lässt. Zähle erneut die Anzahl der verwendeten Bausteine. Eine andere Treppe besteht aus 144 Bausteinen. Wie viele Steine liegen dann in der untersten Reihe?

■ Auch für Kubikwurzeln gibt es Zauberhaftes.
$\sqrt[3]{1 \cdot 2 \cdot 3 + 2}$
$\sqrt[3]{2 \cdot 3 \cdot 4 + 3}$
$\sqrt[3]{3 \cdot 4 \cdot 5 + 4}$
Wie geht es weiter?
Bestimme ohne Taschenrechner
$\sqrt[3]{999 \cdot 1000 \cdot 1001 + 1000}$.

6 Welche Aufgabe gehört zu welchem Ergebnis?

$\sqrt[3]{32} \cdot \sqrt[3]{16}$	5
$\sqrt[3]{2197} - \sqrt[5]{16807}$	21
$\sqrt[4]{1296} : \sqrt[7]{2187}$	6
$\sqrt{1764} \cdot \sqrt{0{,}25}$	8
$\sqrt{87025} : \sqrt[3]{205379}$	2

7 Vereinfache.
a) $\sqrt{2y} \cdot \sqrt{50yz^2}$ b) $\sqrt{28xy^2} \cdot \sqrt{7x}$
c) $\sqrt{2a^2b} \cdot \sqrt{8bc^2}$ d) $\sqrt{5x \cdot 15xy \cdot 12y}$
e) $\sqrt[3]{\frac{4x}{45y^2}} \cdot \sqrt[3]{\frac{20x^4}{6x^2y}}$ f) $\sqrt{\frac{15a}{6b^2}} : \sqrt{\frac{5}{18a}}$

8 Fasse gleichartige Terme zusammen.
a) $\sqrt{5} + 5\sqrt{5} - 10\sqrt{5} + 15\sqrt{5}$
b) $3\sqrt{2x} - 2\sqrt{3x} - 3\sqrt{3x} + 2\sqrt{2x}$
c) $\sqrt{ab} + a\sqrt{b} + 2\sqrt{ab} + b\sqrt{a} + 4\sqrt{ab}$

9 Ziehe die Wurzel so weit wie möglich.
a) $\sqrt{45}$ b) $\sqrt{160}$ c) $\sqrt{68}$
d) $\sqrt{176}$ e) $\sqrt{396}$ f) $\sqrt{768}$

10 Durch geschicktes Abzählen von Kästchen lassen sich Quadrate mit bestimmten Flächeninhalten darstellen. Das Beispiel zeigt, wie man die Länge $\sqrt{29}$ erhält.

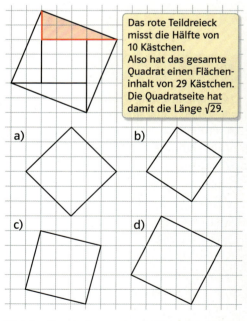

Das rote Teildreieck misst die Hälfte von 10 Kästchen.
Also hat das gesamte Quadrat einen Flächeninhalt von 29 Kästchen. Die Quadratseite hat damit die Länge $\sqrt{29}$.

Welche Quadratwurzeln werden durch die Seitenlängen der Quadrate dargestellt?

11 Vereinfache.
a) $\sqrt{45x^2y} \cdot \sqrt{5y} - \sqrt{48x^3y^2} : \sqrt{3x}$
b) $\sqrt{121x^2} + \sqrt{112x^3y} : \sqrt{7xy} - \sqrt{49x^2}$
c) $(\sqrt{24x^3} + \sqrt{54x^3}) : \sqrt{6x}$

12 Wende die binomischen Formeln an.
a) $\sqrt{x^2 + 18x + 81}$
b) $\sqrt{4x^2 - 44x + 121}$
c) $\sqrt{x^3 + 2x^2 + x}$

13 Herr Hinz möchte für seinen Gartenteich eine Folie kaufen. Der Teich ist 3,2 m lang und 2,5 m breit.
Die Firma Urbi bietet im Sonderangebot eine quadratische Folie mit einem Flächeninhalt von 10 m² an. Soll Herr Hinz die Folie kaufen?

14 Ein quadratisches Grundstück mit 506,25 m² Flächeninhalt soll an zwei Quadratseiten mit Sträuchern bepflanzt werden.
Wie viele Sträucher werden gebraucht, wenn 1 Strauch 2,5 m benötigt?

15 Unbekannte gesucht!
a) Wenn man x um 5 vergrößert und dann die Wurzel zieht und anschließend 8 addiert, erhält man die kleinste zweistellige Primzahl.
b) Die Wurzel aus dem Doppelten der Zahl x multipliziert mit der Wurzel aus 5 ergibt die zweitkleinste zweistellige Primzahl.

16 Löse die Formeln nach den in eckigen Klammern stehenden Variablen auf.
a) $A = 4a^2$ [a]   b) $O = 6a^2h$ [a]
c) $F = \frac{mv^2}{r}$ [v]   d) $h = \frac{v_0^2}{2g}$ [v_0]
e) $A = \frac{3}{4}a^2\sqrt{3}$ [a]   f) $x^2 + y^2 = z^2$ [y]

17 a) Vergleiche $\sqrt{5}$ mit den Brüchen
$\frac{9}{4}; \frac{38}{17}; \frac{161}{72}; \frac{682}{305}$
b) Es gilt $\frac{161}{72} = \frac{4 \cdot 38 + 9}{4 \cdot 17 + 4}$
und $\frac{682}{305} = \frac{4 \cdot 161 + 38}{4 \cdot 72 + 17}$.
Setze die Folge aus Teilaufgabe a) nach diesem Muster fort und prüfe, wie gut die Brüche den Wert $\sqrt{5}$ annähern.

Fibonacci-Zahlen

Leonardo von Pisa (ca. 1170–1250), auch Leonardo Fibonacci, war ein berühmter Gelehrter des Mittelalters. Nach ihm wurde die Fibonacci-Zahlenfolge benannt.
1; 1; 2; 3; 5; 8; 13; 21; …

■ Nach welcher Gesetzmäßigkeit entstehen die Glieder der Zahlenfolge? Wie lautet die 11., wie die 12. Zahl?

■ Mit den Gliedern der Fibonacci-Folge lassen sich auf folgende Weise Quotienten bilden:
$\frac{1}{1}; \frac{2}{1}; \frac{3}{2}; \frac{5}{3}; \frac{8}{5}; \frac{13}{8}; …$
Setze die Folge der Quotienten um fünf weitere Glieder fort. Bestimme den Dezimalwert auf sechs Nachkommastellen genau. Was fällt dir auf?

■ Vergleiche die Quotienten auch mit dem Term $\frac{1}{2} + \frac{1}{2}\sqrt{5}$.
Diesen Zahlenwert kann man auch über die verschachtelte Wurzel
$\sqrt{1 + \sqrt{1 + \sqrt{1 + \sqrt{1 + …}}}}$ bestimmen.
Probiere mit dem Taschenrechner. Starte zunächst mit zwei Einsen, dann mit drei Einsen usw.

■ Das Tabellenblatt zeigt, wie man solche Schachtelwurzeln mit dem Computer berechnen kann. Versuche es selbst.

	A6	▼ f_x	=$A$5+B$5	
	A	B	C	D
1				
2	Berechnung von Schachtelwurzeln wie $\sqrt{2+\sqrt{2+\sqrt{2+\sqrt{2}}}}$ …			
3				
4	Summe	Wurzel der Summe		
5	2	1,4142135623731	Dieser Wert ist $\sqrt{2+\sqrt{2}}$.	
6	3,4142135623731	1,847759065		
7	3,8477590650226	1,961570561	Dieser Wert ist $\sqrt{2\sqrt{2+\sqrt{2}}}$.	
8	3,9615705608065	1,990369453		
9	3,9903694533444	1,997590912		
10	3,9975909124103	1,999397637		
11	3,9993976373924	1,999849404		
12	3,9998494036783	1,999962351		
13	3,9999623505652	1,999990588		
	3,9999905876192	1,999997647		

Üben • Anwenden • Nachdenken   **57**

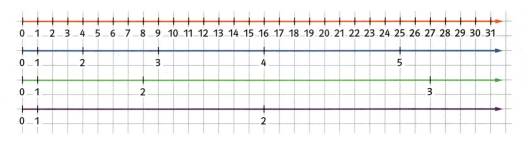

18 Der erste Zahlenstrahl ist wie üblich gleichmäßig geteilt.
a) Erkläre die Teilung der anderen.
b) Markiere die 2; die 6 und die 15 auf dem ersten Strahl. Welche zugehörigen Zahlen kannst du näherungsweise auf dem zweiten Strahl ablesen?
Was zeigt der dritte Strahl?
c) In welcher Beziehung stehen der zweite und der vierte Strahl?
d) Auf dem ersten Strahl wird die Mitte zwischen 9 und 16 markiert. Gehört dazu auf dem zweiten Strahl die Zahl in der Mitte zwischen 3 und 4?

19 Wie oft musst du den Taschenrechner bemühen, um alle Wurzelwerte auf 6 Nachkommastellen genau angeben zu können?
$\sqrt{0{,}004}$; $\sqrt{0{,}4}$; $\sqrt{4}$; $\sqrt{40}$; $\sqrt{40\,000}$; $\sqrt{400\,000}$

20 Wenn du größere Zahlen gut in kleine Päckchen aufteilen kannst, lassen sich Wurzeln auch ohne Taschenrechner gut bestimmen.

Beispiel:
$\sqrt{17\,424} = \sqrt{2^4 \cdot 3^2 \cdot 11^2}$
$= \sqrt{(2^2)^2} \cdot \sqrt{3^2} \cdot \sqrt{11^2}$
$= 2^2 \cdot 3 \cdot 11$
$= 132$

a) $\sqrt{7056}$ b) $\sqrt{193\,600}$
c) $\sqrt{1\,016\,064}$ d) $\sqrt[3]{474\,552}$

21 a) Für welche Zahlen ist der Radikand gleich seiner Wurzel?
b) Bei welcher Zahl ist der Radikand 10-mal so groß wie die Quadratwurzel?
c) Für welche Zahl ist der Radikand halb so groß wie die Quadratwurzel?
d) Für welche Zahlen ist der Wert der Wurzel größer als der Radikand?

? *Wurzeln über Wurzeln*

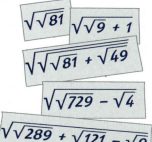

Berechne ohne Taschenrechner.

Gebrochene Hochzahlen

■ Setze die Reihe fort. Was kannst du erkennen?

$\sqrt{}$ ⟨ $256 = 2^8$ ⟩ :2
$\sqrt{}$ ⟨ $16 = 2^4$ ⟩ :2
$\sqrt{}$ ⟨ $4 = 2^2$ ⟩ :2
$\sqrt{}$ ⟨ $2 = 2^1$ ⟩ :2
$\sqrt{}$ ⟨ □ $= 2^{\square}$ ⟩ :2

■ Welche der Terme haben denselben Wert? Untersuche mit deinem Taschenrechner.

$\sqrt[3]{5^2}$	$\sqrt[5]{2^4}$	$\sqrt[4]{7^3}$
	$\sqrt[4]{2^5}$	$\sqrt[4]{3^5}$	$2^{\frac{4}{5}}$
$2^{\frac{5}{4}}$	$5^{\frac{2}{3}}$	$3^{\frac{5}{4}}$	$7^{\frac{3}{4}}$

Wurzeln sind lediglich eine andere Schreibweise für Potenzen, deren Hochzahlen Brüche sind.
Für die Quadratwurzel von 2 gilt damit:
$\sqrt{2} = \sqrt[2]{2} = 2^{\frac{1}{2}}$.
Für $\sqrt[3]{5^2}$ schreibt man: $5^{\frac{2}{3}}$.

■ Schreibe als Potenz.
$\sqrt{5}$; $\sqrt[3]{2}$; $\sqrt[4]{5^3}$; $\sqrt[4]{7^5}$

■ Schreibe die Potenz als Wurzel.
$2^{\frac{1}{3}}$; $3^{\frac{1}{2}}$; $4^{\frac{2}{3}}$; $5^{\frac{3}{4}}$; $6^{\frac{2}{5}}$

■ Was tun, wenn der Taschenrechner streikt?
$\sqrt[123]{8^{246}}$; $\sqrt[259]{5^{777}}$; $\sqrt[53]{2^{371}}$; $\sqrt[1234]{5555^{2468}}$

58 Üben • Anwenden • Nachdenken

Rückspiegel

1 Ziehe die Quadratwurzel.
a) $\sqrt{36}$ b) $\sqrt{121}$
c) $\sqrt{225}$ d) $\sqrt{729}$
e) $\sqrt{1089}$ f) $\sqrt{2025}$

2 Berechne.
a) $\sqrt{6} \cdot \sqrt{24}$ b) $\sqrt{28} \cdot \sqrt{7}$
c) $\sqrt{400 \cdot 289 \cdot 16}$ d) $\sqrt{3} \cdot \sqrt{96} \cdot \sqrt{2}$
e) $\frac{\sqrt{3} \cdot \sqrt{7}}{\sqrt{2}} \cdot \sqrt{42}$ f) $\frac{\sqrt{294}}{\sqrt{7}} \cdot \sqrt{\frac{56}{3}}$

3 Fasse zusammen.
a) $3\sqrt{5} + 2\sqrt{5} + \sqrt{5}$
b) $3\sqrt{17} - 4\sqrt{19} + \sqrt{17} - \sqrt{19}$
c) $13\sqrt{31} - 7\sqrt{29} - \sqrt{31} - 11\sqrt{29} + 19\sqrt{29}$

4 Ziehe teilweise die Wurzel.
a) $\sqrt{32}$ b) $\sqrt{72}$
c) $\sqrt{147}$ d) $\sqrt{275}$
e) $\sqrt{480}$ f) $\sqrt{432}$

5 Vereinfache.
a) $\sqrt{18} + \sqrt{12} - \sqrt{72} + \sqrt{75}$
b) $\sqrt{108} - \sqrt{48} + \sqrt{147} + \sqrt{300} - \sqrt{3}$
c) $(3\sqrt{2} + \sqrt{98})^2$
d) $(2\sqrt{72} - \sqrt{2})^2 - (5\sqrt{7} - \sqrt{28})^2$
e) $\frac{12}{\sqrt{2}} + (\sqrt{6} - \sqrt{3})^2$

6 Es gibt nur eine reelle Zahl, deren Quadratwurzel gleich dem Radikand ist. Stimmt das?

7 Der aus Würfeln zusammengesetzte Körper hat eine Oberfläche von 416 cm². Bestimme die Kantenlänge a.

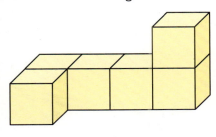

1 Ziehe die Quadratwurzel.
a) $\sqrt{0{,}04}$ b) $\sqrt{1{,}44}$
c) $\sqrt{6{,}25}$ d) $\sqrt{\frac{4}{9}}$
e) $\sqrt{\frac{121}{196}}$ f) $\sqrt{\frac{676}{841}}$

2 Berechne.
a) $\sqrt{75x} \cdot \sqrt{3x}$ b) $\sqrt{20x} \cdot \sqrt{45x^3}$
c) $\sqrt{\frac{2a^2}{3b}} \cdot \sqrt{\frac{32}{3b}}$ d) $\sqrt{49x^2 \cdot 225y^2}$
e) $\frac{\sqrt{48x^3}}{\sqrt{10x^2}} \cdot \sqrt{\frac{5x}{6}}$ f) $\frac{\sqrt{448x^3}}{\sqrt{42xy}} \cdot \sqrt{6y}$

3 Fasse zusammen.
a) $5\sqrt{e} + 4\sqrt{e} + 3\sqrt{e} + 2\sqrt{e} + \sqrt{e}$
b) $3\sqrt{a} - 5\sqrt{b} - 4\sqrt{a} + 6\sqrt{b}$
c) $x\sqrt{yz} - y\sqrt{xz} + 2x\sqrt{yz} + 2y\sqrt{xz}$

4 Ziehe teilweise die Wurzel.
a) $\sqrt{98x^2}$ b) $\sqrt{36x^3}$
c) $\sqrt{112x^2y}$ d) $\sqrt{\frac{a^2b^3}{4ab}}$
e) $\sqrt{\frac{144x}{75y^2}}$ f) $\sqrt{\frac{98x^3}{576xy^2}}$

5 Vereinfache.
a) $\sqrt{300y} - \sqrt{45y} + \sqrt{175y} - \sqrt{75y}$
b) $(\sqrt{3x} + \sqrt{12x})(\sqrt{75x} - \sqrt{12x})$
c) $(\sqrt{16a + 32} - \sqrt{9a + 18}) : \sqrt{a+2}$
d) $\frac{\sqrt{80x^3} - x\sqrt{20x} + \sqrt{180x^3}}{x\sqrt{5x}}$
e) $\frac{(\sqrt{50x} - \sqrt{32x})^2 \cdot (\sqrt{27x} + \sqrt{3x})^2}{\sqrt{9216x^4}}$

6 Welche Zahl ist doppelt so groß wie ihre Quadratwurzel?

7 Der aus Würfeln zusammengesetzte Körper hat eine Oberfläche von 76,5 cm². Bestimme das Volumen des Körpers.

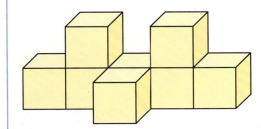

3 Zinsen

Sparen und Leihen

Hoher Lebensstandard und noch sparen!
Noch nie hatten Jugendliche so viel Geld wie heute. Alle Jugendlichen zusammen verfügen über mehr als 7 Milliarden jährlich. Die „Bravo Faktor Studie" zeigt, dass die jungen Kunden beim Kaufen sowohl auf den Preis als auch auf Qualität achten. Außerdem denken viele auch an ihre Zukunft und sparen.
Durchschnittlich hat ein Jugendlicher 1500 € auf dem Sparbuch oder auf seinem Girokonto …

Eine Umfrage des Instituts für Jugendforschung (IJF) erhob die zehn wichtigsten Sparziele der Jugendlichen zwischen 13 und 20 Jahren mit der Frage: „Wofür sparst du dein Geld?"
Mehrfachnennungen waren möglich.

Führt in eurer Klasse diese Umfrage ebenso durch und vergleicht eure Ergebnisse mit denen des Instituts.

Lohnt sich Sparen überhaupt? Welche Vorteile hat man dadurch, dass man Geld auf die Bank bringt?

SPARTOP10

Führerschein	24 %
Auto	12 %
Urlaub	11 %
Motorrad	5 %
Wohnung	4 %
Computer	4 %
Studium	3 %
Zukunft	3 %
Möbel	2 %
Diverses	32 %

Ihr Vorteil **2,25 %** Zinsen.
Ab dem ersten Euro!
Keine weiteren Gebühren!
Bis zu 2000 € monatlich verfügbar!

Solche oder ähnliche Anzeigen von Banken findest du in der Zeitung. Erkundige dich bei verschiedenen Banken nach weiteren Angeboten. Informiere dich auf der Bank über die Bedingungen. Kläre die Begriffe, die du noch nicht kennst.

Viele junge Leute leben auf Pump

Immer mehr Jugendliche sind hoch verschuldet. Schon recht früh entdecken junge Menschen, was für einen hohen Stellenwert Geld in der Gesellschaft hat. Dennoch müssen sie erst lernen, damit umzugehen. So kommt es, dass immer mehr Jugendliche hoch verschuldet sind und ihren Verbindlichkeiten nicht mehr nachkommen können. Ein tückischer Kostenfaktor dabei ist das Handy. Auch Versandhäuser und das Internet verführen zum schnellen und unbedachten Kauf. Die Jugendlichen und jungen Erwachsenen haben schon mehr als 5,11 Milliarden Euro Schulden angehäuft, dabei ist jeder vierte Schuldner jünger als 25 Jahre …

Jetzt steht der
Erfüllung Ihrer Wünsche
nichts mehr entgegen.

- Wunschbetrag zwischen 1000 Euro und 50 000 Euro
- Laufzeit wählbar von 12 bis 84 Monaten
- Monatlich nur 0,45 % Zinsen
- Einmalige Bearbeitungsgebühr von 2 %

Kommen Sie schnell vorbei
und lassen Sie sich beraten.

Warum bekommt man so wenig Zinsen, wenn man Geld bei der Bank zum Sparen anlegt und muss so hohe Zinsen zahlen, wenn man sich Geld leiht?

Viele Begriffe in der Banksprache sind nicht leicht zu verstehen. Erkundige dich bei einer Bank und versuche sie zu klären.

Sind die Fragen der Bank an den Kunden notwendig? Muss nicht jeder selbst entscheiden, ob er sich Geld von der Bank leihen will?

Die Verführung, sich Geld von der Bank zu leihen, ist groß. Verlockende Angebote wie das obenstehende müssen sehr genau geprüft werden und verlangen eine vertrauenswürdige Beratung.

Wenn man sich Geld leiht, interessiert sich die Bank auch für die finanziellen Verhältnisse des Kunden.
- Wie hoch ist das monatliche Einkommen?
- Wie sicher ist das Einkommen?
- Gibt es weitere regelmäßige Einkommen?
- Wie hoch sind die monatlichen Ausgaben im Haushalt?
- Welche festen monatlichen Ausgaben müssen eingeplant werden?

In diesem Kapitel lernst du,

- wie man Zinsen für unterschiedliche Zeitspannen berechnet,
- was man unter Zinseszins versteht,
- welche Kosten bei einem Kleinkredit und einem Ratenkauf entstehen,
- welche verschiedenen Formen der Geldanlage es gibt.

Sparen und Leihen 61

1 Zinsrechnung

Meike bekommt bei ihrer Bank einen Zinssatz von 1,5 %. Sie hat ein Guthaben von 800,00 €.
Marco hat sein Konto bei der Nachbarbank, die nur einen Zinssatz von 1,2 % gewährt.
→ Beide bekommen nach einem Jahr gleich viel Zinsen.

Beim Zinsrechnen werden die Begriffe **Kapital K**, **Zinssatz p %** und **Zinsen Z** verwendet. Der Zinssatz p % bezieht sich auf ein Jahr. Wird nur ein halbes Jahr gespart, erhält man auch nur die Hälfte der Zinsen. Bei der Berechnung muss dies durch einen entsprechenden Zeitfaktor berücksichtigt werden. Für 135 Tage wären das zum Beispiel $\frac{135}{360}$.

Vereinfacht gilt: 1 Jahr = 12 Monate = 360 Tage; 1 Monat = 30 Tage.

! Für einen Zeitraum, der länger als ein Jahr dauert, dürfen diese Formeln nicht verwendet werden.

Für die Berechnung der Zinsen gilt:

Zinsen = Jahreszinsen · Zeitfaktor
$$Z = K \cdot \frac{p}{100} \cdot \frac{t}{360}$$
t: Anzahl der Tage

Abkürzungen für Zeitangaben bei Zinsen:

p.a. für pro anno (lat.: für das Jahr)

p.m. für pro Monat

Beispiele

a) Ein Konto wird 38 Tage um 980 € überzogen. Es werden 11 % Überziehungszinsen berechnet.
K = 980 €; p % = 11 % und t = 38
$Z = K \cdot \frac{p}{100} \cdot \frac{t}{360}$
$Z = 980 \cdot \frac{11}{100} \cdot \frac{38}{360}$ €
Z ≈ 11,38 €
Für die 38 Tage müssen 11,38 € Überziehungszinsen bezahlt werden.

b) In wie viel Tagen erhält man bei einem Zinssatz von 3,5 % für 15 000 € Kapital einen Zinsbetrag von 437,50 €?
K = 15 000 €; p % = 3,5 % und Z = 437,50 €
$Z = K \cdot \frac{p}{100} \cdot \frac{t}{360}$ | · 36 000 | : (K · p)
$t = \frac{36\,000 \cdot Z}{K \cdot p}$
$t = \frac{36\,000 \cdot 437{,}50}{15\,000 \cdot 3{,}5} = 300$

Nach 300 Tagen gibt es 437,50 € Zinsen.

Aufgaben

1 Rechne im Kopf.
a) Wie viel Zinsen bekommt man bei einem Zinssatz von 2 % in einem Vierteljahr für 1000 €?
b) Wie viel Zinsen muss man bei 10 % in einem Monat für 1200 € bezahlen?
c) Für welches Kapital erhält man bei einem Zinssatz von 3 % in einem halben Jahr Zinsen in Höhe von 15 €?

2 Wie viel Zinsen ergeben 1500 € in 135 Tagen bei einem Zinssatz von 1,5 %; 1,75 % und $2\frac{1}{2}$ %? Wie ändern sich die Zinsen bei 2 Monaten oder einem Vierteljahr?

3 Welches Kapital bringt in 64 Tagen bei 2,5 % Zinsen in Höhe von 6,67 €? Wie hoch hätte der Zinssatz sein müssen, um in derselben Zeit 8,67 € Zinsen zu bekommen?

4 Marinas Mutter legt 12 000 € bei einem Zinssatz von 2,8 % an. Nach 9 Monaten löst sie das Konto auf.
Wie viel Zinsen hätte sie bei einem Zinssatz von 3,0 % erhalten?

5 Aron zahlt 990 Euro auf sein Sparkonto ein. Der Zinssatz beträgt 1,75 %.
a) Ist sein Guthaben in 6 Monaten schon auf 1000 € angewachsen?
b) Bei welchem Zinssatz würde Aron in derselben Zeit 10 € Zinsen bekommen?
c) Wie viel Geld müsste Aron zur Bank bringen, um bei 2 % nach einem Vierteljahr 1500 € auf seinem Konto zu haben?

6 Herr Wagenbrück hat sein Konto 75 Tage um 2800 € überzogen.
a) Die Bank berechnet 10,5 % Sollzinsen.
b) Wird der Dispositionskredit überschritten, berechnet die Bank einen höheren Zinssatz. Rechne mit 16,5 %.
c) Frau Kallenberger hat denselben Betrag nur einen Monat lang überzogen.

7 Frau Tönnies hat sich bei der Bank 5000 € geliehen.
a) Nach 5 Monaten zahlt sie 5187,50 € zurück.
b) Bei einer anderen Bank hätte sie denselben Betrag erst nach 6 Monaten zurückzahlen müssen.
c) Ihre Nachbarin muss bei ihrer Bank für die 5000 € nach 4 Monaten 62,50 € weniger zurückzahlen.

8 Welches Angebot ist günstiger?

9 a) Welches Kapital bringt bei einem Zinssatz von 1 % genau 2 € Zinsen an 3 Tagen?
b) Welches Kapital bringt genau 1 € Zinsen an 2 Tagen bei einem Zinssatz von 3 %?
c) Welches Kapital bringt an 1 Tag bei einem Zinssatz von 2 % genau 3 € Zinsen?
d) Erfinde selbst weitere Aufgaben dieser Art.

10 Herr Neureich hat den Jackpot im Lotto geknackt und 10 Millionen Euro gewonnen.
a) Er möchte wöchentlich 10 000 € Zinsen erhalten. Eine Bank macht ein Angebot mit $5\frac{1}{4}$ %.
b) Eine andere Bank bietet sogar 6 % Zinsen jährlich. Über wie viel Euro Zinsen könnte Herr Neureich dann jeden Tag verfügen?

11 a) Ein Guthaben bringt bei einem Zinssatz von 2,75 % in 7 Monaten 19,25 € Zinsen.
b) Eine Spareinlage von 2500 € ist in 7 Monaten auf 2536,46 € angewachsen. Wie hoch war der Zinssatz?
c) Frau Schaumann braucht 5100 € und legt bei einem Zinssatz von 2,5 % einen Betrag von 5000 Euro an.
Wie lange muss sie warten?

12 Herr Braun erhält eine Rechnung über 2456,50 €. Er bekommt bei Zahlung innerhalb von 8 Tagen 3 % Skonto. Dazu müsste er sein Konto um 1250 Euro überziehen. Die Bank verlangt für das Überziehen des Kontos einen Zinssatz von 11,25 %.

> **?** Welches Kapital bringt bei einem Zinssatz von 1 % genau 1 € Zinsen an einem Tag?

Bei einem Dispositionskredit kann das Girokonto bis zu einem bestimmten Betrag überzogen werden. Für die Nutzung fallen tageweise Sollzinsen an.

Zinsrechnung   63

2 Zinseszins

Kai legt 2000 € bei seiner Bank für einen Zeitraum von 4 Jahren an. Er erhält einen Zinssatz von 3 %.
Am Ende der 4 Jahre erwartet er 240 € Zinsen und einen Kontostand von 2240 €.
Zu seiner Überraschung hat er aber 2251,02 € auf seinem Konto.
→ Kannst du das erklären?

Legt man bei einer Bank oder Sparkasse Geldbeträge mehrere Jahre lang an, dann werden die jährlich anfallenden Zinsen zum Kapital addiert und anschließend mitverzinst. Die zusätzlichen Zinsen bezeichnet man als **Zinseszinsen**.
Bei einem Kapital von 5000 € und einem Zinssatz von 3 % ergibt sich für die ersten 4 Jahre folgendes Wachstum des Anfangskapitals.

Anfangskapital	5000,00 €	5000,00 €	
+ Zinsen für das 1. Jahr	150,00 €		· 1,03
Kapital nach 1 Jahr	5150,00 €	5150,00 €	
+ Zinsen für das 2. Jahr	154,50 €		· 1,03
Kapital nach 2 Jahren	5304,50 €	5304,50 €	· $1{,}03^4$
+ Zinsen für das 3. Jahr	159,14 €		· 1,03
Kapital nach 3 Jahren	5463,64 €	5463,64 €	
+ Zinsen für das 4. Jahr	163,91 €		· 1,03
Kapital nach 4 Jahren	5627,55 €	5627,55 €	

Aus der jährlichen Zunahme des Kapitals um 3 % ergeben sich jeweils 103 %. Dies lässt sich mit dem Faktor 1,03 ausdrücken. Man bezeichnet diesen Faktor als **Zinsfaktor q**.
Damit kann das vermehrte Kapital direkt berechnet werden.
Das Kapital nach 4 Jahren berechnet man dann so: $5000 \cdot 1{,}03^4$ € = 5627,55 €
So kann man für eine beliebige Anzahl von ganzen Jahren das Kapital berechnen.

> Wird ein **Anfangskapital K_0** bei einem Zinssatz von p % über n Jahre verzinst, kann man das Endkapital K_n mit der **Zinseszinsformel** berechnen. $K_n = K_0 \cdot q^n$ mit $q = 1 + \frac{p}{100}$

Bemerkung
Die Anzahl n muss ganzzahlig sein. Die Formel gilt nicht für Teile von Jahren.

Beispiele

a) Berechnung des Endkapitals K_n:
Für ein Anfangskapital von 8000 € und einen Zinssatz von 3,5 % lässt sich das Kapital nach 5 Jahren berechnen.
$K_0 = 8000$ €; $q = 1 + \frac{3{,}5}{100} = 1{,}035$; $n = 5$
$K_n = K_0 \cdot q^n$
$K_5 = 8000 \cdot 1{,}035^5$ €
$K_5 \approx 9501{,}49$ €

b) Berechnung des Anfangskapitals K_0:
Welches Kapital wächst bei 4 % in 7 Jahren auf 7895,59 €?
$K_n = 7895{,}59$ €; $q = 1 + \frac{4{,}0}{100} = 1{,}04$; $n = 7$
$K_n = K_0 \cdot q^n$ $| : q^n$
$K_0 = \frac{K_n}{q^n}$
$K_0 = \frac{7895{,}59}{1{,}04^7}$ €
$K_0 \approx 6000{,}00$ €

64 Zinseszins

c) Berechnung des Zinssatzes:
Ein Anfangskapital von 3000 €
wächst in 6 Jahren
auf 3906,78 € an.
Die Zinseszinsformel muss nach q aufgelöst werden.

$K_n = K_0 \cdot q^n \qquad | : K_0$

$q^n = \dfrac{K_n}{K_0} \qquad | \sqrt[n]{}$

$q = \sqrt[n]{\dfrac{K_n}{K_0}} \qquad q = \sqrt[6]{\dfrac{3906{,}78}{3000{,}00}}$

$q \approx 1{,}045;$ also $p\% = 4{,}5\%$

! Beim Wurzelziehen wird hierbei ausschließlich die positive Lösung berücksichtigt.

Aufgaben

1 a) Wie hoch ist das Endkapital nach 4 Jahren für 6000 € bei einem Zinssatz von 3,5 %?
Berechne auch für 8 und 16 Jahre.
b) Berechne das Endkapital für 7000 € nach 5 Jahren für einen Zinssatz von 2 %. Wie viel Euro mehr gibt es bei bei einem Zinssatz von $2\tfrac{1}{4}\%$ oder 3 %?
c) Berechne die Zinsen für 2000 € in 10 Jahren bei einem Zinssatz von 3,2 %.

2 a) Aus welchem Anfangskapital werden bei einem Zinssatz von 2,8 % nach 3 Jahren 10 000 €? Vergleiche mit dem Anfangskapital für 6 Jahre.
b) Wie hoch war das Kapital vor 5 Jahren, das bei einem Zinssatz von 1,5 % inzwischen auf einen Betrag von 8000 € angewachsen ist?

3 a) Ein Kapital von 10 000 € ist nach 8 Jahren auf 11 716,59 € gewachsen. Berechne den Zinssatz.
b) Bei welchem Mindestzinssatz wächst ein Kapital von 15 000 € in 10 Jahren auf mehr als 25 000 €?
c) In 5 Jahren soll mit einem Kapital von 8000 € ein Gewinn von 2000 € erzielt werden.
Wird in 10 Jahren mit demselben Zinssatz dann auch der doppelte Gewinn erzielt?

4 Berechne die fehlenden Werte mithilfe der Zinseszinsformel.

K_0	1200,00 €		3800,00 €	2500,00 €
K_n		595,51 €	5206,33 €	4215,62 €
p%	5,5 %	6,0 %		
n	4 Jahre	3 Jahre	5 Jahre	7 Jahre

5 Zur Geburt seiner Tochter Anja hat Herr Pückler 500 € bei seiner Bank angelegt. Die Bank zahlt gleich bleibend 3,5 %. Bei Volljährigkeit wird der angesparte Betrag ausbezahlt.

6 Ein Kapital wächst in 6 Jahren bei einem Zinssatz von 4,5 % auf 3906,78 € an.
a) Wie hoch war der ursprünglich angelegte Betrag?
b) Um wie viel Prozent ist das Kapital insgesamt angewachsen?
c) Wie hoch wäre das Kapital nach weiteren 6 Jahren? Berechne den prozentualen Gesamtgewinn nach 12 Jahren und vergleiche mit dem Zuwachs nach 6 Jahren.

7 a) Bei welchem Zinssatz wächst ein Kapital von 10 000 € auf 20 000 € in 20 Jahren an?
b) Wie hoch muss der Zinssatz sein, damit sich ein Kapital einschließlich der Zinseszinsen in 30 Jahren verdreifacht?
c) Steffi meint: „Wenn ich 10 Prozent Zinsen bekommen würde, würden sich meine 1000 € in 10 Jahren verdoppeln."
Rechne nach.

8 Diese Aufgaben löst du am besten mit einer Tabelle, aus der du die Zeitspanne ablesen kannst.
a) Wie viele Jahre muss man 5000 € bei einem Zinssatz von 2,5 % mindestens anlegen, um dann 6000 € auf seinem Konto zu haben?
Wie viel Zinsen gibt es in den verschiedenen Jahren?
b) Wie ändert sich die Anzahl der Jahre für ein Endkapital von 8000 €?
c) Erstelle ein entsprechendes Rechenblatt.

! **Faustregel**
Nach wie vielen Jahren sind aus 100 € bei 3 % Verzinsung 200 € geworden?
Am Ende einer langen Rechnung erhält man 23,4 Jahre.
Es geht mit einem kleinen Fehler auch einfacher mit der Formel: $n = 72 : p$.
p ist die Prozentzahl und n die Verdopplungszeit in Jahren.
Damit ergibt sich in unserem Fall ein Näherungswert von 72 : 3; also 24 Jahre.

Jahre	Kapital
1	
2	
3	
4	

Zinseszins

Zinseszinsrechnen mit dem Computer

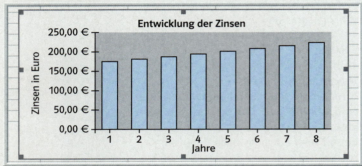

Mithilfe eines Tabellenkalkulationsprogramms lassen sich verschiedene Aspekte der Kapitalentwicklung über einen Zeitraum von mehreren Jahren zeigen. Mit dem Diagrammassistenten kann man die Entwicklung des Kapitals bzw. der Zinsen veranschaulichen.

■ Erstelle selbst dieses Rechenblatt und verändere das Anfangskapital bzw. den Zinssatz.
Was beobachtest du beispielsweise bei der Entwicklung des Kapitals, wenn du den Zinssatz verdoppelst?
■ Wie lange musst du 10 € anlegen, um bei einem Zinssatz von 5 % ein Kapital von 1000 € zu bekommen?
■ Wie lange dauert es, wenn du 5 € bei einem Zinssatz von 10 % anlegst?
■ Verändere das Diagramm so, dass die Entwicklung des Kapitals dargestellt wird.
■ Verändere die Skalierung der senkrechten Diagrammachse, um dafür zu werben, dass es sich lohnt, Geld längerfristig anzulegen.

$Z = K \cdot \frac{p}{100} \cdot \frac{t}{360}$

9 Die Zinseszinsformel gilt nur für volle Jahre. Wird Geld länger als ein Jahr, jedoch nicht über volle Jahre hinweg verzinst, dann muss das Endkapital getrennt für Jahre und Tage berechnet werden. Man nennt diese laufende Kontoabrechnung auch Kontokorrentrechnung.
Zur Berechnung der Tageszinsen verwendest du die nebenstehende bekannte Formel.
a) Ein Kapital von 1800 € wird über 1 Jahr und 3 Monate zu 2,5 % verzinst. Berechne das Endkapital.
b) Auf welchen Betrag wächst ein Kapital von 750,00 € bei einem Zinssatz von 2,75 % in 3 Jahren und 65 Tagen an?
c) Ein Guthaben ist bei einem Zinssatz von 3,5 % in 4 Jahren und 9 Monaten auf 3768,46 € angewachsen. Wie hoch war das Anfangsguthaben?

10 Der jährliche Anstieg des Preisniveaus wird als Inflationsrate bezeichnet. Sie bewirkt eine Wertminderung des Geldes. So verringert sich beispielsweise bei einer Inflationsrate von 2,5 % der tatsächliche Wert eines Kapitals von 100 € auf 100 € : 1,025 = 97,56 €. Ein Kapital von 2000 € wird für 4 Jahre gleich bleibend zu 4,5 % verzinst.
a) Berechne den tatsächlichen Wertzuwachs, wenn man eine jährliche Inflationsrate von 2,5 % berücksichtigt.
b) Berechne den tatsächlichen Jahreszinssatz unter Berücksichtigung der Inflationsrate von 2,5 %.
c) Wie hoch muss der Zinssatz mindestens sein, damit kein realer Wertverlust entsteht?

Montag, 31.12.2007
Jährliche Inflationsrate liegt bei 3,1 %.

66   Zinseszins

3 Zuwachssparen

Luna und Lilli unterhalten sich über die beiden Angebote.
Luna: „Das ist doch gleichgültig, ob ich das erste oder das zweite Angebot nehme."
Lilli: „Stimmt, aber warum bietet die Bank nicht gleich für jedes Jahr einen Zinssatz von 3 % an?"
→ Was meinst du?

Immer mehr Zinsen
1. Jahr: 2,5 %
2. Jahr: 3,0 %
3. Jahr: 3,5 %
Anlage möglich ab 5000 Euro!

Jährlich 1,5 % Zinsen mehr
1. Jahr: 1,5 %
2. Jahr: 3,0 %
3. Jahr: 4,5 %
Mindestanlagebetrag 5000 Euro

Banken und Sparkassen bieten Geldanlagen mit jährlich steigenden Zinssätzen an. Für das nebenstehende Angebot einer Bank kann man das Endkapital nach 3 Jahren mithilfe der Zinsfaktoren berechnen.
Für einen Betrag von 4000 € ergibt sich:
$K_3 = (((4000 \cdot 1{,}0275) \cdot 1{,}0325) \cdot 1{,}035)\,€$
$K_3 = 4000 \cdot 1{,}0275 \cdot 1{,}0325 \cdot 1{,}035\,€ \approx 4392{,}10\,€$
Bei dieser Sparform wird immer mit vollen Jahren gerechnet.

1. Jahr: 2,75 %
2. Jahr: 3,25 %
3. Jahr: 3,5 %

> Wird ein Anfangskapital K_0 mit steigenden Zinssätzen verzinst und die Zinsen mitverzinst, so spricht man von **Zuwachssparen**.
> Das Endkapital K_n kann mit einer Formel berechnet werden:
> $K_n = K_0 \cdot q_1 \cdot q_2 \cdot \ldots \cdot q_n$ n ist die Anzahl der Jahre.

Beispiel
Welches Anfangskapital wächst innerhalb von 4 Jahren mit den auf dem Rand stehenden Zinssätzen auf 13 453,44 €?
Zur Berechnung des gesuchten Kapitals muss die Zuwachssparformel nach K_0 umgestellt werden.

$K_4 = K_0 \cdot q_1 \cdot q_2 \cdot q_3 \cdot q_4 \quad |:(q_1 \cdot q_2 \cdot q_3 \cdot q_4)$
$K_0 = \dfrac{K_4}{q_1 \cdot q_2 \cdot q_3 \cdot q_4}$
$K_0 = \dfrac{13\,453{,}44}{1{,}025 \cdot 1{,}027 \cdot 1{,}03 \cdot 1{,}034}\,€$
$K_0 \approx 12\,000\,€$

Zinssätze:
1. Jahr: 2,5 %
2. Jahr: 2,7 %
3. Jahr: 3,0 %
4. Jahr: 3,4 %

Aufgaben

1 Familie Berger legt 15 000 € zu folgenden Zinssätzen an.
1. Jahr: 2,8 %
2. Jahr: 3,2 %
3. Jahr: 3,6 %
a) Auf welchen Betrag ist das Kapital nach 3 Jahren angewachsen?
b) Berechne die Zinsbeträge in den einzelnen Jahren.
c) Auf wie viel Euro wäre das Endkapital bei gleich bleibendem Zinssatz von 3,2 % in den 3 Jahren angewachsen?

2 Frau Breuer legt bei ihrer Bank Geld an. Im 1. Jahr wird es mit 3 %, im 2. Jahr mit 4 % verzinst.
Nach zwei Jahren ist ihr Guthaben auf 4284,80 € angewachsen.
a) Wie hoch war der Geldbetrag, den Frau Breuer angelegt hat?
b) Wie viel Zinsen sind angefallen?
Wie viel Prozent Zinsen sind es im 2. Jahr mehr als im Vorjahr?
c) Warum kann man nicht bei beiden Jahren mit 3,5 % als Zinssatz rechnen?

Zuwachssparen **67**

3 Bundesschatzbriefe sind Wertpapiere mit jährlich wachsenden Zinssätzen nach festem Plan.

Bei Typ B beträgt die Laufzeit längstens 7 Jahre. Die Zinsen werden dem Kapital jedes Jahr zugeschlagen und mitverzinst.
a) Auf welchen Betrag wächst ein Anfangsguthaben von 2000 € nach Ablauf von 7 Jahren an?
b) Welcher Geldbetrag wurde angelegt, wenn nach 7 Jahren ein Betrag von 7742,38 € angespart wurde?
c) Mit welchem gleich bleibenden Zinssatz hätte man denselben Betrag angespart?
d) Bei Typ A beträgt die Laufzeit längstens 6 Jahre. Die Zinsen werden jährlich ausbezahlt. Vergleiche die Ergebnisse von Typ A und Typ B nach 6 Jahren, wenn jeweils 3000 € angelegt wurden.
e) Erkundige dich bei der Bank nach den aktuellen Zinsangeboten und vergleiche.

4 Ein Anfangsguthaben von 12 000 € ist nach 3 Jahren auf 13 498,06 € angewachsen.
Zinssatz im 1. Jahr: 3,5 %
Zinssatz im 2. Jahr: 4,0 %
a) Wie hoch war der Zinssatz im 3. Jahr?
b) Wie viel Zinsen werden jeweils am Jahresende gutgeschrieben?

Auf der „Zinsleiter" kann man immer größere Schritte machen.

5 Prüfe das Angebot an einem Beispiel. Was wäre, wenn die Reihenfolge der Zinssätze genau umgekehrt wäre?
Antworte bevor du am Beispiel prüfst.

Immer mehr Zinsen!
1. Jahr: 3 % Zinsen
2. Jahr: 4 % Zinsen
3. Jahr: 5 % Zinsen

6 Ein Anfangskapital von 20 000 € wird im 1. Jahr mit 3,75 % verzinst. Am Ende des 2. Jahres werden 871,50 € gutgeschrieben. Nach 3 Jahren ist das Anfangskapital auf insgesamt 22 659,33 € angewachsen.
a) Berechne den Zinssatz des 2. und des 3. Jahres.
b) Um wie viel Prozent hat das Kapital insgesamt zugenommen?
c) Mit welchem jährlich gleich bleibenden Zinssatz hätte das Anfangskapital verzinst werden müssen, um nach 3 Jahren ebenso auf 22 659,33 € anzuwachsen?

7 Herr Graf hat Geld angelegt. Nach 3 Jahren erhält er für das Guthaben von 5000 € Zinsen in Höhe von 629,64 €. Der Zinssatz im 3. Jahr beträgt 4,5 %. Die Zinssätze im 1. und 2. Jahr sind gleich.
a) Wie hoch ist der Zinssatz im 1. Jahr?
b) Wie viel Zinsen wurden im 2. Jahr gutgeschrieben?

8 Fabia möchte 2400 € anlegen. Sie prüft die Angebote von zwei Banken:

Plusbank
Laufzeit: 3 Jahre
gleichbleibender Zinssatz: 4,0 %

Parkbank
1. Jahr: 3,5 % Zinsen
2. Jahr: 4,0 % Zinsen
3. Jahr: 4,5 % Zinsen
Laufzeit: 3 Jahre

Auf den ersten Blick hält Fabia beide Angebote für gleich gut.

Zuwachssparen

4 Kleinkredit

Nach Beendigung seiner Ausbildung möchte sich Andreas ein gebrauchtes Auto kaufen.
Er geht zur Bank und will einen Kredit über 8000,00 € aufnehmen.

→ Was möchte die Bank wohl von Andreas wissen, bevor sie ihm das Geld gibt?

→ Was muss Andreas beim Unterschreiben des Vertrags beachten?

Anschaffungsdarlehen gemäß Verbraucherkreditgesetz

Darlehensnehmer:	Andreas Mustermann Mustringen	Bank: Volksbank Mustri
Geburtsdatum:	1.1.72	Beruf: Musterverkäufer

Darlehensnehmer und Bank schließen folgenden Vertrag:
1. Darlehen: Die Bank stellt dem Darlehensnehmer folgendes Darlehen zur Verfügung:

Ausz. Betrag am 15.06.09	8000,00 €	Erste Rate	938,40 €
Einm. Beitrag Restkreditvers.	0,00 €	8 Folgeraten je (Fällig am 1. jeden Monats)	945,00 €
Zu verzinsender Betrag	8000,00 €	Effektiver Jahreszins	17,45 %
Zinsen 0,470 % p.M.	338,40 €		
*** Bearbeit. Gebühr 2,00 %	160,00 €	Rückzahlungsbeginn	1.07.09
Gesamtbetrag	8498,40 €	Rückzahlungsende	1.03.10

Im privaten Bereich werden häufig Kredite für Anschaffungen, wie zum Beispiel für den Kauf eines Autos, aufgenommen. Diese Form von Kredit bezeichnet man als Anschaffungsdarlehen oder allgemein als **Kleinkredit**. Die Bedingungen werden zwischen Kreditgeber und Kunde schriftlich vereinbart.

In der Regel bewegt sich die Kredithöhe zwischen 3000 € und 50 000 €.
- Die **Laufzeit**, also die Zeitspanne von der Auszahlung des Kredits bis zur vollständigen Rückzahlung, liegt zwischen 6 Monaten und 72 Monaten.
- Der **Kreditbetrag** wird zu 100 % ausbezahlt.
- Es wird eine einmalige **Bearbeitungsgebühr** von meistens 2 % des ausgezahlten Betrags berechnet.
- Die **Rückzahlung** erfolgt in monatlichen Raten.

Bei der Berechnung der Zinsen gibt es unterschiedliche Möglichkeiten:
- Es gelten dieselben Bedingungen wie bei einem Darlehen: Zinssatz pro Jahr und monatliche Tilgung.
- Die Zinsen werden mit einem festen Zinssatz pro Monat (p.M.) immer aus dem vollen Kreditbetrag berechnet. Diese Form wird häufig bei Hausbanken der Autohäuser angeboten.

Ein Kredit in Höhe von 12 500,00 € soll aufgenommen werden. Es wird ein Zinssatz von 0,4 % pro Monat, eine Bearbeitungsgebühr von 2 % und eine Laufzeit von 36 Monaten vereinbart. Die Zinsen werden monatlich aus dem vollen Kreditbetrag berechnet.
Berechnung des Rückzahlungsbetrags:

Kreditbetrag		12 500,00 €
+ Zinsen für 36 Monate zu 0,4 %	36 · 12 500,00 · 0,004 € =	1800,00 €
+ 2 % Bearbeitungsgebühr	12 500,00 · 0,02 € =	250,00 €
Rückzahlungsbetrag		14 550,00 €
Höhe einer Rate:	14 550,00 € : 36	≈ 404,17 €

Die Höhe der Rate wird in der Regel gerundet. Die Differenz wird verrechnet.
Hier wird auf volle 10 € abgerundet und die Differenz der 1. Rate zugeschlagen.

Abgerundeter Betrag für die Raten 2–36:		400,00 €
Höhe der ersten Rate:	14 550,00 € − 35 · 400,00 €	= 550,00 €

> Ein **Kleinkredit** wird in vertraglich vereinbarten gleich bleibenden Rückzahlungsraten regelmäßig getilgt. Zinsen werden pro Monat berechnet. In der Regel wird eine einmalige Bearbeitungsgebühr berechnet.

Aufgaben

1 Erstelle einen Tilgungsplan für einen Kreditbetrag von 10 000 €. Die Monatszinsen beziehen sich wie die Bearbeitungsgebühr von 2% auf den vollen Kreditbetrag. Die monatlichen Raten sollen auf volle Euro abgerundet werden; die Differenz ist der ersten Rate zuzuschlagen.
Bei Kredit A ist die Laufzeit 24 Monate bei einem Zinssatz von 0,36% pro Monat, bei Kredit B 36 Monate bei 0,42%.
Vergleiche die beiden Kredite auch bezüglich der Kreditkosten.

2 Zu den Kreditkosten wird manchmal noch eine andere einmalige Gebühr erhoben. Vergleiche die beiden Kreditangebote für einen Kreditbetrag von 18 000,00 €.

Superzinssatz!
Zinssatz p.M.: 0,36%
Bearbeitungsgebühr: 1,5%
einmalige Gebühr: 100 €

Günstiger Kredit
Zinssatz pro Monat: 0,39%
Bearbeitungsgebühr: 2,0%
Laufzeit: 24 Monate

3 Für den Kauf der Einrichtung ihrer neuen Wohnung nimmt Beate einen Kredit in Höhe von 20 000 € auf. Sie vereinbart mit der Bank folgende Bedingungen:
Laufzeit: 30 Monate
Zinssatz: 0,46% pro Monat
Bearbeitungsgebühr: 2%
(bezogen auf den vollen Kreditbetrag)

Wie hoch ist die letzte Rate, wenn die Raten 1–29 auf volle 10 € aufgerundet werden sollen?

4 Manuel hat berechnet, dass er bei Aufnahme eines Kredits nicht mehr als 200 € monatlich zurückzahlen kann.
Er nimmt sich vor, dass die Rückzahlung nach 24 Monaten abgeschlossen sein soll. Er rechnet mit einem Zinssatz von 0,4% pro Monat bezogen auf den vollen Betrag und eine Bearbeitungsgebühr von 2%. Welchen Betrag kann er sich höchstens leihen? Runde sinnvoll.

5 Das Autohaus Weller macht für den Kauf eines Kleinwagens folgendes Kreditangebot:

Autohaus WELLER

Fahrzeugpreis	20 000,00 €
Anzahlung	4 600,00 €
Kreditbetrag	15 400,00 €

Laufzeit	1. Rate	Folgeraten
36 Monate	477,80 €	480,00 €
48 Monate	337,26 €	381,00 €
60 Monate	281,15 €	310,00 €
72 Monate	211,87 €	268,00 €

Alle Preise inkl. Mehrwertsteuer

Berechne die jeweils anfallenden Zinsen und vergleiche die Angebote bei den unterschiedlichen Laufzeiten.
Kannst du den Zinssatz ermitteln?

6 Frau Berger will bei ihrer Hausbank einen Kredit in Höhe von 8000,00 € aufnehmen.
Die Bank bietet ihr einen Zinssatz von 6,7% p.a. (pro Jahr) und verlangt eine einmalige Bearbeitungsgebühr von 2% auf den Auszahlungsbetrag.
a) Erstelle einen Tilgungsplan, der eine monatliche Tilgung vorsieht mit einer monatlichen Rate von 400 Euro. Wie lang ist die voraussichtliche Laufzeit des Kredits? Wie hoch ist der Gesamtbetrag an zu zahlenden Zinsen?
b) Wie ändern sich die Laufzeit und der gesamte Rückzahlungsbetrag, wenn Frau Berger nur 300 € monatlich zurückzahlen kann?

Ratenkauf

Versandhäuser oder Händler bieten beim Kauf oft eine **Zahlung in Raten** (mehrere gleiche Teilbeträge) an, um dadurch dem Käufer ein attraktives Angebot zu machen. Diese Zahlungsart ist auch eine Form von Kredit, die der Verkäufer dem Kunden bietet.

Für das Aufschieben der Zahlung muss ein Aufpreis bezahlt werden, der den Teilzahlungspreis bestimmt.

Der Aufpreis ergibt sich aus dem Zinsaufschlag pro Monat, der Höhe des Kaufpreises und der Laufzeit. Manche Versandhäuser geben bei den Teilzahlungspreisen auch den effektiven Jahreszinssatz an.

Die Berechnung des Teilzahlungspreises und der monatlichen Rate soll an einem Beispiel gezeigt werden.
Der Preis eines Laptops beträgt im Katalog 499,00 €.
Bei Ratenzahlung wird ein Kreditaufschlag von 0,72 % pro Monat auf den Kaufpreis erhoben. Der Kunde wählt eine Laufzeit von 12 Monaten.

Oft wird die monatliche Rate gerundet und die Gesamtdifferenz der 1. Rate zugeschlagen bzw. abgezogen.

Kaufpreis des Laptops	499,00 €
+ Kreditzuschlag bei 12 Monatsraten 12 · 0,0072 · 499 € ≈	43,11 €
Teilzahlungspreis	542,11 €
Höhe einer Monatsrate 542,11 € : 12 ≈	45,18 €

Familie Hörmann bestellt Waren für insgesamt 1435,00 €. Das Versandhaus hat folgende Zahlungsbedingungen:
Bei Barzahlung gibt es 3 % Skonto auf den Katalogpreis. Bei Ratenzahlung werden auf die Kaufsumme 0,70 % pro Monat aufgeschlagen. Man kann zwischen 3; 6; 9; 12 und 18 Monatsraten wählen.
■ Berechne den Barzahlungspreis und das Skonto.
■ Berechne die Teilzahlungspreise für 3; 6; 9; 12 und 18 Monate.
■ Wie viel spart Familie Hörmann bei Barzahlung im Vergleich zu den verschiedenen Teilzahlungspreisen?
■ Wie hoch sind die monatlichen Raten bei den unterschiedlichen Laufzeiten?
■ Um wie viel Prozent liegen die Teilzahlungspreise über dem Kaufpreis bzw. über dem Barzahlungspreis?

Beim Kauf einer Küche zum Preis von 4850,00 € bekommt Herr Mühlberger zwei verschiedene Angebote.
Das Versandhaus bietet eine Ratenzahlung in 18 Monatsraten an mit einem monatlichen Zinssatz von 0,79 % auf die Kaufsumme.
Der Einzelhändler schlägt 18 Monatsraten zu je 305,00 € vor.
■ Berechne jeweils den Teilzahlungspreis und den Teilzahlungsaufschlag der beiden Angebote.
■ Wie hoch ist die monatliche Rate bei dem Versandhausangebot?
■ Um wie viel Prozent liegt der Kaufpreis unter dem Teilzahlungspreis?
■ Wie hoch ist der monatliche Zinssatz bei dem Angebot des Einzelhändlers, wenn man von der Ratenhöhe von 305,00 € ausgeht?

Kleinkredit

Zusammenfassung

Zinsrechnen für einen Zeitraum kürzer als 1 Jahr	Für die Berechnung der Zinsen für einen Zeitraum, der kürzer als ein Jahr ist, werden die Jahreszinsen mit einem entsprechenden Zeitfaktor multipliziert. Vereinfacht rechnet man 1 Jahr mit 360 Tagen und einen Monat mit 30 Tagen.	Zinsen = Jahreszinsen · Zeitfaktor $Z = K \cdot \frac{p}{100} \cdot \frac{t}{360}$ t Anzahl der Tage
Zinseszins	Wenn ein Anfangskapital mit demselben Zinssatz mehrere Jahre verzinst wird, so werden die Zinsen mit verzinst. Das **Endkapital** nach n Jahren kann mit der **Zinseszinsformel** direkt berechnet werden.	Zinseszinsformel $K_n = K_0 \cdot q^n$ mit $q = 1 + \frac{p}{100}$ K_0 Anfangskapital K_n Endkapital n Anzahl der Jahre (nur ganze Jahre) q Zinsfaktor
Zuwachssparen	Wenn ein Anfangskapital mit jährlich steigenden Zinssätzen verzinst wird und die Zinsen mit verzinst werden, so spricht man von **Zuwachssparen**. Das **Endkapital** nach n Jahren kann mit einer Formel direkt berechnet werden.	$K_n = K_0 \cdot q_1 \cdot q_2 \cdot \ldots \cdot q_n$ K_0 Anfangskapital K_n Endkapital n Anzahl der Jahre (nur ganze Jahre) q Zinsfaktor
Kleinkredit	Beim Leihen von Geldbeträgen zwischen 3000 € und 50 000 € spricht man von einem **Kleinkredit**. Die Rückzahlung erfolgt in monatlichen gleich bleibenden Raten. Häufig wird eine **Bearbeitungsgebühr** erhoben.	Rückzahlungsrate $= \frac{\text{Kreditbetrag + Zinsen + Bearbeitungsgebühr}}{\text{Laufzeit in Monaten}}$
Ratenkauf	Wird der Kaufpreis in mehreren **Raten** bezahlt, spricht man von einem Ratenkauf. Der Verkäufer erhebt für jeden Monat der Rückzahlungsdauer einen Kreditaufschlag in Prozent.	Kreditaufschlag = Kaufpreis · Anzahl der Monate · Prozentsatz pro Monat Monatliche Rate $= \frac{\text{Kaufpreis + Kreditaufschlag}}{\text{Anzahl der Monate}}$

Üben • Anwenden • Nachdenken

1 Ein Kapital K bringt bei einem Zinssatz von p% in einer bestimmten Zeit Z Zinsen. Berechne die fehlenden Werte.

K	500,00 €		800,00 €	760,00 €
Z		13,02 €	9,71 €	5,89 €
p%	2,5%	2,25%		2,8%
Zeit	11 Mon.	245 Tage		$\frac{1}{4}$ Jahr

2 Um eine Rechnung über 1550,00 € sofort bezahlen zu können, muss Frau Weiß ihr Girokonto 17 Tage lang um 980,00 € überziehen. Bei Barzahlung kann sie 3% Skonto von der Rechnung abziehen. Für das Überziehen berechnet die Bank einen Zinssatz von 10,5%.

3 Ein Kapital K_0 wird mit p% verzinst, Zinsen werden mitverzinst. Berechne die fehlenden Werte in der Tabelle.

K_0	1200,00 €		3200,00 €	5000,00 €
K_n		2795,97 €	3818,99 €	7129,85 €
p%	4,5%	3,8%		
n	6 Jahre	4 Jahre	5 Jahre	7 Jahre

4 Erstelle ein Rechenblatt für die Berechnung des Guthabens beim Zuwachssparen. Man soll das Anfangskapital und die verschiedenen Zinssätze verändern können. Erstelle Diagramme, aus denen du die Entwicklung des Kapitals ablesen kannst.

	B19	▼ fx	=A17*B10	
		A	B	C
1	Zuwachssparen			
3	Anfangskapital:		3.000,00 €	
5	Zinssätze:			
6	1. Jahr		2,20%	
7	2. Jahr		2,50%	
8	3. Jahr		2,80%	
9	4. Jahr		3,30%	
10	5. Jahr		3,80%	
12	Kapital am Jahresanfang		Zinsen	Kapital am Jahresende
13	3.000,00 €		66,00 €	3.066,00 €
14	3.066,00 €		76,65 €	3.142,65 €
15	3.142,65 €		87,99 €	3.230,64 €
16	3.230,64 €		106,61 €	3.337,26 €
17	3.337,26 €		126,82 €	3.464,07 €

5 In 3 Jahren wächst ein Kapital von 10 000 € auf 11 309,00 €. Der Zinssatz im 3. Jahr beträgt 5,2%. Die Zinsen im 2. Jahr sind doppelt so hoch wie im 1. Jahr. Berechne die Zinsen und die Zinssätze in den beiden ersten Jahren.

6 Frau Schmid legt einen Betrag von 8000,00 € für 4 Jahre bei der Bank an.

Zinssatz im 1. Jahr: 2,25%
Zinssatz im 2. Jahr: 2,75%
Zinssatz im 3. Jahr: 4,25%
Zinssatz im 4. Jahr: 5,00%

Die Zinsen werden mitverzinst.
a) Um wie viel Euro hat ihr Kapital in den 4 Jahren insgesamt zugenommen? Wie viel Prozent sind das bezogen auf das Anfangskapital?
b) Wie viel Euro Zinsen bekommt Frau Schmid für das 4. Jahr?
c) Frau Schmid lässt das Geld noch weitere zwei Jahre zu einem gleich bleibenden Zinssatz auf ihrem Konto. Nach Ablauf der 6 Jahre verfügt sie über 10 386,24 €. Wie hoch war der Zinssatz im 5. und im 6. Jahr?

7 Familie Müller möchte sich eine hochwertige Stereoanlage kaufen. Die Kosten in Höhe von 4800 € sollen finanziert werden. Dazu haben sie sich zwei Angebote eingeholt.

Ratenzahlung
Zinsaufschlag:
0,75% p.m. bei 9 Raten

Kleinkredit
2% Bearbeitungsgebühr
0,42% Zinsen p.m.
Laufzeit: 9 Monate

a) Für welches Angebot sollte sich Familie Müller entscheiden? Begründe.
b) Familie Müller kann wegen einer plötzlichen Erbschaft 1500 € sofort anzahlen. Hat das bei gleich bleibenden Angeboten Einfluss auf ihre Entscheidung?

? Um wie viel Prozent vergrößert sich ein Kapital bei 4% in 5 Jahren, wie vergrößert es sich bei 5% in 4 Jahren?

Effektiver Jahreszins

Bei Kleinkrediten, bei denen die Zinsen auf den vollen Kreditbetrag berechnet werden und eine Bearbeitungsgebühr verlangt wird, kann man den angegebenen Zinssatz nur schwer mit den üblich angegebenen Zinssätzen der Bank vergleichen. Das Gesetz verpflichtet daher die Kreditgeber, zu jedem Kreditangebot einen auf ein Jahr bezogenen Vergleichszinssatz, den sogenannten **effektiven Jahreszins**, anzugeben.

Beispiel:
Für den Kauf eines 1100 € teuren Computers liegen Mike zwei Angebote vor:

a) Kleinkredit der Hausbank von 1100 € über 14 Monate zu 0,5 % Zinsen pro Monat und 2 % Bearbeitungsgebühr.

b) Ratenkauf mit einer ersten Rate zu 93,50 und 10 Folgeraten zu je 110 €). Die Laufzeit beträgt also insgesamt 11 Monate.

Zunächst vergleichen wir die Kreditkosten der Angebote und deren Anteil am Kredit:

Zinsen: $14 \cdot 0{,}5\,\% \cdot 1100\,€ = 77\,€$	Ratenzahl.: $(93{,}50 + 10 \cdot 110)\,€ = 1193{,}50\,€$	
Bearbeitungsgebühr: $2\,\% \cdot 1100\,€ = 22\,€$	abzüglich Kreditbetrag:	1100,00 €
Kreditkosten: 99 €	Kreditkosten:	93,50 €
Kreditkosten in Prozent: **9 %**	Kreditkosten in Prozent:	**8,5 %**

Diese Prozentsätze, wonach der Ratenkauf günstiger scheint, geben die Kreditkostenanteile jedoch bezüglich verschiedener Laufzeiten an. Auch bleibt unberücksichtigt, dass der volle Kredit nur bis zur ersten Rückzahlung in Anspruch genommen wird. Danach verringert er sich mit jeder Zahlung um den Tilgungsanteil der Monatsraten auf eine immer kleiner werdende Restschuld. Nachfolgend wird dies für Beispiel b) gezeigt.

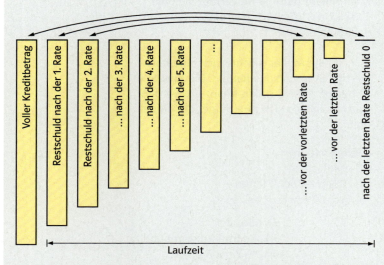

Jeder für die Zinsberechnung maßgebliche Restschuldbetrag gilt einen Monat, für ihn sind also einen Monat lang Zinsen zu zahlen. Da die Restschuld nach der 1. Rate und die vor der letzten Rate (ebenso die nach der 2. und vor der vorletzten Rate usw.) zusammen den vollen Kreditbetrag ergeben, muss der volle Kredit also nicht für die gesamte Laufzeit, sondern nur für $(11 + 1) : 2 = 6$ Monate verzinst werden. Rechnet man die Kreditkosten, um sie vergleichbar zu machen, in % auf ein Jahr um, so erhält man den effektiven Jahreszins e %:

$$e\,\% = \frac{\text{Kreditkosten in \% } \cdot 12}{(\text{Anzahl Monate Laufzeit} + 1) : 2}$$

! $0{,}09 = 9\,\%$
! $0{,}085 = 8{,}5\,\%$

Für die beiden Angebote des Beispiels erhält man:

a) Kleinkredit: $e\,\% = \dfrac{0{,}09 \cdot 12}{(14 + 1) : 2} = 14{,}4\,\%$ b) Ratenkauf: $e\,\% = \dfrac{0{,}085 \cdot 12}{(11 + 1) : 2} = 17\,\%$

Trotz höherer Kreditkosten ist der Kleinkredit aufgrund der längeren Laufzeit günstiger.

Achtung! Es ist schwierig, den Effektivzinssatz ganz exakt zu bestimmen und weitaus komplizierter als durch die obige Formel dargestellt.

Viele Banken legen für die auszuweisenden Zinssätze Tabellen zugrunde. Dies ist ein Ausschnitt einer Tabelle, in der mit 2% Bearbeitungsgebühr gerechnet wird.

Zinssatz pro Monat (%)	Anzahl der Monatsraten			
	9	12	24	36
	Effektiver Jahreszins (%)			
0,30	11,72	10,85	9,01	8,33
0,36	13,13	12,33	10,45	9,75
0,40	14,07	13,32	11,42	10,69
0,42	14,54	13,82	11,91	11,16
0,45	15,26	14,57	12,64	11,87
0,48	15,98	15,33	13,37	12,58

Beispiel: Für den Kauf eines City-Rollers benötigt Peter einen Kleinkredit in Höhe von 2450 €. Die Hausbank gewährt ihm folgende Konditionen:
Die Laufzeit beträgt 24 Monate bei einem Zinssatz von 0,42% pro Monat und einer Bearbeitungsgebühr in Höhe von 2%. Mit welchem effektiven Jahreszins muss Peter rechnen?

Legt man die Tabelle zugrunde, beträgt der effektive Jahreszins e% = 11,91%.
Unter Benutzung der Formel ergibt sich:
Zinsen: 24 · 0,42% · 2450 € = 246,96 €
Bearbeitungsgebühr: 2% · 2450 € = 49,00 €
Kreditkosten: 295,96 €
Kreditkosten in Prozent: 12,08%
$e\% = \frac{0{,}1208 \cdot 12}{(24+1):2} = 11{,}60\%$
Der errechnete Wert ist also nicht ganz korrekt.

■ Peter möchte bei gleichem Zinssatz und gleichen Bearbeitungsgebühren den Kreditbetrag bereits in 12 Monaten zurückbezahlen. Vergleiche die Formel mit dem Wert aus der Tabelle.
■ Ein Kreditvermittlungsinstitut verlangt für einen Ratenkredit von 7200 € bei einer Laufzeit von 48 Monaten 0,6% Zinsen pro Monat, 2% Bearbeitungsgebühr, 2,50 € Versicherungsprämie pro Monat der Laufzeit und eine einmalige Vermittlungsgebühr von 240 €. Bestimme den effektiven Jahreszins.
■ Jana kauft bei einem Versandhaus eine Stereoanlage im Ratenkauf für elf Raten. Für die 1500 € teure Stereoanlage beträgt die 1. Rate 160 €, alle weiteren Folgeraten 154 €.
■ Herr Lage möchte für den Kauf einer neuen Sitzgruppe einen Kredit von 2800 € aufnehmen. Dazu liegen ihm zwei Angebote vor:
Kleinkredit mit 24 Monaten Laufzeit, 0,6% Zinsen pro Monat und 2,5% Bearbeitungsgebühr
oder
Ratenkauf mit 23 Raten zu je 136 €, die 1. Rate zu 143,50 €
Vergleiche die Angebote. Welches Angebot sollte Herr Lage annehmen? Begründe.

Üben • Anwenden • Nachdenken

8 Familie Buch nimmt bei ihrer Bank einen Kleinkredit in Höhe von 20 000 € auf, um Renovierungsarbeiten am Haus ausführen zu können. Die Bank bietet dazu folgende Konditionen an:
pro Monat 0,4 % Zinsen vom Kreditbetrag, Bearbeitungsgebühr 2 %.
Die Buchs haben ausgerechnet, dass sie höchstens 500 € monatlich zurückzahlen können. Welche Laufzeit müssen sie mit der Bank vereinbaren?

9 Frau Baumann prüft zwei Kreditangebote für einen Kleinkredit über 15 000 €. Beim ersten Angebot muss sie monatlich 0,36 % Zinsen vom Kreditbetrag bezahlen. Das zweite Angebot arbeitet mit einem Zinssatz von 6,9 % pro Jahr bei einer Laufzeit von 36 Monaten. Schließlich wird bei beiden Angeboten eine Bearbeitungsgebühr von 2 % erhoben. Für welches Angebot sollte sich Frau Baumann entscheiden?

10 Familie Montag benötigt dringend ein neues Auto, das 16 500 € kosten soll. Das Autohaus bietet einen Kredit mit 0,2 % pro Monat auf den vollen Betrag mit einer Laufzeit von 36 Monaten an. Wenn Familie Montag bei ihrer Hausbank einen Kredit aufnimmt, bekommt sie vom Händler 9 % Rabatt beim Kauf des Autos. Die Bank rechnet bei einer Laufzeit von 36 Monaten mit einem Zinssatz von 6,5 % pro Jahr. Zusätzlich müssen sie eine einmalige Bearbeitungsgebühr von 2 % bezahlen.
Für welches Angebot soll sich Familie Montag entscheiden?

11 Zur Finanzierung eines neuen Wohnzimmers in Höhe von 9000 € schlägt die Bank Familie Schmidt einen Kleinkredit vor. Es sollen pro Monat 0,42 % Zinsen und eine einmalige Bearbeitungsgebühr von 2 % bezahlt werden. Die Laufzeit beträgt 36 Monate. Wie hoch sind die restlichen Raten, wenn die erste Rate mit 390 € berechnet wird?

12 Erstelle einen Rückzahlungsplan für einen Kleinkredit mit folgenden Bedingungen:
Kreditbetrag: 8000 €
Zinssatz p.m.: 0,41 %
Bearbeitungsgebühr: 2,5 %
Laufzeit in Monaten: 24
Die monatlichen Raten sollen auf volle Euro abgerundet werden, die sich daraus ergebende Differenz wird der ersten Rate hinzugeschlagen.

13 Der Preis eines DVD-Recorders mit 260 GB beträgt im Katalog 399 €. Wenn Josef bar bezahlt, erhält er vom Händler 3 % Skonto. Bei einer Ratenzahlung wird ein Kreditaufschlag von 0,75 % pro Monat fällig. Josef wählt eine Laufzeit von insgesamt 12 Monaten.
a) Mit welchen Kosten muss Josef monatlich rechnen?
b) Ein weiteres Kaufhaus bietet bei Ratenzahlung folgende Bedingungen an:
3 Monate Zahlpause, dann 9 Monate Kreditaufschlag von 0,86 %. Gib die Kosten des Krediates jeweils in Prozent an.
c) Um wie viel Prozent liegen die Teilzahlungspreise über dem Kaufpreis bzw. über dem Barzahlungspreis des DVD-Recorders?
d) Berechne den effektiven Jahreszins für beide Angebote.

Rückspiegel

1 a) Ein Betrag von 3500 € wird 7 Monate zu einem Zinssatz von 2,5 % angelegt. Berechne Zinsen und neues Guthaben.
b) In welcher Zeit erhält man für 1500,00 € bei einem Zinssatz von 2,2 % Zinsen in Höhe von 12,83 €?

2 a) Wie viel Zinsen gibt es bei 3,2 % für 4500,00 € in 4 Jahren?
b) Welcher Betrag wächst bei einem Zinssatz von 3,5 % in 6 Jahren auf ein Kapital von 4302,39 €?

3 Familie Haller legt 12 000 € bei ihrer Bank zu folgenden Zinssätzen an:

1. Jahr	2. Jahr	3. Jahr	4. Jahr
2,5 %	2,8 %	3,0 %	3,3 %

Zusätzlich gibt es nach 4 Jahren eine Prämie von 10 % auf das Guthaben. Zinsen werden mitverzinst. Wie viel Euro erhält die Familie nach 4 Jahren?

4 Peter Müller kauft sich einen neuen PC auf Raten. Der Kaufpreis beträgt insgesamt 899 €. Der Verkäufer erhebt hierbei einen Kreditaufschlag von 0,8 % pro Monat. Der Teilzahlungspreis soll in 6 gleich bleibenden Monatsraten zurückbezahlt werden.
Wie hoch sind die monatlichen Raten sowie die Gesamtkosten des Ratenkaufs?

5 Für einen Kleinkredit über 4200 € werden bei einer Laufzeit von 24 Monaten eine Bearbeitungsgebühr von 2 % sowie ein Zinssatz von 0,46 % pro Monat berechnet. Berechne den Rückzahlungsbetrag, die Höhe der monatlichen Raten sowie den effektiven Jahreszins.

6 Zur Finanzierung des neuen Autos nimmt Herr Boll einen Kredit über 15 000 € auf. Er vereinbart mit der Bank 0,4 % Zinsen pro Monat und eine einmalige Bearbeitungsgebühr von 2 % auf den vollen Kreditbetrag. Wie hoch sind die gesamten Kosten bei einer Laufzeit von 36 Monaten?

1 a) Herr Baum überzieht 132 Tage sein Konto um 1350 €. Er muss 51,98 € Zinsen bezahlen. Welchen Zinssatz verwendet die Bank?
b) Wie lange braucht ein Guthaben von 1950 € bei einem Zinssatz von 3,2 %, um auf 2000 € anzuwachsen?

2 a) Bei welchem Zinssatz wachsen 7500 € in 5 Jahren um 1407,64 €?
b) Bei welchem Zinssatz verdoppelt sich das Guthaben in 20 Jahren?

3 Die Bank bietet Zuwachssparen mit steigenden Zinssätzen an:
1. Jahr: 2,6 %; 2. Jahr: 3,1 %; 3. Jahr: 3,8 %
Zinsen werden mitverzinst.
a) Welchen Betrag muss man anlegen, um nach 3 Jahren 10 000 € zu bekommen?
b) Welcher jährlich gleich bleibende Zinssatz wäre notwendig, um denselben Zuwachs zu erreichen?

4 Herr Maier beabsichtigt den Kauf eines neuen 42"-Plasma-Fernsehers, der 1999 € kosten soll. Der Elektromarkt bietet eine Ratenzahlung in 12 Monatsraten mit einem monatlichen Zinssatz von 0,86 % an. Der Einzelhändler schlägt 18 Monatsraten zu je 139 € vor.

5 Frau Meier hat berechnet, dass sie monatlich nicht mehr als 300 € für einen Kredit zurückzahlen kann. Welchen Kreditbetrag kann sie sich höchstens leisten, wenn die Rückzahlung nach 24 Raten abgeschlossen sein soll und die Bank neben 2 % Bearbeitungsgebühr einen Zinssatz von 0,39 % pro Monat berechnet?

6 Frau Waller hat einen Kredit über 9000 € aufgenommen, zahlt 0,5 % Zinsen monatlich und eine Bearbeitungsgebühr von 2 % auf den Auszahlungsbetrag. Sie möchte den Kredit innerhalb von 36 Monaten zurückzahlen. Wie hoch ist der Zinsanteil der monatlichen Rate in Euro und in Prozent?

4 Ähnlichkeit. Strahlensätze

Auf die Größe kommt es an

Aus 40 cm Entfernung
- erkennt Meike gerade noch die 7 in der vierten Zeile.
- verschwimmen für Olli schon die Zahlen in der zweiten Zeile.
- sieht Alina die 7 in der letzten Zeile noch scharf.

Olli meint: Alina sieht viermal so gut wie Meike. Wie kommt er darauf?

Bäume messen
Es wäre schade und auch viel zu teuer, wenn man Bäume immer erst fällen müsste, um ihre Höhe zu messen. Die Skizze zeigt dir eine schonende Messmethode. Erkläre sie und probiere sie an einigen Bäumen aus. Falls kein Baum in der Nähe ist: Am Schulgebäude geht es auch.

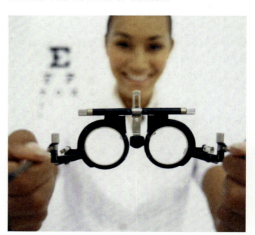

Vergrößern?

Konstruiere ein Dreieck mit den blauen Seiten. Dann wird jede Seite verlängert. Konstruiere wieder.
Wird das Dreieck dadurch größer?

Diskutiert gemeinsam, was „größer" bedeuten könnte.
Experimentiert auch mit anderen Zugaben.

Schattenbilder

Wie verändert sich das Schattenbild,
- wenn du näher an die Lichtquelle herangehst?
- wenn du weiter von der Lichtquelle weggehst?
- Lege eine Tabelle an und trage die Entfernungen von der Projektionsfläche und von der Lichtquelle für die doppelte, dreifache, ... Größe des Schattenbildes ein.
- Welche Zusammenhänge beobachtest du?

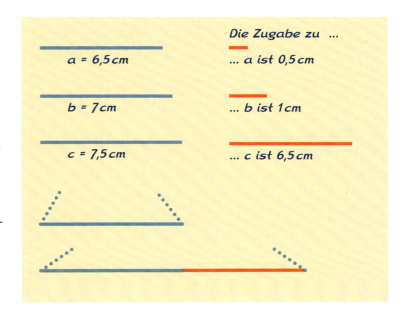

In diesem Kapitel lernst du,

- was eine zentrische Streckung ist,
- dass die Form von Figuren durch die zentrische Streckung erhalten bleibt,
- dass durch die zentrische Streckung ähnliche Figuren entstehen,
- wie man die Eigenschaften der zentrischen Streckung in der Praxis nutzen kann.

Auf die Größe kommt es an   79

1 Zentrische Streckung

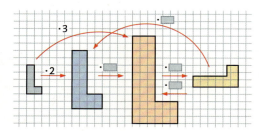

Der Druckbuchstabe L ist in vier Größen abgebildet.
→ Wie unterscheiden sich die Größen?
Es gibt noch viel mehr Zwischenstufen als in der Figur gezeichnet sind.
→ Zeichne die Buchstaben T, V, H oder U so, dass du sie leicht mit den Faktoren $\frac{3}{2}$; $\frac{4}{3}$ und $\frac{1}{2}$ vergrößern oder verkleinern kannst.

Beim blauen Rechteck werden die Seitenlängen verdreifacht, ohne die Form zu ändern. Dadurch entsteht das rote Rechteck. Auch die Diagonale vergrößert sich mit dem Faktor 3.
Es gilt $a' = 3a$; $b' = 3b$; $d' = 3d$
also $\frac{a'}{a} = 3$; $\frac{b'}{b} = 3$; $\frac{d'}{d} = 3$.

Der Abbildungsfaktor 3 ist der Quotient der Längen entsprechender Strecken. Verkleinerung des roten Rechtecks mit dem Faktor $\frac{1}{3}$ ergibt das blaue Rechteck.

Bei Abbildungen verwendet man für die Bildpunkte die Bezeichnungen A', B', C' und D', um zu wissen, aus welchem Punkt sie hervorgegangen sind.

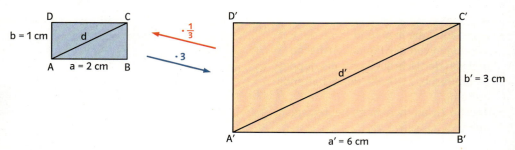

! *Im Sonderfall $k=0$ fallen alle Bildpunkte auf Z. Es entsteht also eine ähnliche Figur.*

Eine Figur kann mithilfe einer **zentrischen Streckung** maßstäblich abgebildet werden. Dazu benötigt man ein **Streckzentrum Z** und einen **Streckfaktor k**.
Gilt $|k| > 1$, wird das Bild **größer**, gilt $|k| < 1$, wird es **kleiner**.
Für $|k| = 1$ sind die Figur und ihr Bild gleich groß.
Geht dabei eine Strecke $\overline{AB}$ in die Strecke $\overline{A'B'}$ über, so gilt
$\overline{A'B'} = |k| \cdot \overline{AB}$ und $|k| = \frac{\overline{A'B'}}{\overline{AB}}$.

Beispiele

a) Das lila Rechteck geht durch Abbildung mit dem Faktor $k_1 = 2$ in das rote über. Das rote Rechteck wird mit $k_2 = 0{,}75$ auf das blaue abgebildet.
Vom lila Rechteck zum blauen kommt man auch in einem einzigen Schritt: Vergrößern mit k_1 und nachfolgendes Verkleinern mit k_2 ändert alle Längen mit dem Faktor $k_3 = k_1 \cdot k_2 = 2 \cdot 0{,}75 = 1{,}5$.

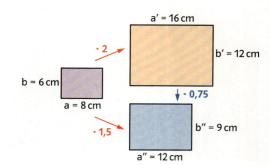

80 Zentrische Streckung

b) **Zentrische Streckung mit Zirkel und Lineal (für k = 3):** Zeichne einen Strahl von Z durch A und trage auf diesem mit dem Zirkel von Z aus dreimal die Strecke $\overline{AZ}$ ab. Du erhältst A'. Verfahre mit B und C entsprechend.

k = 3:

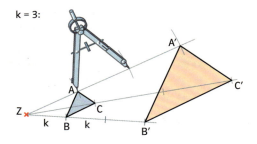

c) *Für k < 0, z.B. k = –2:* Zeichne eine Gerade durch Z und A und trage auf dieser mit dem Zirkel $\overline{AZ}$ zweimal **auf der anderen Seite** von Z ab. Du erhältst A'. Verfahre mit B und C entsprechend.

k = –2:

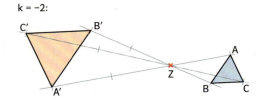

Bemerkung

Streckt man die Seiten eines Rechtecks mit dem Faktor k, so verändert sich der Flächeninhalt mit dem Faktor k^2.

Streckt man die Kanten eines Quaders mit dem Faktor k, so verändert sich das Volumen sogar mit dem Faktor $|k|^3$.

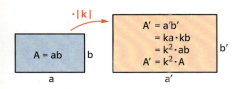
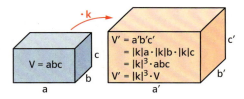

Aufgaben

1 Welche der roten Rechtecke sind Bilder einer zentrischen Streckung des blauen Rechtecks? Begründe.

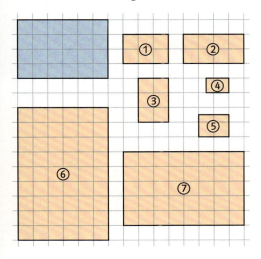

2 Führe die zentrischen Streckungen aus.

	Z	k	A	B	C
a)	(–4|2)	3	(–2|1)	(–1|2)	(–3|3)
b)	(3|–3,5)	2,5	(0|–4)	(2|–3)	(2|–1)
c)	(6|4)	–1	(5|3)	(–1|4)	(4|–1)
d)	(2|3)	–2	(4|2)	(5|4)	(3|6)
e)	(1|1)	0,75	(1|1)	(5,5|–3)	(5,5|5)

! Zeichne in Aufgabe 2 beide Achsen von –6 bis 6 mit der Einheit 1cm.

! zu Aufgabe 3:

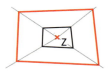

3 Strecke die Figuren mit dem Faktor k.

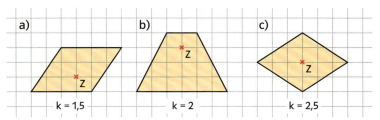

Zentrische Streckung

4 Ein Vieleck hat die Eckpunkte
A(2|2); B(8|2); C(10|4); D(6|8); E(6|4);
F(4|6); Z = A. Strecke die Figur mit k = 1,5
und k = 0,75 in einem Bild.

5 Die Vergrößerungen der farbigen Figuren sollen im grauen Rechteck bleiben.
a) Mit welchem Faktor k kannst du das orange Rechteck höchstens vergrößern, mit welchem das lila?
b) Der Eckpunkt A des gelben Rechtecks muss beim Vergrößern fest liegen bleiben. Wie groß kann k höchstens sein?
Wie groß kann k sein, wenn entweder B oder C oder D fest liegen bleiben müssen?
c) Verdoppeln des blauen Rechtecks ist leicht möglich. Kannst du es auch stärker vergrößern?

8 Zeichne ein Rechteck ABCD mit A = Z mit den Seitenlängen a = 6 cm und b = 4 cm. Zeichne die mit k = 2; k = 2,5; k = 1,5; k = 0,5 und k = 0,75 abgebildeten Rechtecke.

9 a) Zeichne das Viereck ABCD mit A(1|2); B(2|1); C(4|3); D(2|4); Z(1|1). Strecke es mit dem Faktor k = 1,5.
b) Zeichne das Viereck ABCD mit A(0|0); B(12|3); C(6|9); D(3|6); Z(6|3). Strecke es mit dem Faktor k = $\frac{1}{2}$.

10 Konstruiere das Streckbild des Vierecks ABCD mit A(2|2); B(9|3); C(7|9); D(3|7) und den Bildpunkten B'(11|2); C'(8|11).

11 Können die Punkte A' und B' durch zentrische Streckung aus den Eckpunkten A und B des Dreiecks ABC entstanden sein?
Konstruiere, falls möglich, das Streckzentrum Z und das Bild des Dreiecks.

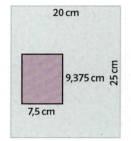
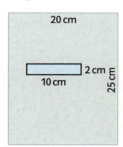
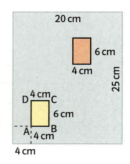

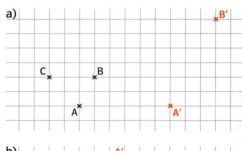

6 a) Eine Figur wurde mit k = 1,5 vergrößert. Mit welchem Faktor muss man sie verkleinern, dass sie wieder ihre ursprüngliche Größe bekommt?
b) Gib eine Regel an, mit der du den Rücknahmefaktor für eine Vergrößerung oder Verkleinerung berechnen kannst.

7 Benachbarte Punkte auf der Geraden sind jeweils gleich weit voneinander entfernt. Jeder Punkt kann Zentrum, Originalpunkt oder Bildpunkt einer zentrischen Streckung sein. Fülle die Tabelle im Heft aus.

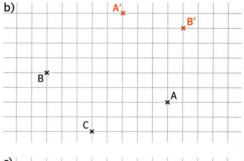

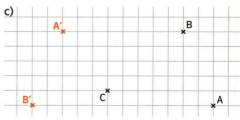

	A	B	C	D	E	F	G	H	I	K	L	M	N	O
Zentrum				A	E	H	G	D	B	B	D			
Streckfaktor				2	3	1	–2	$\frac{1}{2}$	1,5		2	–3	$\frac{1}{3}$	$\frac{5}{2}$	$\frac{3}{2}$
Originalpunkt	B	F	D	K			C	F	E	L	B	C	H
Bildpunkt					F	L	F	G	G	C	H	F	K

Zentrische Streckung

12 Mit einem Zeichenprogramm kann man Figuren ganz leicht vergrößern und verkleinern. Die Faktoren k werden dabei in Prozent angegeben.
Der rote Smiley entspricht 100%. Die anderen bis auf einen sind durch Verkleinern mit $k_1 = 75\%$; $k_2 = 50\%$; $k_1 \cdot k_1$; $k_1 \cdot k_2$; $k_2 \cdot k_2$ entstanden. Welche Verkleinerung gehört zu welchem Smiley? Welcher Bedienungsfehler ist bei dem hellblauen passiert?

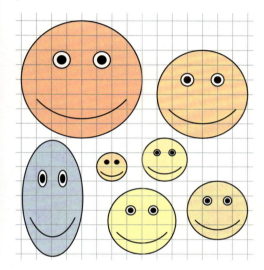

13 Am Kopierer werden die Vergrößerungs- und Verkleinerungsfaktoren k in Prozent angegeben.
a) Häufig wird $k = 71\%$ und $k = 141\%$ benutzt. Mit welchem Faktor f wird dann der Flächeninhalt verändert?
b) Eine Buchseite hat die Maße 25,8 cm × 19,0 cm. Sie soll auf das Format DIN A4 29,7 cm × 21,0 cm vergrößert werden. Wie ist der Kopierer einzustellen?

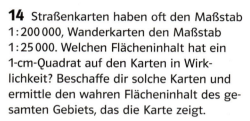

14 Straßenkarten haben oft den Maßstab 1:200 000, Wanderkarten den Maßstab 1:25 000. Welchen Flächeninhalt hat ein 1-cm-Quadrat auf den Karten in Wirklichkeit? Beschaffe dir solche Karten und ermittle den wahren Flächeninhalt des gesamten Gebiets, das die Karte zeigt.

15 Welcher Quader kann durch Abbildung des orangefarbenen Quaders entstanden sein?

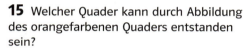
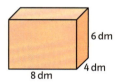
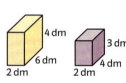
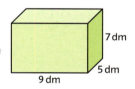

Zentrische Streckung mit DGS

Mithilfe eines dynamischen Geometrieprogramms kannst du ausprobieren, welche Auswirkung eine Veränderung des Steckfaktors auf die Bildfigur hat.

■ Untersuche, mit welchem Faktor sich die Bildfläche im Vergleich zum Original vergrößert bzw. verkleinert.
■ Was passiert, wenn der Streckfaktor gegen null geht?
■ Könntest du aus diesem Bild das Original rekonstruieren?
■ Welche Änderungen kannst du erkennen, wenn $k < 0$ wird?

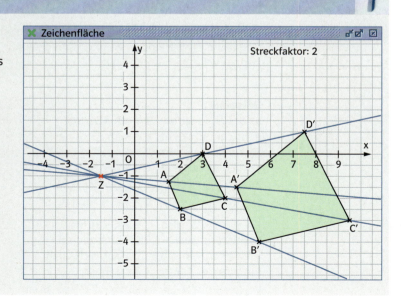

Zentrische Streckung

2 Ähnliche Figuren

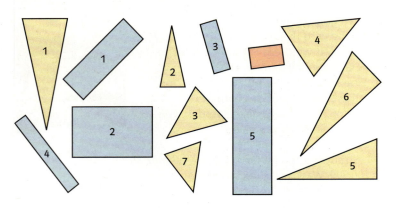

→ Welches der blauen Rechtecke ergibt passend abgebildet das rote Rechteck?
→ Wie gehören die übrigen Figuren zusammen?

Das blaue Dreieck wird mit dem Faktor k = 1,5 auf das rote Dreieck abgebildet.
Es gilt $a' = 1{,}5 \cdot a$ und $b' = 1{,}5 \cdot b$, also
$\frac{a'}{b'} = \frac{1{,}5 \cdot a}{1{,}5 \cdot b}$ und damit $\frac{a'}{b'} = \frac{a}{b}$.

Diese Bruchgleichung kann man auch als Verhältnisgleichung schreiben:
$a' : b' = a : b$.

Lies:
a' zu b' gleich a zu b.

Ebenso gilt
$b' : c' = b : c$
und $c' : a' = c : a$.
Die Winkel zwischen entsprechenden Seiten der zwei Dreiecke sind gleich.

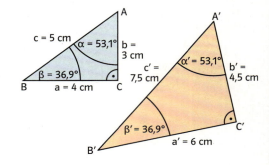

Solche Verhältnisgleichungen und Winkelgleichheiten gelten auch für die zentrischen Strecken von Vierecken und Vielecken.

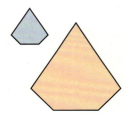

> Durch zentrische Streckung einer Figur entsteht eine **ähnliche** Figur.
> Ähnliche Figuren stimmen in entsprechenden Winkeln und den Verhältnissen entsprechender Seiten überein.

Beispiele

a) Gegeben ist das Dreieck ABC mit
a = 4 cm; b = 6 cm; c = 8 cm.
Zu konstruieren ist das dazu ähnliche Dreieck A'B'C' mit a' = 7 cm.
Es gilt:
$\frac{b'}{a'} = \frac{b}{a} = \frac{6}{4} = \frac{3}{2}$; also $b' = \frac{3}{2} a' = 10{,}5$ cm;
$\frac{c'}{a'} = \frac{c}{a} = \frac{8}{4} = 2$; also $c' = 2 a' = 14$ cm.
Damit lässt sich △ A'B'C' konstruieren.
Die Seiten von △ A'B'C' lassen sich auch mithilfe des Faktors k berechnen:
$k = \frac{a'}{a} = \frac{7}{4}$; $b' = \frac{7}{4} b = 10{,}5$ cm; $c' = \frac{7}{4} c = 14$ cm

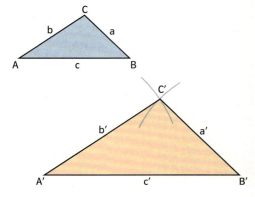

84   Ähnliche Figuren

b) Nach Augenmaß könnten die drei Rechtecke R, R' und R" ähnlich sein. Wirklich entscheiden kann man das aber nur rechnerisch. Wir vergleichen die Seitenverhältnisse der Rechtecke:

$\frac{a}{b} = \frac{4}{2,5} = \frac{8}{5}$; $\frac{a'}{b'} = \frac{7}{4,2} = \frac{5}{3}$; $\frac{a''}{b''} = \frac{12,5}{7,5} = \frac{5}{3}$

Also sind die Rechtecke R' und R" ähnlich. Das Rechteck R ist weder zu R' noch zu R" ähnlich.

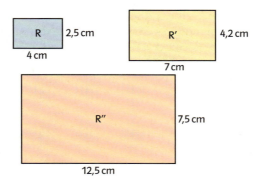

Aufgaben

1 Suche zueinander ähnliche Sterne. Begründe deine Antwort.

2 Konstruiere das Dreieck ABC mit a = 4 cm; b = 5 cm; c = 6 cm.
Berechne und konstruiere das dazu ähnliche Dreieck A'B'C' mit
a) a' = 8 cm   b) a' = 6 cm   c) b' = 7,5 cm
d) b' = 6 cm   e) c' = 9 cm   f) c' = 5 cm

3 Welche rechtwinkligen Dreiecke sind zueinander ähnlich, welche nicht?

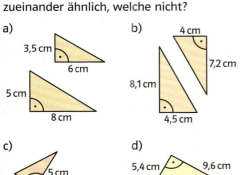

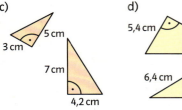

4 Das Dreieck ABC hat die Seiten a = 7 cm; b = 3 cm; c = 6 cm.
Das zu △ABC ähnliche △A'B'C' hat den Umfang 24 cm. Berechne seine Seiten.

5 Die Dreiecke ABC und A'B'C' sind ähnlich. Berechne die Strecken x und y. Runde auf Millimeter, wenn nötig.

a)
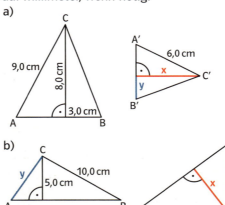

b)
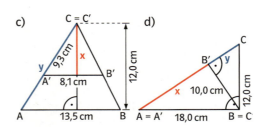

c)   d)
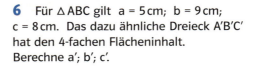

6 Für △ABC gilt a = 5 cm; b = 9 cm; c = 8 cm. Das dazu ähnliche Dreieck A'B'C' hat den 4-fachen Flächeninhalt. Berechne a'; b'; c'.

? *Ist der innere Rand des Bilderrahmens zum äußeren Rand ähnlich?*

Ähnliche Figuren **85**

7 Das Rechteck ABCD hat die Seiten a = 9 cm und b = 5 cm. Konstruiere das ähnliche Rechteck A'B'C'D' mit a' = 7,2 cm.

8 Ist R zu R' ähnlich, R' zu R" oder R zu R"?

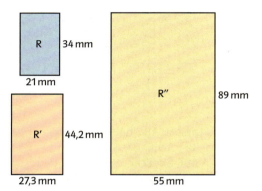

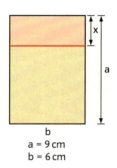

a = 9 cm
b = 6 cm

9 a) Vom großen Rechteck wird ein kleines abgetrennt. Wie groß muss x sein, damit das kleine zum großen ähnlich ist?
b) Von einem Rechteck mit a = 16 cm und b = 12 cm wird ein ähnliches abgetrennt, und von diesem wird wieder ein ähnliches abgetrennt. Welche Maße haben diese zwei Rechtecke?

10 Ist das Fohlen zur Stute ähnlich?

Untersuche auch andere Bilder von jungen und ausgewachsenen Tieren – und auch von Kindern und Erwachsenen.

DIN-Formate

Papierformate sind durch eine DIN-Norm festgelegt.
Am wichtigsten sind die A-Formate. Das Ausgangsformat DIN A0 ist ein Rechteck mit A = 1 m^2 und a : b = $\sqrt{2}$: 1.
Dieses Rechteck hat die Seiten
a ≈ 1189 mm; b = $\frac{1}{a}$ ≈ 841 mm.

■ Rechne nach, dass A und a:b die geforderten Werte haben.
■ Berechne die Seiten und das Seitenverhältnis des halbierten Rechtecks.

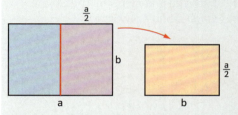

Alle DIN-A-Formate entstehen durch fortgesetzte Halbierung.

DIN A	Länge in mm	Breite in mm	Anzahl pro A0-Blatt
0	1189	841	1
1	841	594	2
2	594	420	☐
3	☐	☐	☐

■ Berechne nach dem Muster der Tabelle die Maße hinunter bis zu DIN A8. Dabei wird immer auf ganze Millimeter gerundet, und halbe Millimeter werden weggelassen.
Beschaffe dir DIN-Bögen und bestätige einige der berechneten Werte.
■ Erkläre die folgenden Figuren. Was fällt dir auf?

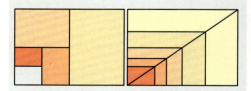

■ Warum gibt es wohl DIN-Formate?

86 Ähnliche Figuren

3 Strahlensätze

An einem Tag im März messen Katja und Hatiçe vom Schulhof aus die Höhe des Schulgebäudes.
→ Die Schattengrenze trifft die Messlatte in 1,80 m Höhe. Die anderen Strecken messen die Mädchen mit dem Messband.
→ Katja zeichnet gut, Hatiçe rechnet lieber.
→ Birgit schaut zu und sagt: Ihr habt Glück, dass die Schule ein Flachdach hat.

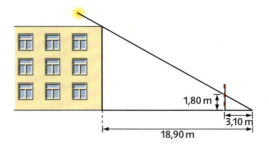

Die erste Grafik zeigt einen Winkel mit Scheitel S. Auf dem einen Schenkel liegen A und A', auf dem anderen B und B'.
Es gilt $\overline{AB} \parallel \overline{A'B'}$ und $\frac{\overline{SA'}}{\overline{SA}} = \frac{3}{2}$.

In der zweiten Grafik ist das Dreieck SA'B' in neun kongruente Teildreiecke zerlegt. Vier davon liegen im Dreieck SAB. Daran erkennt man:
$\frac{\overline{SB'}}{\overline{SB}} = \frac{3}{2} = \frac{\overline{SA'}}{\overline{SA}}$ und $\frac{\overline{A'B'}}{\overline{AB}} = \frac{3}{2} = \frac{\overline{SA'}}{\overline{SA}}$.
Ebenso begründet man, dass sich jede beliebige andere Teilung vom einen Schenkel auf den anderen und auf die parallelen Zwischenstrecken überträgt.

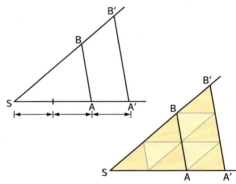

Statt von einem Winkel spricht man hier auch von einem Punkt, von dem zwei **Strahlen** ausgehen.

Schneiden zwei parallele Geraden die Schenkel eines Winkels, so gelten die beiden **Strahlensätze**.

Erster Strahlensatz:

$\frac{\overline{SB'}}{\overline{SB}} = \frac{\overline{SA'}}{\overline{SA}}$

Zweiter Strahlensatz:

$\frac{\overline{A'B'}}{\overline{AB}} = \frac{\overline{SA'}}{\overline{SA}}$ und $\frac{\overline{A'B'}}{\overline{AB}} = \frac{\overline{SB'}}{\overline{SB}}$

Es gilt auch
$\frac{\overline{BB'}}{\overline{SB}} = \frac{\overline{AA'}}{\overline{SA'}}$
denn nach dem 1. Strahlensatz ist
$\frac{\overline{BB'}}{\overline{SB}} = \frac{\overline{SB'} - \overline{SB}}{\overline{SB}}$
$= \frac{\overline{SB'}}{\overline{SB}} - 1 = |k| - 1$
und
$\frac{\overline{AA'}}{\overline{SA}} = \frac{\overline{SA'} - \overline{SA}}{\overline{SA}}$
$= \frac{\overline{SA'}}{\overline{SA}} - 1 = |k| - 1$

Bemerkung
Die Strahlensätze gelten auch, wenn S zwischen den beiden Parallelen liegt.

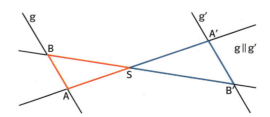

Strahlensätze 87

Tipp:
Schreibe das Unbekannte immer in den Zähler.

Beispiele

a) Die Strecke $\overline{SB'}$ wird nach dem ersten Strahlensatz berechnet:

$$\frac{\overline{SB'}}{\overline{SB}} = \frac{\overline{SA'}}{\overline{SA}} \qquad | \cdot \overline{SB}$$

$$\overline{SB'} = \frac{\overline{SA'}}{\overline{SA}} \cdot \overline{SB}$$

$$\overline{SB'} = \frac{9}{5} \cdot 6 = 10{,}8 \text{ cm}$$

b) Die Strecke $\overline{A'B'}$ wird nach dem zweiten Strahlensatz berechnet:

$$\frac{\overline{AB}}{\overline{A'B'}} = \frac{\overline{SA}}{\overline{SA'}} \qquad | \cdot \overline{A'B'}$$

$$\overline{AB} \cdot \frac{\overline{SA}}{\overline{SA'}} \cdot \overline{A'B'}$$

$$\overline{AB} = 5{,}6 \cdot \frac{6}{8} = 4{,}2 \text{ cm}$$

! *Steht nur eine Maßangabe oder Variable außen an der Figur, so bezieht sie sich auf die gesamte Strecke.*

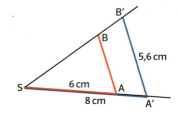

! *Wenn nur ein einziges Gegenbeispiel gefunden werden kann, ist eine Behauptung widerlegt.*

Bemerkung

Die Umkehrung des 1. Strahlensatzes $\left(\frac{\overline{ZC}}{\overline{ZA}} = \frac{\overline{ZD}}{\overline{ZB}}, \text{ dann ist } g \parallel h\right)$ gilt, die Umkehrung des 2. Strahlensatzes $\left(\frac{\overline{ZC}}{\overline{ZA}} = \frac{\overline{DC}}{\overline{AB}}, \text{ dann ist } g \parallel h\right)$ gilt nicht.

In der Strahlensatzfigur gibt es eine zweite Strecke $\overline{AB^*} = \overline{AB}$.

Obwohl als $\frac{\overline{ZC}}{\overline{ZA}} = \frac{\overline{DC}}{\overline{AB^*}}$, ist AB*∦DC.

Wir haben damit ein Gegenbeispiel gefunden, demnach ist die Umkehrung des 2. Strahlensatzes falsch.

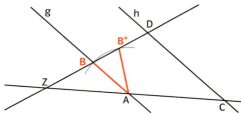

Aufgaben

! *„Überkreuz" multiplizieren:*
$\frac{45}{54} \times \frac{20}{x}$
$45 \cdot x = 54 \cdot 20 \quad |:45$
$\qquad x = 24$

1 Schreibe Gleichungen zwischen Streckenverhältnissen auf, die nach dem 1. und 2. Strahlensatz gelten.

a) b)

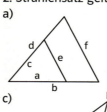

c) d)

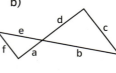

2 Bestimme zeichnerisch die Länge der Strecke x (siehe Rand).
a = 4 cm; b = 2 cm; c = 6 cm

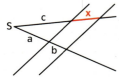

3 Berechne die Strecke x. (Maße in cm) Runde, wenn nötig, auf Millimeter.

a) b)

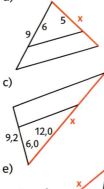

c) d)

e) f)

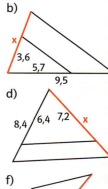

88   Strahlensätze

4 Fülle die Tabelle im Heft aus.
(Maße in cm)

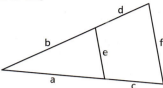

	a	b	c	d	e	f
a)	8,5	10	3		8	
b)	3	4		8		15
c)	6	5	4,8			18
d)	3,5	5,6			7	10

5 Berechne die unbekannten Strecken.
(Maße in mm)

a)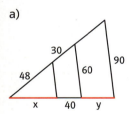

b)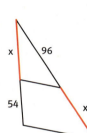

c)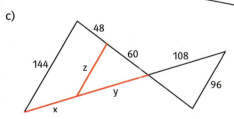

6 a) In der Grafik ist die Strecke $\overline{SA}$ in drei gleich lange Teile geteilt. Erkläre die Figur. Kommt es darauf an, wie lang r ist?

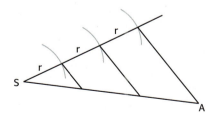

b) Teile wie in a)
- die Strecke a = 8 cm in 3 gleiche Teile.
- die Strecke a = 10 cm in 4 gleiche Teile.
- die Strecke a = 11 cm in 5 gleiche Teile.

7 a) Drücke x in einer Formel durch a, b und c aus.

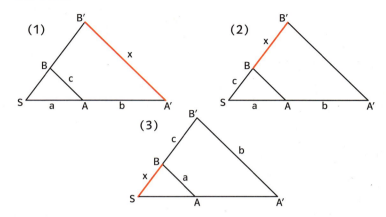

b) Berechne x mit den Formeln aus a) für
- a = 3,6 cm; b = 4,8 cm; c = 6 cm;
- a = 6,6 cm; b = 8,8 cm; c = 7,2 cm;
- a = 7 cm; b = 9 cm; c = 5 cm.

c) Skizziere Strahlensatzfiguren, verteile a, b, c und x sinnvoll und stelle die zugehörigen Formeln für x auf.

8 a) Skizziere eine Strahlensatzfigur, die zu der Gleichung passt. Es gibt mehrere Möglichkeiten. (Einheit: 1 cm)

$\frac{x}{5,5} = \frac{7,2}{8,8}$ $\frac{4,4}{x + 4,4} = \frac{7,2}{12,6}$

$\frac{x + 3,3}{x} = \frac{8,6}{3,3}$ $\frac{x}{x - 3,2} = \frac{7}{4,2}$

Forme $\frac{a}{b} = \frac{c}{d}$ um.
Aber: Vorsicht Falle!

$\frac{a}{c} = \square$ $\frac{b}{a} = \frac{\square}{c}$

$\frac{d}{b} = \square$ $\frac{c}{a} = \frac{\square}{d}$

$\frac{b}{d} = \square$ $\frac{\square}{\square} = \frac{b}{c}$

b) Berechne x. Du kannst deine Lösung an einer maßstäblichen Figur überprüfen.

9 a) In der Strahlensatzfigur gilt $\frac{a + b}{c + d} = \frac{a}{c}$.
Beweise durch Umformung, dass auch
$\frac{b}{d} = \frac{a}{c}$ und $\frac{a}{b} = \frac{c}{d}$ gilt.

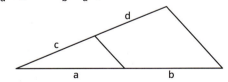

b) Gib c bzw. d an.

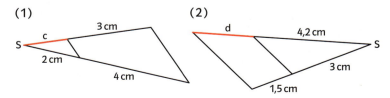

Strahlensätze 89

4 Lesen und Lösen

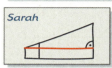
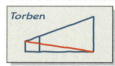

Aus den gemessenen Strecken soll die Höhe der Mauer bestimmt werden.
→ Um einen Strahlensatz anwenden zu können, ergänzen Hakan, Sarah und Torben die Figur.
Wer von ihnen findet so das Ergebnis?
Franziska fragt: „Steht der Stab genau senkrecht?"
→ Ist das für das Ergebnis wichtig?

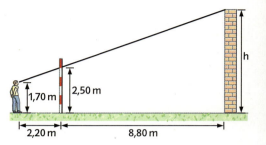

In vielen Anwendungsaufgaben helfen die Strahlensätze, weit entfernte oder sogar unerreichbare Strecken zu messen. Dazu einige nützliche Tipps:

> **Die Strahlensätze anwenden**
> - Ist zunächst keine Strahlensatzfigur erkennbar, so trage geeignete Hilfslinien ein.
> - Prüfe, ob die Voraussetzungen der Strahlensätze erfüllt sind.
> - Oft musst du Summen oder Differenzen von Längen in die Strahlensatzformeln einsetzen.
> - Manchmal brauchst du Hilfsstrecken unbekannter Länge.
> - Bringe gleichartige Größen auf die gleiche Einheit, rechne dann ohne Einheiten, füge die Einheit im Antwortsatz wieder an.

Beispiel
Die Höhe des Baums soll gemessen werden. Der Weg zum Baum ist aber versperrt. Daher wird der Baum von zwei Stellen S_1 und S_2 aus anvisiert.
Eine Hilfsstrecke x wird eingetragen. Damit entstehen zwei Strahlensatzfiguren mit den Scheiteln S_1 bzw. S_2.
Alle Längen werden auf die Einheit m gebracht. Dann wird zweimal der erste Strahlensatz angewendet.

S_1: $\frac{x}{h} = \frac{0,8}{0,6} = \frac{4}{3}$; also $x = \frac{4}{3} \cdot h$

S_2: $\frac{x + 48}{h} = \frac{0,8}{0,3} = \frac{8}{3}$; also $x + 48 = \frac{8}{3} \cdot h$; $x = \frac{8}{3} \cdot h - 48$

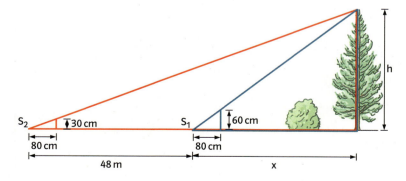

Auflösen nach x und Gleichsetzen gibt

$\frac{8}{3} \cdot h - 48 = \frac{4}{3} \cdot h$ $\quad | + 48$

$\frac{8}{3} \cdot h = \frac{4}{3} \cdot h + 48$ $\quad | - \frac{4}{3} \cdot h$

$\frac{4}{3} \cdot h = 48$ $\quad | \cdot \frac{3}{4}$

$h = 36$

Der Baum ist also 36 m hoch.
Weil man die Streckenlängen aber nicht genau messen kann, ist das nur ein Näherungswert.

Aufgaben

1 a) Wie lang ist der See?

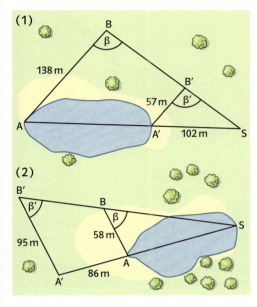

b) Schätze die Breite des Sees.
c) Gib einen Näherungswert für den Flächeninhalt des Sees an.

2 Das Bild zeigt ein Verfahren, wie man die Breite eines Flusses berechnen kann.

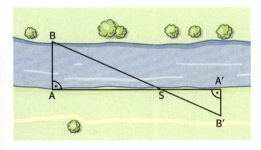

a) Berechne die Breite aus den Angaben $\overline{SA}$ = 100 m; $\overline{SA'}$ = 25 m; $\overline{A'B'}$ = 20 m.
b) Beschreibe das Verfahren.
c) Angenommen, die Strecke $\overline{SA}$ wurde ungenau vermessen und ist in Wirklichkeit nur 99,8 m lang. Wie wirkt sich das auf das Ergebnis aus?
d) Auch die Strecke $\overline{A'B'}$ könnte in Wirklichkeit 0,2 m kürzer sein als gemessen. Wie ändert sich jetzt das Ergebnis? Vergleiche mit c).

3 Ist die Entfernung eines Turms bekannt, lässt sich seine Höhe mithilfe eines Lineals bestimmen. Man hält es mit waagerecht ausgestrecktem Arm senkrecht hoch und misst die scheinbare Höhe.

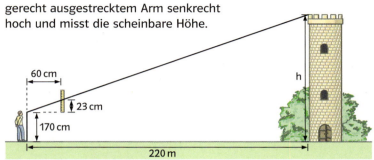

a) Wie hoch ist der Turm?
b) Es ist schwer, die scheinbare Höhe genauer als auf einen Zentimeter mehr oder weniger abzulesen. In welchen Grenzen liegt die Höhe des Turms?
c) Das Messverfahren hat noch mehr Ungenauigkeiten. Nenne einige.

4 Im Gebirge sieht man häufig Straßenschilder, die die Steigung bzw. das Gefälle einer Straße in Prozent angeben. 12% Steigung bedeutet z.B., dass die Straße auf 100 m horizontal gemessen um 12 m ansteigt.

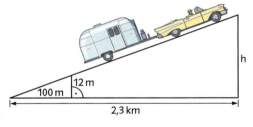

a) Welchen Höhenunterschied überwindet die Straße auf 2,3 km?
b) Was bedeutet 100% Steigung?
c) Wie viel Prozent Gefälle hat eine Straße, wenn sie auf 3,8 km einen Höhenunterschied von 285 m überwindet?

5 Tina ist 1,70 m groß. Von S aus kann sie gerade noch die Spitze des Funkmasts sehen, der direkt hinter der Mauer steht. Wie hoch ist der Mast mindestens? Sollte dein Ergebnis 15,17 m sein, hast du etwas übersehen.

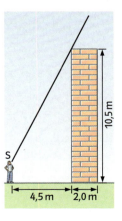

Lesen und Lösen

6 Mit dem **Messkeil** kann man die lichte Weite enger Öffnungen messen.
a) Welche Weite hat die Öffnung in dem abgebildeten Werkstück?
b) Wie würde man zweckmäßig eine Skala beschriften, wenn das Seitenverhältnis 1:20 wäre?

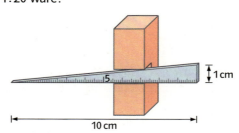

7 Zwischen einem 2,4 m langen Stützpfosten und anliegender Dachschräge soll ein 1,2 m langes Brett eingebracht werden. In welcher Höhe muss es befestigt werden, wenn die beiden Balken am Boden 1,8 m entfernt sind?

8 Marc und Anna haben aus einem Quadrat mit 10 cm Seitenlänge ein „Visierquadrat" hergestellt. Damit messen sie die Höhen von Bäumen, Masten und Häusern. Anna peilt das Ziel über die Visierkante an, und Marc liest ab, über welcher Skalenlinie der Faden hängt. Ist das Ziel 80 m entfernt und ist der Skalenwert 0,3, so beträgt die Höhe 24 m.

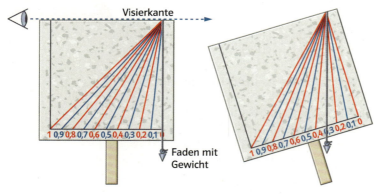

! *Sucht versteckte ähnliche Dreiecke!*

a) Stellt das Gerät her und führt gemeinsam einige Höhenmessungen aus.
b) Wenn ihr genug gemessen habt, könnt ihr vielleicht erklären, wie das Gerät funktioniert.

9 Schneidet man mit einem Brett einen Messkeil aus, bleibt eine **Messlehre** übrig. Man misst mit ihr die Dicke von Drähten.

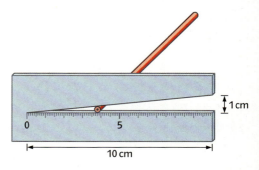

a) Wie dick ist der Draht in der Abbildung?
b) Misst das Gerät eigentlich genau den Durchmesser?
c) Wie müsste eine Messlehre aussehen, mit der man den Durchmesser ganz genau messen kann?
d) Informiere dich im Baumarkt oder bei Handwerkern über moderne Messlehren.

10 Windräder tragen immer mehr zur Stromversorgung bei. Geplant sind schon über 180 m hohe Riesen, die Strom für 6000 Haushalte liefern.

a) Beschreibe, wie du die Höhe des Masts messen kannst. Brauchst du einen Helfer oder geht es auch allein?
b) Auch die Flügellänge kannst du messen. Schreibe auf, wie du vorgehen könntest.

92 Lesen und Lösen

11 In einem alten chinesischen Mathematikbuch wird beschrieben, wie man die Höhe eines unzugänglichen Felsens messen kann.

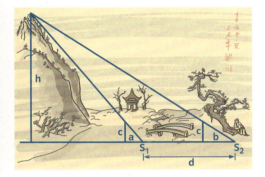

a) Berechne die Höhe h aus a = 2,4 m; b = 3,1 m; c = 2,0 m; d = 37,0 m.
b) Stelle eine Formel auf, in der h durch a, b, c, d ausgedrückt wird.

12 Strecke einen Arm waagerecht aus, halte den Daumen senkrecht und schaue ihn an. Wenn du die Augen abwechselnd schließt, springt der Daumen scheinbar nach links und rechts.
In der Figur ist a die Entfernung Auge–Daumen und b der Abstand der Pupillen. Der Quotient $q = \frac{a}{b}$ wird zwischen 8 und 11 liegen. Er ist deine persönliche Entfernungsmesszahl.
a) Dein Daumen springt über die ganze Breite d = 80 m des Schlosses. Wie weit bist du von ihm weg?
b) Suche selbst nach Gelegenheiten, den Daumensprung anzuwenden.
c) Cathy schaut ihren Daumen mit beiden Augen zugleich an. Der Daumen springt nur, wenn sie das rechte Auge schließt. Also ist ihr linkes Auge dominant. Welches deiner Augen ist dominant?

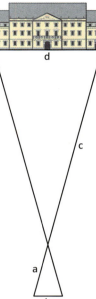

Sonnenfinsternis und Strahlensatz

Eine Sonnenfinsternis entsteht, wenn der Mond die Linie Erde–Sonne kreuzt. Vom Beobachtungsort aus gesehen deckt der Mond die Sonne dann gerade vollständig ab.
■ Prüfe das mit den angegebenen stark gerundeten Maßen nach.
Die Grafik ist nicht maßstäblich.
■ Was wäre, wenn der Mond …
… von der Erde weiter weg wäre?
… viel größer wäre?
… in der Ebene der Erdbahn liefe?
■ Im Internet ist viel über Sonnenfinsternisse zu finden. Du kannst dort sogar anschauen, wie der Mondschatten über die Erde läuft.

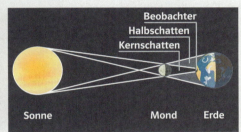

$r_S = 7 \cdot 10^5$ km $r_M = 1700$ km

Mittelpunktsentfernung Erde – Sonne
$d_{ES} = 150 \cdot 10^6$ km

Mittelpunktsentfernung Erde – Mond
$d_{EM} = 384000$ km

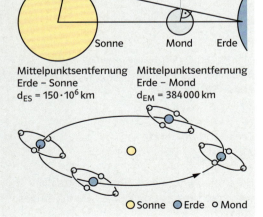

Lesen und Lösen   93

Zusammenfassung

Vergrößern und Verkleinern

Vergrößert oder **verkleinert** man eine Figur, werden alle Streckenlängen mit demselben positiven Faktor k multipliziert. Gilt $|k| > 1$, wird die Figur vergrößert, gilt $|k| < 1$, wird sie verkleinert.
Geht dabei eine Strecke $\overline{AB}$ in die Strecke $\overline{A'B'}$ über, so gilt $k = \frac{\overline{A'B'}}{\overline{AB}}$.

Ändert man Seiten oder Kanten mit dem Faktor k, so ändert sich der **Flächeninhalt** einer Figur mit dem Faktor $f = k^2$ und das **Volumen** eines Körpers mit dem Faktor $v = k^3$.

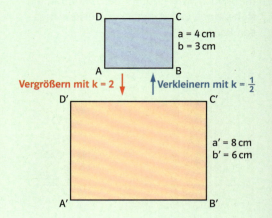

Zentrische Streckung

Eine zentrische Streckung ist festgelegt durch ein Streckzentrum Z und einen Streckfaktor $k \neq 0$.
- Man zeichnet je einen Strahl von Z durch A, B und C.
- Danach multipliziert man die Strecken $\overline{ZA}$, $\overline{ZB}$ und $\overline{ZC}$ mit k und erhält die Streckenlängen $\overline{ZA'}$ …
- Ist $k < 0$, so liegen die Bildpunkte auf der gegenüberliegenden Seite von Z.

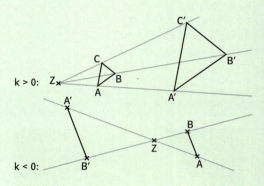

ähnliche Figuren

Durch zentrische Streckung einer Figur entsteht eine **ähnliche** Figur.
Ähnliche Figuren stimmen in den Verhältnissen entsprechender Seiten und in entsprechenden Winkeln überein.

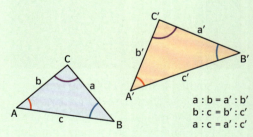

Strahlensätze

Schneiden zwei parallele Geraden die Schenkel eines Winkels, so gilt:
Erster Strahlensatz

$\frac{\overline{SB'}}{\overline{SB}} = \frac{\overline{SA'}}{\overline{SA}}$

Zweiter Strahlensatz

$\frac{\overline{A'B'}}{\overline{AB}} = \frac{\overline{SA'}}{\overline{SA}}$ und $\frac{\overline{A'B'}}{\overline{AB}} = \frac{\overline{SB'}}{\overline{SB}}$

Die Umkehrung des 1. Strahlensatzes ist wahr, die Umkehrung des 2. Strahlensatzes gilt nicht.

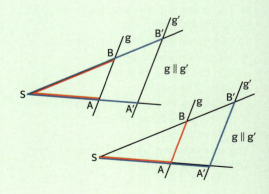

Üben • Anwenden • Nachdenken

1 Berechne die fehlenden Seiten der ähnlichen Figuren.

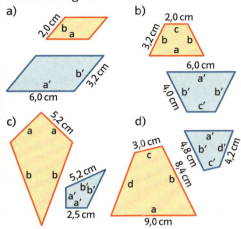

2 Das Bild zeigt, wie man mithilfe des Strahlensatzes eine gegebene Strecke $\overline{AB}$ in drei gleiche Teile teilen kann.
a) Weise nach, dass $x_1 = x_2$ und $x_3 = x_1$ gilt. Kommt es auf die Länge der Hilfsstrecke r und die Größe des Winkels α an?

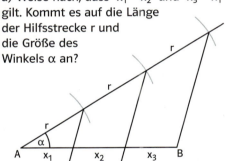

b) Führe die abgebildete Konstruktion für $\overline{AB} = 8\,\text{cm}$ aus.
c) Teile eine 13 cm lange Strecke in 5 gleiche Teile.
d) Teile eine 12 cm lange Strecke in 7 gleiche Teile.

3 Strecke das Dreieck ABC mit A(4|5,5), B(6,5|5,5), C(3,5|7) am Zentrum Z_1(3|4,5) mit dem Streckfaktor $k_1 = 3$.
Strecke das Bilddreieck an Z_2(12|0) mit $k_2 = \frac{2}{3}$. Strecke das zweite Bilddreieck an Z_3(0|6) mit $k_3 = \frac{1}{2}$. Welcher besondere Zusammenhang besteht zwischen den Streckfaktoren? Wie liegen die Zentren?

4 Strecke das Dreieck von Z1 (Z2; Z3) mit dem Streckfaktor k = 2 (k = −1,5).

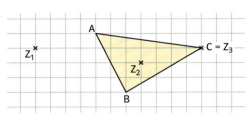

? Was sollen diese schwarzen Streifen?

5 Prüfe die Dreiecke mit den Seiten a, b, c bzw. d, e, f auf Ähnlichkeit. Die Seiten des zweiten Dreiecks musst du vielleicht umsortieren.
Wie groß ist k?

	a	b	c	d	e	f
a)	7,0	5,6	9,8	24,5	17,5	14,0
b)	5,0	10,5	7,5	16,5	11,0	23,1
c)	10,8	16,2	7,2	10,8	4,8	7,2

6 Die zwei Vierecke ABCD und A'B'C'D' sind ähnlich. (Maße in cm)

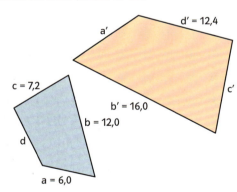

a) Berechne a', c', d und k.
b) Um wie viel Prozent ist der Flächeninhalt des zweiten Vierecks größer?

7 Ein Quader mit den Kantenlängen $a_1 = 8\,\text{cm}$; $b_1 = 9\,\text{cm}$; $c_1 = 12\,\text{cm}$ wird so vergrößert, dass seine kürzeste Kante so lang ist wie die längste Kante des ersten Quaders.
a) Wie groß ist sein Volumen?
b) Wie groß ist seine Oberfläche?

? Ohne Worte – ohne Rechnung

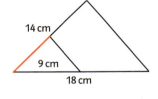
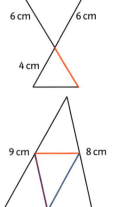

Üben • Anwenden • Nachdenken **95**

8 Berechne die Strecken x und y in den zwei ähnlichen Dreiecken. (Seitenlängen in cm.)

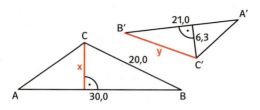

9 Berechne x.

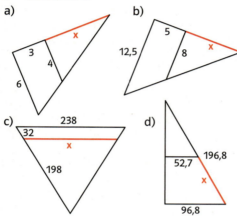

10 Bereits früher wurde die Höhe einer Pyramide mithilfe eines Stabes gemessen. Berechne die Höhe einer quadratischen Pyramide mit der Grundkante a = 145 m, die einen Schatten von 110 m, gemessen von ihrer Grundkante, wirft. Gleichzeitig ist der Schatten eines 3 m langen, senkrecht stehenden Stabes 4,5 m lang.

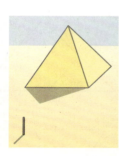

11 Berechne die Strecke x. (Streckenlängen in cm; runde auf mm.)

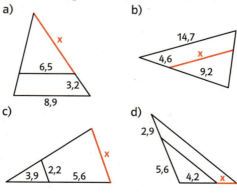

12 Fülle die Tabelle im Heft aus. (Streckenlängen in cm; runde auf mm.)

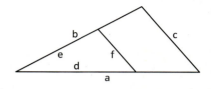

	a	b	c	d	e	f
a)	6	9		5		7
b)		6,2	4,5	5,0		3,5
c)	14,0			9,0	12,0	8,0

13 Berechne die Strecke x. Runde auf mm.

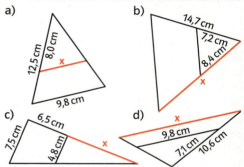

14 Ein Kegel ist 20 cm hoch und hat einen Durchmesser von 8 cm. Er wird in einer Höhe von 15 cm abgeschnitten. Wie groß ist seine Schnittfläche?

15 Ein Mast steht in 90 m Entfernung von einer 8 m hohen Mauer. Steht man 45 m weit hinter der Mauer, so sieht man einen doppelt so großen Teil des Masts über die Mauer ragen, als wenn man 15 m weit hinter der Mauer steht. Wie hoch ist der Mast bei einer Augenhöhe von 1,70 m?

16 Berechne die Strecken x und y.

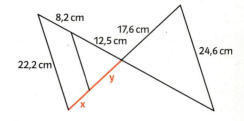

96   Üben • Anwenden • Nachdenken

17 Berechne die Strecke x im Trapez. Eine Hilfslinie hilft wirklich! (Maße in mm)

a)
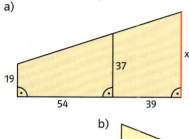

b)
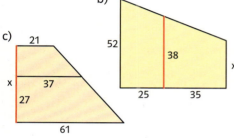

c)
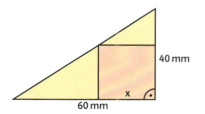

18 Im Dreieck steckt ein Quadrat.

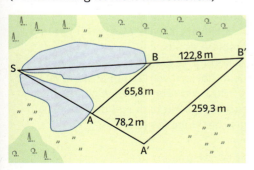

a) Berechne die Quadratseite x.
b) Sina hat die Strahlensätze schon vergessen. Sie kann x trotzdem berechnen.
c) Mirko schafft es nicht, x auszurechnen. Er kann aber das Quadrat konstruieren.

19 a) Wie lang sind die Seen?
(Die Zeichnung ist nicht maßstäblich.)

b) Hast du in a) wirklich die Längen berechnet?

20 Übertrage die Tabelle ins Heft und fülle sie aus. (Maße in cm)

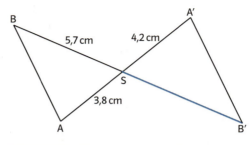

	$\overline{SA}$	$\overline{SA'}$	$\overline{SB}$	$\overline{SB'}$
a)	3,8	4,2	5,7	
b)	3,3		5,2	6,3
c)	4,7	5,2	5,2	
d)		3,9	9,8	5,9
e)	6	4,8		6,4

21 Im Trapez steckt ein Quadrat. Berechne die Seitenlänge x.

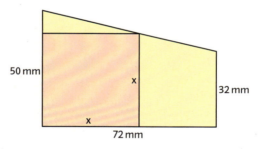

22 a) Das grüne Rechteck im Trapez soll zum Quadrat werden. Mit einem DGS kannst du seine Seitenlänge experimentell finden.

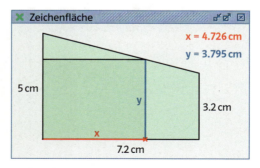

b) Ändere die Seitenlänge 3,2 cm ab und suche wieder nach dem Quadrat. Günstige neue Seitenlängen sind 2,2; 3,2; 4,2; 4,7.

Wie hoch ist der Baum?

Zum Messen von Baumhöhen wurde ein interessantes Messgerät erfunden. Man arbeitet damit so:
- Eine 2 m lange Stange wird aufrecht an den Baum gestellt.
- Man geht einige Schritte vom Baum weg und hält das Messgerät so, dass der Baum scheinbar von der inneren Unterkante bis zur inneren Oberkante reicht.
- Ohne die Haltung zu verändern, peilt man das obere Ende der Stange an. Auf dem Messgerät zeigt der Peilstrahl SB dann bei B' die Baumhöhe an.

Der Trick liegt in der Teilung der Skala. Sieh dir die zwei Strahlensatzfiguren unten mit den Schenkeln $\overline{SA}$ und $\overline{SB}$ und mit den Schenkeln $\overline{SA}$ und $\overline{SC}$ an.

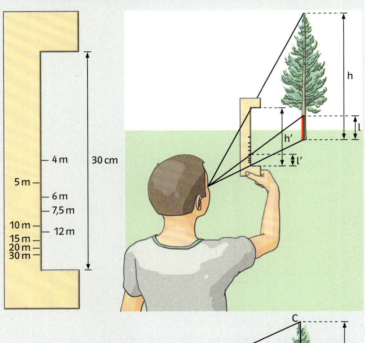

Erster Strahlensatz: $\dfrac{A'B'}{AB} = \dfrac{SA'}{SA}$

Zweiter Strahlensatz: $\dfrac{A'C'}{AC} = \dfrac{SA'}{SA}$

Gleichsetzen: $\dfrac{A'B'}{AB} = \dfrac{A'C'}{AC}$

Also kurz: $\dfrac{l'}{l} = \dfrac{h'}{h}$

Auflösen nach h: $h = \dfrac{l}{l'} \cdot h'$

Es gilt $l = 2\,\text{m}$ und $h' = 30\,\text{cm} = 0{,}3\,\text{m}$. Damit erhält man folgende Formel:

$$h = \dfrac{0{,}6}{l'}; \quad l' \text{ und } h \text{ in m}$$

Beispiel: B' liegt bei $l' = 4\,\text{cm} = 0{,}04\,\text{m}$; damit ist $h = 15\,\text{m}$.

An der 4-cm-Stelle der Skala wird „15 m" eingetragen.

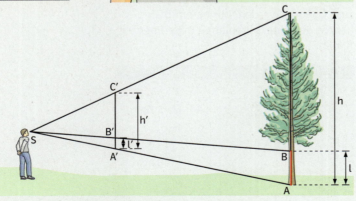

- Bestätige die Werte in der Wertetafel unten.
- Stelle ein solches Messgerät her und probiere es aus.
- Kommt es darauf an, wie weit man beim Ablesen vom Baum entfernt ist?
- Muss man zum Ablesen eine Stelle suchen, die mit dem Fuß des Baums auf gleicher Höhe liegt?

l' in m	0,02	0,03	0,04	0,05	0,06	0,08	0,10	0,12	0,15
h in m	30	20	15	12	10	7,5	6	5	4

Rückspiegel

1 a) Strecke das Rechteck mit dem Faktor k = 1,5.
b) Strecke das Dreieck mit k = –0,5.

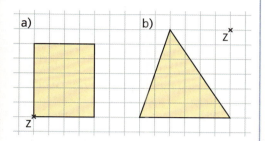

2 Ein Rechteck wird so vergrößert, dass die Seite a = 8 cm in die Seite a' = 12 cm übergeht. Mit welchem Faktor f vergrößert sich der Flächeninhalt?

3 Zeichne ein Rechteck mit a = 10,5 cm und b = 8,4 cm dazu und ein ähnliches Rechteck mit a' = 7,5 cm.

4 Ist das Dreieck ABC mit a = 9 cm; b = 7,5 cm; c = 12 cm zum Dreieck A'B'C' mit a' = 12 cm; b' = 10 cm; c' = 16 cm ähnlich?

5 a) Berechne x.
b) Berechne y.

6 Wie hoch ist der Baum? (Maße in m; nicht maßstäblich)

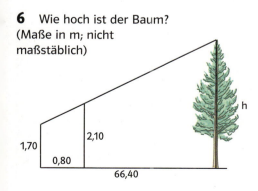

Rückspiegel

1 a) Strecke das Rechteck mit dem Faktor k = –1,25.
b) Strecke das Dreieck mit k = $\frac{2}{3}$.

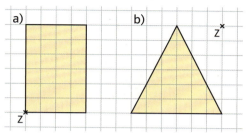

2 Ein Dreieck wird so verkleinert, dass der Flächeninhalt A = 49 cm² auf A' = 25 cm² sinkt. Mit welchem Faktor k verkleinern sich die Längen?

3 Zeichne ein Dreieck mit a = 6 cm; b = 7,8 cm; c = 5,4 cm und ein dazu ähnliches Dreieck mit dem Umfang u' = 12,8 cm.

4 Welche der Rechtecke R, R', R'' sind zueinander ähnlich?
R: a = 57,4 mm; b = 49,2 mm
R': a' = 121 mm; b' = 141 mm
R'': a'' = 38,5 mm; b'' = 33 mm

5 Berechne x und y.

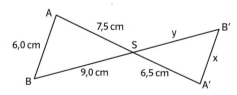

6 Wie hoch ist der Sendemast?

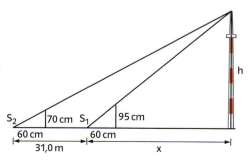

Rückspiegel 99

5 Satzgruppe des Pythagoras

Ein guter Tausch?

Sehr geehrter Herr Albrecht,

wie Sie bereits wissen, wird der Bau der neuen Umgehungsstraße geplant. Die Straße wird so verlaufen, dass dazu Ihre beiden Grundstücke 1 und 2 gebraucht werden. Wir schlagen zum Ausgleich einen Tausch mit dem großen Grundstück 3 vor. Dieser Tausch wird Ihnen sicherlich entgegenkommen, da die Bewirtschaftung des einen Feldes günstiger ist.
Ich hoffe auf eine positive Antwort und verbleibe mit freundlichen Grüßen

Der Bürgermeister
P. S. Die Abmessungen können Sie dem beiliegenden Plan entnehmen.

Wie wird sich Bauer Albrecht deiner Meinung nach entscheiden? Begründe.

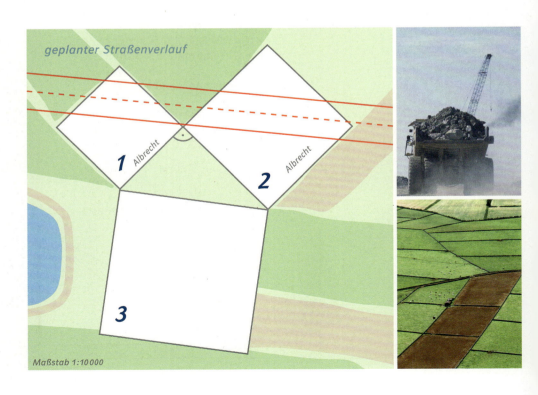

geplanter Straßenverlauf

1 Albrecht
2 Albrecht
3

Maßstab 1:10000

Sehr geehrter Herr Bürgermeister,

von Bauer Albrecht haben wir vom Feldertausch der Gemeinde erfahren.
Auch wir besitzen Felder in ähnlichen Lagen und würden diese gerne gegen ein einziges großes Grundstück tauschen.
Die Lage der Felder ersehen Sie aus dem beiliegenden Plan. Wir hoffen, dass Sie auch bei uns diesem Tausch zustimmen werden.

Hochachtungsvoll

Balthasar Beck
Cornelius Krieger

Wie wird der Bürgermeister in diesen beiden Fällen entscheiden?
Schau dir die unten abgebildeten Lagepläne an und gib ihm dann brauchbare Tipps.

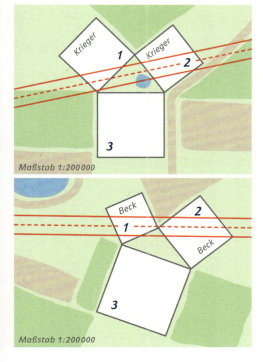

In diesem Kapitel lernst du,

- was der Satz des Pythagoras, der Kathetensatz und der Höhensatz aussagen,
- wie man mit der Satzgruppe des Pythagoras die Seitenlängen und Höhen rechtwinkliger Dreiecke berechnet,
- wie man die Satzgruppe des Pythagoras zur Berechnung von Strecken in geometrischen Figuren benutzt,
- dass der Satz des Pythagoras in vielen Alltagssituationen Anwendung findet.

Ein guter Tausch?

1 Kathetensatz

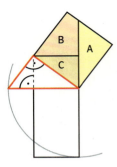

Übertrage die gesamte nebenstehende Figur ins Heft. Verwende für das rote Dreieck die Maße 6 cm, 8 cm und 10 cm. Zeichne das eingefärbte Quadrat nochmal auf ein Blatt und zerschneide es in die drei Einzelteile.
→ Probiere, ob du die Puzzleteile in das untere Rechteck einpassen kannst.
→ Versuche es auch mit anderen rechtwinkligen Dreiecken.
→ Was vermutest du?

Die zu c gehörige Höhe teilt die Hypotenuse in zwei Hypotenusenabschnitte p und q.

Man spiegelt die beiden Teildreiecke eines rechtwinkligen Dreiecks ($\gamma = 90°$), die durch die Höhe h_c entstehen, an geeigneten Spiegelachsen.

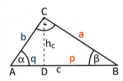

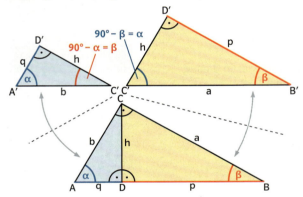

Alle drei Dreiecke sind zueinander ähnlich, weil sie in den entsprechenden Winkeln übereinstimmen.
Deshalb gilt: $\frac{a}{p} = \frac{c}{a}$ und $\frac{b}{q} = \frac{c}{b}$.
Durch Umformen der beiden Beziehungen erhält man: $a^2 = c \cdot p$ und $b^2 = c \cdot q$.
Diesen Zusammenhang nennt man **Kathetensatz** oder auch Satz des Euklid.

> **Kathetensatz:** Im rechtwinkligen Dreieck mit den Katheten a und b und der Hypotenuse c besteht folgender Zusammenhang zwischen den Seiten:
> $a^2 = c \cdot p$ und $b^2 = c \cdot q$

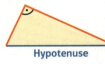

! **Katheten** nennt man die am rechten Winkel anliegenden Dreiecksseiten.

Die **Hypotenuse** *liegt dem rechten Winkel gegenüber und ist die längste Seite.*

Bemerkung
Im rechtwinkligen Dreieck ist das Quadrat über einer Kathete flächeninhaltsgleich mit dem Rechteck aus der Hypotenuse und dem anliegenden Hypotenusenabschnitt.

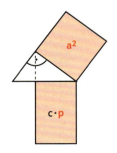
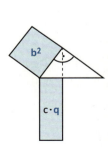

Beispiele

a) Aus der Länge der Hypotenuse c = 8,5 cm und dem Hypotenusenabschnitt p = 3,6 cm kann die Kathete a berechnet werden.

$a^2 = c \cdot p$ $\quad\quad$ $a = \sqrt{8{,}5 \cdot 3{,}6}$ cm
$a = \sqrt{c \cdot p}$ $\quad$ $a \approx 5{,}5$ cm

b) Wenn die Kathete b = 5,9 cm und der zugehörige Hypotenusenabschnitt q = 2,8 cm
bekannt sind, kann durch Umformen die Hypotenuse c berechnet werden.

$b^2 = c \cdot q \quad | : q \quad\quad c = \frac{5{,}9^2}{2{,}8}$ cm
$\frac{b^2}{q} = c \quad\quad\quad\quad\quad\quad c \approx 12{,}4$ cm

c) Mit dem Kathetensatz kann ein Quadrat zeichnerisch in ein flächeninhaltsgleiches Rechteck umgewandelt werden und umgekehrt.

Weil Längen stets positiv sind, darf man aus beiden Seiten die Wurzel ziehen.

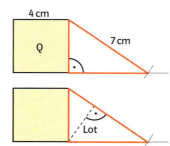
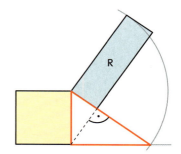

Aufgaben

1 Formuliere den Kathetensatz für die Figur.

a) 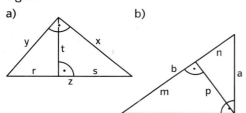 b)

4 Berechne die Länge der Strecke x. (Maße in cm)

a) 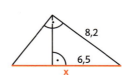 b)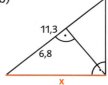

c) 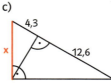 d)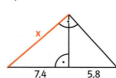

2 Berechne im Dreieck ABC (γ = 90°) die fehlenden Größen.

	a)	b)	c)	d)	e)	f)
a			11,2 m			35 cm
b				17,4 cm		
c	9,2 cm	15 m				1,8 m
p	3,5 cm		27,4 m	36 dm		
q		8,6 m	51,8 m		1 dm	

3 a) Ein Quadrat hat die Seitenlänge 4 cm. Konstruiere mithilfe des Kathetensatzes ein flächengleiches Rechteck, dessen eine Seite 5 cm lang ist. Überprüfe rechnerisch.
b) Ein Rechteck mit den Seitenlängen 9 cm und 4 cm soll zeichnerisch in ein flächengleiches Quadrat umgewandelt werden.

5 Unter Verwendung des Kathetensatzes lassen sich Quadratwurzeln als Strecken konstruieren. Zeichne Strecken der Länge $\sqrt{10}$ cm; $\sqrt{40}$ cm; $\sqrt{27}$ cm und $\sqrt{63}$ cm.

6 Die Dachsparren einer Fabrikhalle mit Satteldach müssen erneuert werden. Sie sollen jeweils 30 cm überstehen.

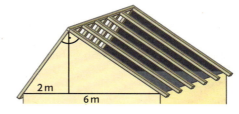

Für Aufgabe 3 b) kannst du den Satz des Thales verwenden. Erinnerst du dich?

Kathetensatz **103**

2 Höhensatz

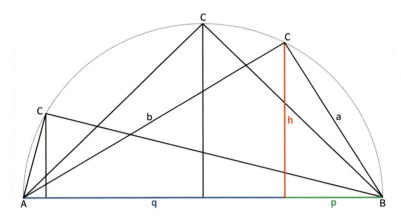

→ Zeichne in einen Halbkreis mit Radius 6 cm verschiedene rechtwinklige Dreiecke. Miss die Werte und ergänze die Tabelle.

p (cm)	1	2	3	4	5	6	7
q (cm)							
h (cm)							
h · h (cm²)							
p · q (cm²)							

→ Wie muss man ein rechtwinkliges Dreieck zeichnen, um eine möglichst große Höhe über der Hypotenuse zu bekommen?

Im rechtwinkligen Dreieck wird die Höhe auf die Hypotenuse einfach nur mit h benannt, weil die beiden anderen Höhen mit den Katheten zusammenfallen.
Wenn man die aus der Ähnlichkeit der Teildreiecke folgende Gleichung $\frac{h}{q} = \frac{p}{h}$ umformt, erhält man $h^2 = p \cdot q$.

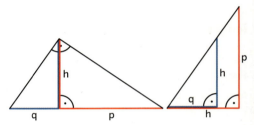

Diesen Zusammenhang im rechtwinkligen Dreieck nennt man **Höhensatz**.

Höhensatz: Im rechtwinkligen Dreieck mit der Höhe h über der Hypotenuse und den Hypotenusenabschnitten p und q gilt: $h^2 = p \cdot q$.

Bemerkung
Auch der Höhensatz kann geometrisch gedeutet werden: Im rechtwinkligen Dreieck ist das Quadrat über der Höhe flächengleich mit dem Rechteck aus den beiden Hypotenusenabschnitten.

Beispiele
a) Aus den beiden Hypotenusenabschnitten p = 4,5 cm und q = 6,5 cm kann man die Höhe berechnen.
$h^2 = p \cdot q$ $h^2 = 4,5 \cdot 6,5\ cm^2$
$h = \sqrt{p \cdot q}$ $h \approx 5,4\ cm$

b) Durch Umformen kann man aus h = 7,2 cm und p = 4,9 cm den Hypotenusenabschnitt q berechnen.

$h^2 = p \cdot q \quad |: p \qquad q = \frac{7,2^2}{4,9}\ cm$
$\frac{h^2}{p} = q \qquad\qquad\quad q \approx 10,6\ cm$

c) Mit dem Höhensatz und dem Satz des Thales kann ein Rechteck zeichnerisch in ein flächeninhaltsgleiches Quadrat umgewandelt werden und umgekehrt.

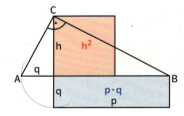

Aufgaben

1 Formuliere den Höhensatz.

a)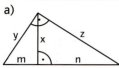
b)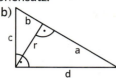
c)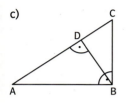
d)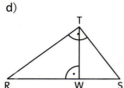

2 Berechne im Dreieck ABC ($\gamma = 90°$)
a) die Höhe h
aus p = 5,3 cm und q = 8,4 cm;
aus c = 10,8 cm und p = 3,4 cm;
aus c = 9,45 m und q = 2,25 m;
aus p = 5,2 dm und q = 1,4 m.
b) q bzw. p und die Hypotenuse c
aus p = 8,2 cm und h = 5,9 cm;
aus q = 2,1 cm und h = 4,7 cm.

3 Berechne die fehlenden Größen mit dem Höhen- oder Kathetensatz ($\gamma = 90°$).

	a)	b)	c)	d)	e)	f)
a		5,9 cm				
b			11,8 m			
c		12,3 cm		370 dm		9,4 m
p	8,3 cm				12,4 cm	
q	5,2 cm		2,5 m	14 m		62 dm
h				151 mm		

4 Hier haben sich in den Aufgaben für das rechtwinklige Dreieck Fehler eingeschlichen. Wie kannst du die Maßzahlen ändern, um rechnen zu können?
a) h = 9 cm und c = 16 cm
b) a = 4 cm und p = 5 cm

5 Welchen Flächeninhalt hat das Quadrat?

a)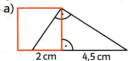
b)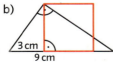

6 Berechne die Länge der Strecke x. (Maße in cm)

a) b)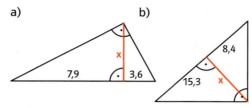

c) d)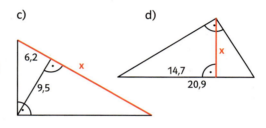

7 a) Konstruiere ein Rechteck, das zu einem Quadrat mit der Seitenlänge 5 cm flächengleich ist und von dem eine Seitenlänge mit 4 cm bekannt ist.
b) Konstruiere ein Quadrat, das zu einem Rechteck mit den Seiten 7 cm und 3,5 cm flächengleich ist.
c) Mit dem Höhensatz lassen sich Wurzeln als geometrisches Mittel konstruieren. Zeichne Strecken der Länge $\sqrt{32}$ cm; $\sqrt{20}$ cm; $\sqrt{48}$ cm und $\sqrt{13}$ cm.

8 Wie hoch ist das Satteldach der Fabrikhalle?
$\overline{AB}$ = 6,80 m
$\overline{BC}$ = 3,40 m

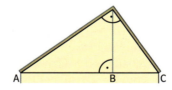

9 Berechne die Länge des Sees.

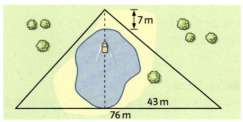

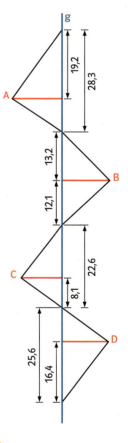

? Wie weit sind die Punkte A, B, C und D jeweils von g entfernt?

Höhensatz **105**

3 Satz des Pythagoras

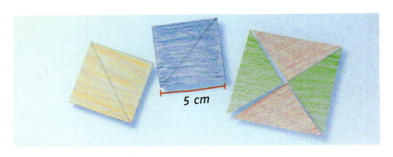

Schneide vier gleich große Quadrate mit der Seitenlänge 5 cm aus.
Zerlege nun zwei davon entlang einer Diagonalen und setze die Einzelteile zu einem einzigen größeren Quadrat zusammen.
→ Wie groß ist die neue Quadratseite?
→ Lege die beiden anderen Quadrate Seite an Seite aneinander. Vergleiche die beiden Flächen.

Wenn man die vier flächengleichen rechtwinkligen Dreiecke des linken Quadrats anders anordnet, erhält man im gleichen Quadrat die rechte Figur.

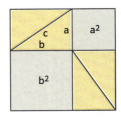
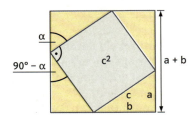

Es gilt: $A = (a + b)^2$ und für die Teilflächen:
$A = 4 \cdot \frac{1}{2} ab + c^2$. Setzt man die beiden Terme gleich, erhält man
$$(a + b)^2 = 4 \cdot \frac{1}{2} ab + c^2$$
$$a^2 + 2ab + b^2 = 2ab + c^2 \quad | -2ab$$
$$a^2 + b^2 = c^2$$

Aus dem Kathetensatz $a^2 = c \cdot p$ und $b^2 = c \cdot q$ sowie $c = p + q$ folgt auch rechnerisch:
$a^2 + b^2 = c \cdot p + c \cdot q = c \cdot (p + q) = c \cdot c = c^2$.
Den Zusammenhang $a^2 + b^2 = c^2$ zwischen den Längen von Katheten und Hypotenusen bezeichnet man als Satz des Pythagoras.

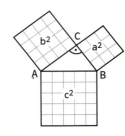

> **Satz des Pythagoras**
> Ist ein Dreieck rechtwinklig, so haben die Quadrate über den **Katheten** zusammen denselben Flächeninhalt wie das Quadrat über der **Hypotenuse**. Werden die beiden Katheten mit a und b und die Hypotenuse mit c bezeichnet, gilt:
> $a^2 + b^2 = c^2$.

Beispiele

a) In einem rechtwinkligen Dreieck ABC ($\gamma = 90°$) kann aus den beiden Katheten $a = 6{,}0$ cm und $b = 4{,}0$ cm die Hypotenuse c berechnet werden:
$c^2 = a^2 + b^2$
$c = \sqrt{a^2 + b^2}$
$c = \sqrt{6{,}0^2 + 4{,}0^2}$ cm
$c = \sqrt{52{,}0}$ cm
$c \approx 7{,}2$ cm

b) In einem rechtwinkligen Dreieck ABC kann aus der Hypotenuse $c = 12{,}1$ cm und der Kathete $a = 4{,}3$ cm die Kathete b berechnet werden.
$c^2 = a^2 + b^2$
$b^2 = c^2 - a^2$
$b = \sqrt{12{,}1^2 - 4{,}3^2}$ cm
$b = \sqrt{127{,}92}$ cm
$b \approx 11{,}3$ cm

Zum Satz des Pythagoras gibt es bis heute ca. 360 verschiedene Beweise.

Bemerkung
Auch die Umkehrung des Satzes von Pythagoras gilt: Wenn in einem Dreieck die Seitenbeziehung $a^2 + b^2 = c^2$ gilt, ist es rechtwinklig mit rechtem Winkel bei γ.

Aufgaben

1 Zeichne drei verschieden große rechtwinklige Dreiecke. Überprüfe die Genauigkeit deiner Messung mithilfe des Satzes von Pythagoras.

2 Formuliere den Satz des Pythagoras für das Dreieck.

a) 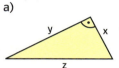 b)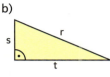

c) 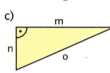 d)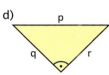

e) 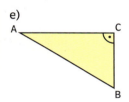 f)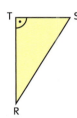

3 Formuliere den Satz des Pythagoras in allen vorkommenden rechtwinkligen Dreiecken.

a)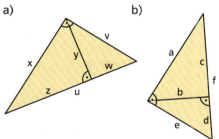

4 Berechne die Länge der Strecke x.

a) b)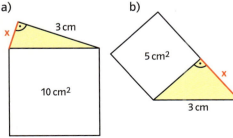

5 Wie lang ist x?

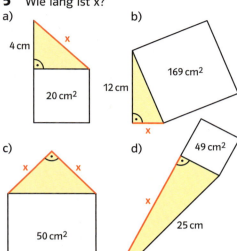

6 Berechne die Länge der Strecke x. (Maße in cm)

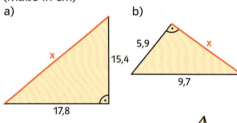

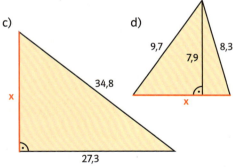

7 Berechne im Dreieck ABC ($\gamma = 90°$)
a) die Hypotenuse c aus
$a = 6{,}2\,cm$ und $b = 8{,}4\,cm$.
b) die Kathete a aus
$b = 12{,}7\,m$ und $c = 158\,dm$.
c) die Kathete b aus
$a = 2{,}43\,m$ und $c = 9{,}41\,m$.
d) die Kathete b aus
$c = 0{,}62\,dm$ und $a = 43\,mm$.

Der bekannteste aller mathematischen Sätze ist nach einem Mann benannt, von dem nur wenig bekannt ist. Man weiß nicht einmal, ob Pythagoras „seinen" Satz überhaupt entdeckt hat.
Pythagoras wurde 600 v. Chr. (auch 570 v. Chr. wird angenommen) auf der Insel Samos geboren. Auf langen Reisen nach Babylon und Ägypten machte er sich in Mathematik und Philosophie kundig. Der Satz des Pythagoras findet sich erstmals im großen Lehrbuch des Euklid, der etwa von 340 bis 270 v. Chr. lebte.

Satz des Pythagoras **107**

8 Berechne die fehlende Stücke des rechtwinkligen Dreiecks aus den Angaben a, b, c und A. Achte darauf, wo der rechte Winkel liegt. Eine Skizze kann helfen.

a) a = 10,0 dm
   c = 6,0 dm
   α = 90°

b) a = 8,0 m
   b = 12,0 m
   β = 90°

c) A = 24,0 cm²
   a = 7,2 cm
   γ = 90°

d) A = 14,4 dm²
   b = 9,2 dm
   α = 90°

9 a) Die Längen der Katheten in einem rechtwinkligen Dreieck verhalten sich wie 3 : 4. Die Hypotenuse ist 12,0 cm lang. Wie lang sind die Katheten?

b) Die Hypotenuse eines rechtwinkligen Dreiecks ist dreimal länger als eine Kathete. Die andere Kathete ist 12,0 cm lang. Wie lang sind die Dreiecksseiten?

10 Haben rechtwinklige Dreiecke ganzzahlige Seitenlängen, nennt man diese Zahlen **pythagoreische Zahlen**.

Beispiel für 3 cm; 4 cm und 5 cm:
$3^2 + 4^2 = 5^2$ 9 + 16 = 25

a) Überprüfe, ob pythagoreische Zahlen vorliegen: (9; 12; 15); (5; 12; 13); (24; 7; 25); (17; 15; 8); (9; 40; 41); (10; 24; 26)
b) Entstehen weitere pythagoreische Zahlen, wenn man (3; 4; 5) vervielfacht?
c) Gib die fehlenden Seitenlängen an.

Kathete	10	☐	27	11	☐
Kathete	☐	45	120	☐	84
Hypotenuse	26	51	☐	61	85

d) Wie heißt die dritte pythagoreische Zahl? (48; 52; ☐); (22; 122; ☐); (112; 113; ☐)

Dreiecke und DGS

Mithilfe eines **Dynamischen Geometrieprogramms** kannst du in Dreiecken mit Winkelgrößen und den daraus resultierenden Quadratflächen experimentieren.
- Die Katheten bleiben gleich lang und nur die Länge der Hypotenuse lässt sich verändern.
- Welche Beobachtungen machst du?
- Versuche mithilfe deiner Ergebnisse Gesetzmäßigkeiten zu formulieren.

- Untersuche den Zusammenhang der Quadratflächen in einem stumpfwinkligen Dreieck. Formuliere dein Ergebnis.
- Wie sehen deine Überlegungen aus, wenn du mit einem spitzwinkligen Dreieck experimentierst?
- Ist das Dreieck rechtwinklig, spitzwinklig oder stumpfwinklig?

a) a = 2 cm; b = 4 cm; c = 5 cm
b) a = 9 cm; b = 6 cm; c = 7 cm
c) a = 7 cm; b = 11 cm; c = 8 cm
d) a = 11 mm; b = 60 mm; c = 61 mm

- Die beiden kurzen Seiten eines Dreiecks sind 6 cm und 8 cm lang. Wähle die dritte Seitenlänge so, dass einmal ein spitzwinkliges, ein rechtwinkliges und ein stumpfwinkliges Dreieck entsteht.
- Finde eine passende dritte Seite.

Zeichenfläche

γ = 99.46
$c^2 - (a^2 + b^2) = 1.63$

	a)	b)	c)	d)
1. Seite	4 cm	18 cm	70 mm	1,12 m
2. Seite	8 cm	2,4 dm	18 cm	87 cm
3. Seite	☐	☐	☐	☐
Art des Dreiecks	spitzwinklig	rechtwinklig		spitzwinklig

108   Satz des Pythagoras

4 Satz des Pythagoras in geometrischen Figuren

Im Dreieck ABC soll die Länge von $\overline{AB}$ berechnet werden.
Kevin errechnet aus den Angaben für a und b die Länge von c und erhält 12,8 cm.
Sina rechnet über zwei Schritte und erhält für c 8,5 cm. „Das ist unmöglich", meint Kevin, „die Hypotenuse ist doch immer die längste Dreiecksseite!"
→ Kannst du den Widerspruch klären?

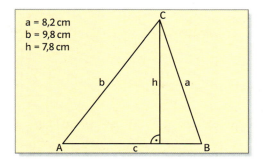

Um die Raumdiagonale d eines Würfels zu berechnen, rechnet man im rechtwinkligen Schnittdreieck CGE. Die Strecke $\overline{EG} = e$ ist die Flächendiagonale der Quadratfläche EFGH:

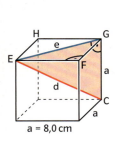
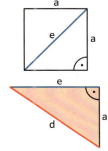

$e^2 = a^2 + a^2$
$e = \sqrt{64 + 64}$ cm
$e = \sqrt{128}$ cm
$e \approx 11,3$ cm

Die Raumdiagonale d ist die Hypotenuse des rechtwinkligen Dreiecks ECG, für das gilt:
$d^2 = e^2 + a^2$
$d^2 = (128 + 64)$ cm^2
$d = \sqrt{192}$ cm
$d \approx 13,9$ cm

Beim Berechnen von Streckenlängen in geometrischen Figuren wählt man häufig **geeignete rechtwinklige Dreiecke**. Oft muss man dazu Flächen zerlegen. In rechtwinkligen Dreiecken kann man dann die fehlenden Seitenlängen mithilfe des Satzes von Pythagoras berechnen.

! Wenn du fit bist, bist du schneller mit den folgenden Umformungen des Satzes von Pythagoras ($a^2 + b^2 = c^2$):
Kathete gesucht:
$a = \sqrt{c^2 - b^2}$
$b = \sqrt{c^2 - a^2}$
Hypotenuse gesucht:
$c = \sqrt{a^2 + b^2}$

Beispiele
a)

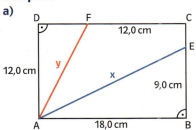
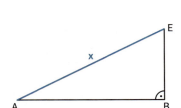

$\overline{DF} = (18,0 - 12,0)$ cm
$\overline{DF} = 6,0$ cm

Die Strecke x wird im Dreieck ABE berechnet.
$x^2 = (18,0^2 + 9,0^2)$ cm^2
$x = \sqrt{405}$ cm
$x \approx 20,1$ cm

Die Strecke y wird im Dreieck AFD berechnet.
$y^2 = (12,0^2 + 6,0^2)$ cm^2
$y = \sqrt{180}$ cm
$y \approx 13,4$ cm

Satz des Pythagoras in geometrischen Figuren

b) Mithilfe des Netzes lässt sich der Streckenzug ABCDE auf der Würfeloberfläche leicht berechnen. Im Netz wird der Streckenzug zur Strecke $\overline{AE}$.

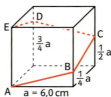
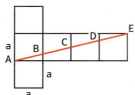

$\overline{AE}^2 = (4a)^2 + a^2$
$\overline{AE}^2 = 17a^2$
$\overline{AE} = a\sqrt{17}$
$\overline{AE} = 6{,}0 \cdot \sqrt{17}\,\text{cm}$
$\overline{AE} \approx 24{,}7\,\text{cm}$

Der Streckenzug ABCDE ist 24,7 cm lang.

Aufgaben

1 Berechne x. (Alle Maße in cm)

a) b)

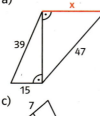
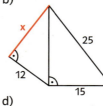

c) d)

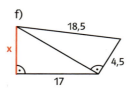

e) f)

3 Gegeben ist ein Quader, in dem drei verschiedene Dreiecke liegen.

(1)
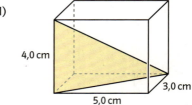

(2)
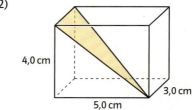

(3)
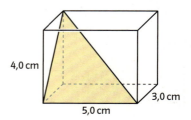

2 Berechne x. (Alle Maße in cm)

a) b)

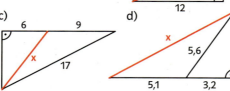

c) d)

a) Wo liegt der rechte Winkel in jedem Dreieck?
b) Welches der Dreiecke hat den größten Umfang?
c) Welches ist das Dreieck mit dem größten Flächeninhalt?
d) Zeichne jedes Dreieck in Originalgröße.
e) Miss in den Dreiecken die Winkel aus.
f) Baue ein Modell des Quaders mit den drei Dreiecken.

110 Satz des Pythagoras in geometrischen Figuren

4 Berechne die fehlenden Stücke und den Flächeninhalt des Dreiecks ABC.

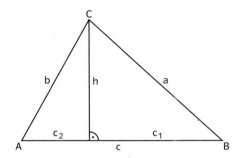

a) $b = 4{,}5\,\text{cm}$; $c = 7{,}2\,\text{cm}$ und $c_2 = 2{,}4\,\text{cm}$
b) $c_1 = 8{,}5\,\text{cm}$; $c_2 = 3{,}3\,\text{cm}$ und $h = 4{,}9\,\text{cm}$

5 Einem Quadrat mit der Seitenlänge 10 cm werden weitere Quadrate so einbeschrieben, dass jeweils ihre Seitenmitten zum neuen Quadrat verbunden werden.
Berechne die Umfänge der ersten sechs Quadrate.

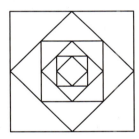

6 a) Die Diagonalen einer Raute sind 12,0 cm und 9,6 cm lang. Berechne ihren Umfang.
b) Von einer Raute sind die Seitenlänge $a = 5{,}1\,\text{cm}$ und die Länge der Diagonale $e = 4{,}5\,\text{cm}$ gegeben.
Berechne die Länge der Diagonale f und den Flächeninhalt.

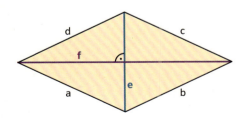

7 Berechne die Länge der Raumdiagonalen des Würfels.
a) $a = 5\,\text{cm}$ b) $a = 8{,}2\,\text{cm}$ c) $a = 0{,}75\,\text{m}$

8 Gegeben ist die Länge der Raumdiagonalen. Berechne die Kantenlänge des Würfels.
a) $d = 15{,}6\,\text{cm}$ b) $d = 2{,}4\,\text{dm}$ c) $d = 1{,}25\,\text{m}$

9 Gegeben ist ein Quader mit den Kantenlängen $a = 8{,}0\,\text{cm}$; $b = 5{,}0\,\text{cm}$ und $c = 9{,}0\,\text{cm}$.
a) Fertige eine Schrägbildskizze an.
b) Berechne die drei verschieden langen Flächendiagonalen.
c) Wie lang ist die Raumdiagonale?

10 Ein Würfel hat die Kantenlänge $a = 7{,}0\,\text{cm}$. Berechne die Länge des Streckenzuges ABC.

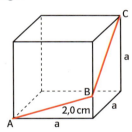

11 Von einem Drachen sind die Diagonalen $e = 15{,}8\,\text{cm}$ und $f = 24{,}4\,\text{cm}$ sowie die Seiten $a = b = 18{,}4\,\text{cm}$ bekannt. Berechne den Umfang und den Flächeninhalt.

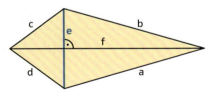

12 Von einem Fünfeck ABCDE sind gegeben: $\overline{AB} = 15{,}0\,\text{cm}$; $\overline{DE} = 4{,}5\,\text{cm}$; $\overline{CD} = 7{,}5\,\text{cm}$; $\overline{BC} = 4{,}6\,\text{cm}$. Berechne $\overline{AE}$.

13 Im Fünfeck ABCDE sind gegeben: $\overline{AB} = 3{,}6\,\text{cm}$; $\overline{BC} = 4{,}8\,\text{cm}$; $\overline{AE} = 2{,}7\,\text{cm}$. Berechne Umfang und Flächeninhalt des Fünfecks.

zu Aufgabe 12:

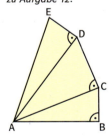

zu Aufgabe 13:

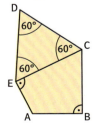

Satz des Pythagoras in geometrischen Figuren

14 Berechne Umfang und Flächeninhalt der Figur. (Maße in cm)

a)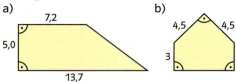
b)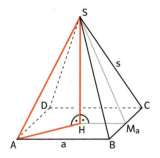

c) d)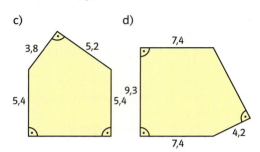

15 Berechne den Umfang und den Flächeninhalt des Trapezes.

a)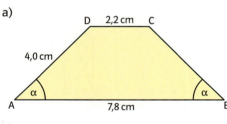

b)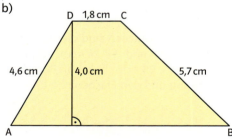

16 Für den Quader gilt:
a = 12,0 cm; b = 10,0 cm; c = 8,0 cm.
Der Punkt B halbiert die Quaderkante. Berechne den Umfang des Dreiecks ABC.

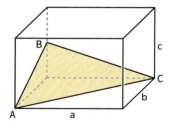

17 Das Schrägbild zeigt eine quadratische Pyramide mit der Grundkante a = 6,0 cm und der Seitenkante s = 8,4 cm.
a) Berechne den Umfang des roten Dreiecks AHS.
b) Benenne weitere rechtwinklige Dreiecke in der Pyramide.

18 Auf einen Würfel ist eine Pyramide mit gleich langen Kanten aufgesetzt. Berechne die Länge der roten Strecke für a = 8,0 cm.

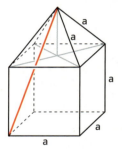

19 Gegeben ist das Netz eines Körpers.

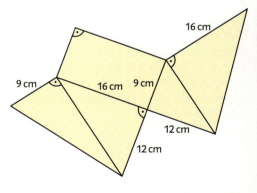

a) Kannst du den Körper beschreiben?
b) Sind die zusammenstoßenden Kanten des Körpers gleich lang? Berechne sie.
c) Bastle den Körper.

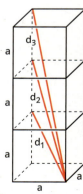

? *Findest du eine Gesetzmäßigkeit?*

112 Satz des Pythagoras in geometrischen Figuren

5 Anwendungen

Alte Langspielplatten haben einen Durchmesser von 31,5 cm.
Um Transportkosten zu sparen, sollte allerdings eine Päckchenbreite von 30 cm nicht überschritten werden. Nun kam jemand auf die Idee, Langspielplatten nicht liegend, sondern schräg gelegt zu versenden.
→ Hättest du Vorschläge, welche Päckchengrößen günstig wären?

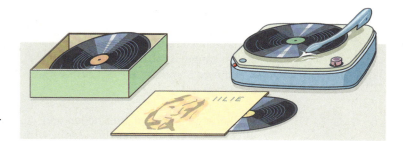

Für ein pyramidenförmiges Zelt mit quadratischer Grundfläche und 1,70 m Höhe wird auf der Eingangsseite ein neuer Reißverschluss benötigt. Die letzten 15 cm bis zum Zeltboden bleiben frei. Um die Länge x des Reißverschlusses zu bestimmen, wählt man ein geeignetes rechtwinkliges Dreieck:
$y = (1^2 + 1{,}70^2)\,m^2$
$y = (1 + 2{,}89)\,m^2$
$y = \sqrt{3{,}89}\,m$
$y \approx 1{,}97\,m$
Länge des Reißverschlusses:
$x = (1{,}97 - 0{,}15)\,m = 1{,}82\,m$

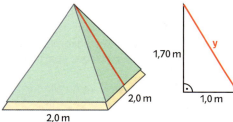

Um geometrische Sachprobleme mithilfe des Satzes von Pythagoras lösen zu können, wird zunächst geprüft, ob ein rechtwinkliges Dreieck vorliegt.
In vielen Fällen müssen durch Hilfslinien rechtwinklige Dreiecke erzeugt werden.

Beispiel

Aus einem Baumstamm mit 15,0 cm Durchmesser soll ein quadratisches Kantholz mit größtmöglicher Grundfläche herausgesägt werden:
$x^2 + x^2 = 15{,}0^2\,cm^2$
$2 \cdot x^2 = 225\,cm^2$
$x^2 = 112{,}5\,cm^2$
$x = \sqrt{112{,}5}\,cm$
$x \approx 10{,}6\,cm$
Die Grundkante des Kantholzes beträgt 10,6 cm.

Aufgaben

1 Zeichne die Grafik maßstabsgetreu in dein Heft.
a) Um wie viel Kilometer ist der direkte Weg von A nach B kürzer als der über C, D und E? Rechne und prüfe zeichnerisch.
b) Wie viel Prozent Ersparnis sind das?

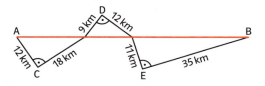

2 Wie hoch reicht eine 4,50 m lange Leiter, wenn sie mindestens 1,50 m von der Wand entfernt aufgestellt werden muss?

3 Wie hoch reicht eine Klappleiter von 2,50 m Länge, wenn für einen sicheren Stand eine Standbreite von 1,20 m vorgeschrieben ist?

4 Kann man einen 2,30 m hohen und 45 cm tiefen Wandschrank in einem 2,40 m hohen Raum aufstellen?

5 Beim Lauftraining startet Markus zur gegenüberliegendenden Eckfahne des 100 m × 50 m-Spielfeldes.
Sven läuft die Außenlinie entlang. Markus und Sven laufen gleich schnell.
a) Wie weit ist Sven noch von der Eckfahne entfernt, wenn Markus ankommt?
b) Wie viel Prozent des Weges spart sich Markus?
c) Wo begegnen sie sich, wenn Markus Sven über die Eckfahne entgegenläuft?

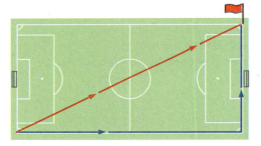

6 Kevin K. scheitert beim Elfmeter. Er knallt den Ball ans Lattenkreuz.
a) Das Fußballtor ist 7,32 m breit und 2,44 m hoch. Welche Strecke legt der Ball bis zum Pfosten mindestens zurück?
b) Stimmt dein Ergebnis mit dem wirklichen Wert überein? Argumentiere.

7 a) Das Wasserglas ist 15 cm hoch. Wie lang muss der Strohhalm sein, damit er 10 cm über den Glasrand hinausragt?
b) Ein anderer Strohhalm ragt 4 cm über den Rand eines Glases mit gleichem Durchmesser hinaus. Steht er senkrecht, ragt er 5 cm über den Glasrand hinaus.

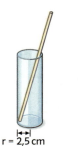

r = 2,5 cm

8 Bildschirme von Fernsehgeräten gibt es in zwei unterschiedlichen Formaten. Das Verhältnis von Breite zu Höhe beträgt bei älteren Geräten 4 : 3, bei neuen 16 : 9. Die Bildschirmgröße wird in der Regel mit der Länge der Bilddiagonalen angegeben.

a) Berechne Breite und Höhe von Bildschirmen mit den Bilddiagonalen 69 cm und 89 cm bei einem 4 : 3-Format. Um wie viel cm² unterscheiden sich die beiden Bildschirmflächen?
b) Die Bilddiagonalen von zwei Plasmabildschirmen im Format 16 : 9 sind mit 82 cm und 106 cm angegeben. Berechne Breite und Höhe und gib an, um wie viel Prozent sich die größere Bildschirmfläche von der kleineren unterscheidet.
c) Wenn ein Film im 16 : 9-Format auf einem Bildschirm im 4 : 3-Format gezeigt wird, sieht man oben und unten schwarze Streifen.
Wie viel Prozent der Bildfläche werden von dem Film eingenommen?

9 Die Größe von Monitoren wird in Zoll (1 Zoll = 2,54 cm) angegeben. Gemessen wird die Länge der Bilddiagonale.
a) Berechne Breite und Höhe von zwei Monitoren im 17"-Format und 19"-Format. Vergleiche die prozentualen Veränderungen der Längen mit der Veränderung der Flächen. Erkläre den Unterschied.
b) Die Bildschirmauflösung beim Computer mit 1024 × 768 Pixel sagt etwas über das Bildformat aus.
Wie lang ist die Bilddiagonale bei einer Bildschirmbreite von 43 cm? Gib die Länge auch in Zoll an.

10 Simon und Petra lassen einen Drachen steigen. Sie stehen 80 m voneinander entfernt. Die Drachenschnur ist genau 100 m lang.
a) Petra steht direkt unter dem Drachen. Sie möchte wissen, wie hoch er fliegt.
b) In Wirklichkeit hängt die Schnur durch. Was bedeutet das für die Höhe?

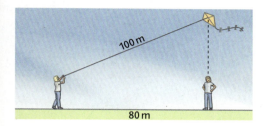

11 Eine Seilbahn überwindet einen Höhenunterschied von 650 m.
Auf einer Karte im Maßstab 1:50 000 beträgt die Entfernung zwischen Tal und Bergstation 4 cm. Wie lang ist das Halteseil mindestens?

12 Ein Tunnel hat einen annähernd halbkreisförmigen Querschnitt.
Ein Schwertransporter mit 3,50 m Höhe und 2,50 m Breite fährt durch den Tunnel. Muss die Gegenfahrbahn gesperrt werden? Was meinst du?
Denke auch an notwendige Sicherheitsabstände. Rechne nach.

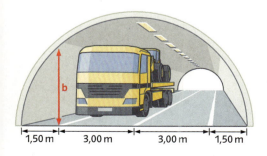

Alles im rechten Winkel

Nach den alljährlichen Überschwemmungen am Nil mussten die Felder neu vermessen werden. Die Vermessungsbeamten hießen damals Seilspanner. Sie benutzten bei ihrer Arbeit ein Seildreieck, das 12 Knoten in regelmäßigen Abständen aufwies.
■ Kannst du diese Seilaufteilung erklären? Denke dabei an pythagoreische Dreiecke.
■ Erkläre, wie die Seilspanner zum Festlegen von Feldgrenzen vorgegangen sind.

Bei Handwerkern sieht man ab und zu Metallwinkel, mit welchen sie rechte Winkel einrichten.
■ Bestimme über eine maßstäbliche Zeichnung die Winkelgrößen des Winkels auf dem Foto.
■ Stelle selbst aus stabilem Material einen Winkel im Maßstab 1:10 her.
■ Überprüfe mit deinem Werkzeug rechte Winkel in deiner Umgebung.

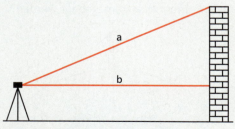

Moderne Lasermessgeräte arbeiten so, dass mit Laserstrahlen zwei Entfernungen (a und b) gemessen werden und die dritte automatisch berechnet und angezeigt wird.
■ Erkläre den Rechenvorgang.

Anwendungen

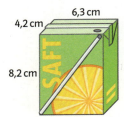

13 a) Wie lang ist der Strohhalm, der auf die Getränkepackung geklebt ist?
b) Wie lang müsste der Strohhalm mindestens sein, damit er nicht in die Packung rutschen kann?

14 Ein quaderförmiges Klassenzimmer ist 9,30 m lang, 8,50 m breit und 3,30 m hoch.
a) Bestimme die längsten Strecken an den Wänden und an der Decke.
b) Welches ist die längste Strecke im Raum?
c) Miss und rechne in deinem Klassenzimmer. Schätze bevor du rechnest.

15 Ein liegender Tank von 1,20 m Durchmesser ist mit Heizöl gefüllt. Die rechteckige Flüssigkeitsoberfläche ist 0,84 m breit. Wie hoch ist der Zylinder mit Öl gefüllt? Es gibt zwei Möglichkeiten.

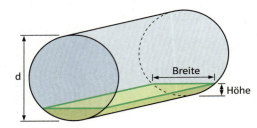

16 a) Wie weit kann man von einem 45 m hohen Leuchtturm sehen? Stelle dir die Erde als Kugel vor und verwende bei der Berechnung für den Erdradius 6370 km.
b) Im Altertum wurde eine Leuchtweite von 100 Stadien (1 Stadion = 225 m) angestrebt. Wie hoch musste demnach ein Leuchtturm mindestens gebaut werden?

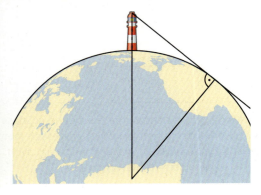

17 Wie hoch bzw. wie weit schwenkt das Pendel aus?
a) 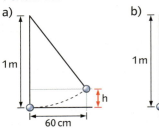 b)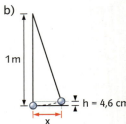

18 Wie lang ist das Pendel?

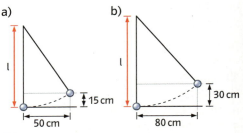

19 Der Giebel des Hauses wird neu verputzt. Für einen Quadratmeter werden 45 € berechnet.
Die Flächen von Fenstern und Türen werden wegen des höheren Arbeitsaufwandes nicht abgezogen.

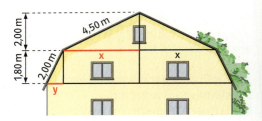

20 Fünf Fuß vom Ufer eines Teiches entfernt ragt ein Schilfrohr einen Fuß über das Wasser empor.
Zieht man seine Spitze an das Ufer, so berührt sie gerade den Wasserspiegel. Wie tief ist der Teich?

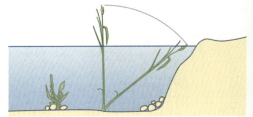

Zusammenfassung

Kathetensatz Im rechtwinkligen Dreieck ist das Quadrat über einer Kathete flächeninhaltsgleich mit dem Rechteck aus der Hypotenuse und dem anliegenden Hypotenusenabschnitt:
$a^2 = c \cdot p$ und $b^2 = c \cdot q$

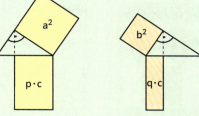

Höhensatz Im rechtwinkligen Dreieck ist das Quadrat über der Höhe flächengleich mit dem Rechteck aus den beiden Hypotenusenabschnitten:
$h^2 = p \cdot q$

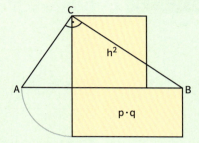

Satz des Pythagoras Ist ein Dreieck rechtwinklig, so haben die Quadrate über den beiden Katheten zusammen denselben Flächeninhalt wie das Quadrat über der Hypotenuse. Nennt man die Katheten a und b und die Hypotenuse c, gilt: $c^2 = a^2 + b^2$.

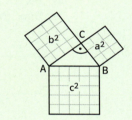

Berechnung in geometrischen Figuren Werden Strecken in ebenen Figuren berechnet, hilft meist eine Zerlegung in rechtwinklige Dreiecke.

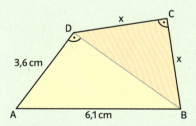

$\overline{BD}^2 = (6{,}1^2 - 3{,}6^2)\,\text{cm}^2$ $x^2 + x^2 = 24{,}25\,\text{cm}^2$
$\overline{BD} = \sqrt{24{,}25}\,\text{cm}$ $2x^2 = 24{,}25\,\text{cm}^2$
$\overline{BD} \approx 4{,}9\,\text{cm}$ $x = \sqrt{12{,}125}\,\text{cm}$
   $x \approx 3{,}5\,\text{cm}$

Um Strecken auf oder in Körpern zu berechnen, wählt man geeignete rechtwinklige Dreiecke.

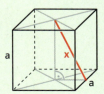

Für $a = 5{,}0\,\text{cm}$:
$x^2 = (5{,}0^2 + 2{,}5^2)\,\text{cm}^2$ $x = \sqrt{31{,}25}\,\text{cm}$
$x^2 = 31{,}25\,\text{cm}^2$ $x \approx 5{,}6\,\text{cm}$

Üben • Anwenden • Nachdenken

1 Sina soll den Satz des Pythagoras nennen.
Sie antwortet: „$a^2 + b^2 = c^2$."
Reicht diese Antwort aus?

2 Berechne die fehlende Seite.
a) 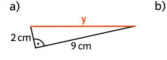 b)

c) d)
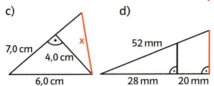

3 Berechne Umfang und Flächeninhalt der Figur. (Maße in cm)
a) 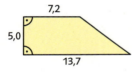 b)

4 Stelle alle Formeln im Dreieck ABC und in den Teildreiecken auf.
a) 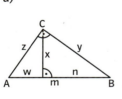 b)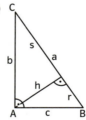

5 Berechne im Dreieck ABC ($\gamma = 90°$) die fehlenden Größen.

	a)	b)	c)	d)	e)	f)
a	5,2 cm	11,1 m				
b	7,3 cm		1,73 dm			
c			25,2 cm	8,3 m		
p		4,7 m			14 dm	9,2 cm
q				28 dm		41 mm
h					3,5 m	

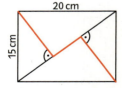
Wie lang ist der rote Weg?

6 Die Diagonale e = 9,0 cm und der Schenkel b = 6,0 cm eines gleichschenkligen Trapezes bilden einen rechten Winkel. Berechne die Höhe und den Flächeninhalt des Trapezes.

7 Von einem Drachen ABCD mit $\alpha = 90°$ und $\gamma = 90°$ sind die Seite a = 7,2 cm und die Diagonale $\overline{AC}$ = 8,5 cm gegeben. Berechne den Umfang und den Flächeninhalt des Drachens.

8 Berechne Umfang und Flächeninhalt (Maße in cm).
a) 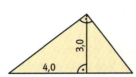 b)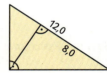

9 Berechne die Raumdiagonale.

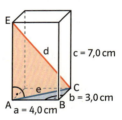

10 a) Stelle Formeln für den Umfang und den Flächeninhalt der Figur mit der Variable e auf.

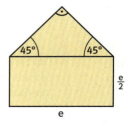

b) Wie groß muss e gewählt werden, damit der Umfang 20,0 cm ergibt?
c) Wie groß ist e, wenn der Flächeninhalt der Figur 75,0 cm² beträgt?

„π-thagoras"

Ein Taschenrechner mit mehreren Speicherplätzen A, B, C, D, E vereinfacht die Umfangsberechnungen für die im Kreis liegenden regelmäßigen Vielecke. In dieser Zeichnung ist der Radius r = 8 cm und die Seitenlänge des Quadrats ist
$s_4 = \sqrt{2 \cdot r^2} = \sqrt{2}\, r = \sqrt{2} \cdot 8$.

Zum Start wird in A der Radius und in B der Wert $\frac{s_4}{2}$ gespeichert. Die folgenden Schritte können an der Zeichnung nachvollzogen werden:

1. √ (A² − B²) → C
2. A − C → D
3. √ (B² + D²) → E
4. E : 2 → B

Jede Wiederholung der Schritte 1 bis 4 berechnet die halbe Kantenlänge des nächsten Vielecks s_8, s_{16}, s_{32}, s_{64}, ….
E · n : A ergibt jedes Mal einen verbesserten Näherungswert für π.

	B	C	D	E	E · n : A
n	$s_n/2$	h_n	k_n	s_{2n}	„Pi"
4	5,657	5,657	2,343	6,123	3,061
8	3,061	7,391	0,609	3,121	3,121
16	1,561	7,846	0,154		
32					
64					

■ Führe die Rechnungen weiter.
Rechne mit gespeicherten genauen Werten, trage gerundete Werte ein!
Achte auf die Näherungswerte E · n : A.

■ Erstelle mit einem Tabellenkalkulationsprogramm eine geeignete Datei zur automatischen Berechnung.

Mit jeder Wiederholungsrunde berechnet man den Umfang eines Vielecks, das noch dichter an der Kreislinie liegt. Die Teilverhältnisse von Umfang und Durchmesser werden dem Wert für die gesuchte Zahl π immer ähnlicher. Mit endlich vielen Schritten lässt sie sich jedoch nie genau errechnen.
Es gibt viele Methoden, π näherungsweise zu berechnen,
z. B. $\frac{\pi}{4} = 1 - \frac{1}{3} + \frac{1}{5} - \frac{1}{7} + \frac{1}{9} - \frac{1}{11} + \ldots$

Man kann beweisen: Der Dezimalbruch für π ist weder abbrechend noch periodisch, also keine rationale Zahl.
Die Kreiszahl π ist eine **irrationale Zahl**, die sich nur näherungsweise angeben lässt:
π = 3,141 592 653 589 793 238 462 643 383 279 502 884 197 169 399 375 105 820 974 …

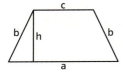

11 Berechne die fehlenden Größen des gleichschenkligen Trapezes.

	a)	b)	c)	d)	e)	f)
a	12,0 cm	15,3 cm		8,3 m	21,5 m	
b		12,7 cm	9,1 cm		12,5 m	8,4 m
c	8,0 cm	8,3 cm	24,0 cm			7,6 m
h	4,0 cm		7,5 cm	11,2 m	10,8 m	
u						37,2 m
A			99,8 m²			

12 Ein Quader hat die Kantenlängen a = 20 cm, b = 10 cm und c = 15 cm. Auf dem Eckpunkt S sitzt eine Spinne, auf F eine Fliege. Die Spinne will auf dem kürzesten Weg – auf den Begrenzungsflächen des Körpers laufend – zur Fliege gelangen.

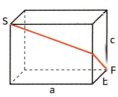

13 Zwischen zwei Häusern wird eine Weihnachtsdekoration gespannt. Die Stadtarbeiter verwenden ein Seil mit 12,1 m, obwohl die Häuser nur 12 m voneinander entfernt sind. Wie weit hängt der in der Mitte befestigte Stern durch?

14 Ein Fahnenmast soll durch vier 4 m lange Seile befestigt werden. Die Seile werden in einer Höhe von 3,2 m befestigt.

15 Eine Bergbahn überwindet auf einer Fahrtlänge von 2,6 km einen Höhenunterschied von 540 m. Wie lang ist die Strecke auf einer Karte mit dem Maßstab 1 : 50 000 eingezeichnet?

16 Gegeben ist das Fünfeck ABCDE. Berechne den Flächeninhalt der Figur.

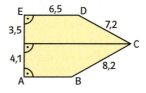

17 Gib die Länge der farbigen Strecke in Abhängigkeit von e an.
a)

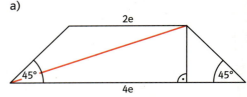

b)

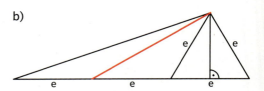

18 Berechne den Umfang und den Flächeninhalt in Abhängigkeit von e.

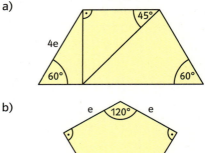

19 Von einem Würfel mit der Kantenlänge a werden zwei Teile wie abgebildet abgeschnitten.
Berechne den Umfang und den Flächeninhalt der beiden Schnittflächen in Abhängigkeit von a.

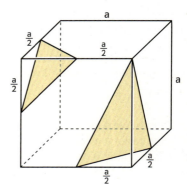

Pythagoras im Koordinatensystem

Die Entfernung zweier Punkte A und B im rechtwinkligen Koordinatensystem lässt sich mithilfe des Satzes des Pythagoras berechnen.

Beispiel für A(3|2) und B(10|6)

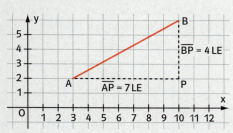

Es gilt:
$\overline{AB}^2 = \overline{AP}^2 + \overline{BP}^2$
$\overline{AB} = \sqrt{7^2 + 4^2}$ LE
$\overline{AB} = 8{,}1$ LE

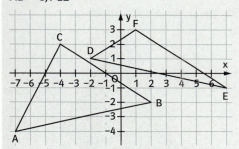

- Berechne die Umfänge der beiden Dreiecke.
- Welche Dreiecksseiten sind gleich lang, welche parallel? Begründe.
- Drücke die Steigung jeder Dreiecksseite mithilfe des Steigungsfaktors m aus.
- Berechne den Abstand zwischen den Punkten.
A(2|4) und B(8|9); C(1|3) und D(10|10); E(0|0) und F(−3|8); G(−2|−3) und H(5|7)
- Zeichne das Dreieck ABC und berechne seinen Umfang und seinen Flächeninhalt. Gib für jede Gerade $\overline{AB}$; $\overline{BC}$ und $\overline{AC}$ die Funktionsgleichung an.
  • A(1|1); B(0|2); C(6|8)
  • A(−5|−2); B(5|1); C(0|9)
  • A(−1|8); B(3|−3); C(−5|−2)

20 Auf der Mantelfläche des quadratischen Prismas ist ein Streckenzug ABCDE aufgezeichnet.

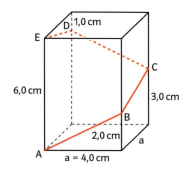

a) Berechne die Länge des Streckenzugs.
b) Zeichne das Netz des Prismas und trage den Streckenzug ein.

21 Ein Würfel hat das Volumen V = 343 cm³.
Berechne den Umfang und den Flächeninhalt des Dreiecks RTS.

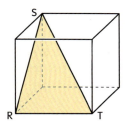

22 Bestimme die fehlenden Größen im gleichseitigen Dreieck:

	a)	b)	c)	d)
a	18 cm	0,45 m		
h			5,4 cm	
A				72 cm²

23 Die Kantenlänge eines Tetraeders beträgt 16 cm. Die Höhe h_a wird durch die Körperhöhe h im Verhältnis r : p = 2 : 1 geteilt.
a) Berechne die Körperhöhe des Tetraeders.
b) Wie groß ist seine Oberfläche?
c) Leite für h, O und V eine Formel in Abhängigkeit von a her.

zu Aufgabe 22:

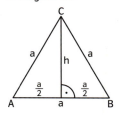

zu Aufgabe 23:
Ein Tetraeder ist eine von vier kongruenten gleichseitigen Dreiecken begrenzte Pyramide.

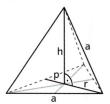

Üben • Anwenden • Nachdenken   **121**

24 Ein Baum von 25 m Länge wird beim Sturm abgeknickt. Die Spitze erreicht den Boden in einer Entfernung von 10 m vom Fußende des Stammes. In welcher Höhe wurde der Stamm abgeknickt?

25 Stelle Formeln für Umfang und Flächeninhalt des Trapezes in Abhängigkeit von e auf.

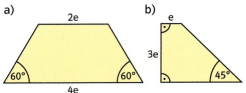

26 Kim misst ein geradliniges Straßenstück auf einer Karte mit dem Maßstab 1 : 25 000 mit 18 mm ab. In Wirklichkeit ist es 468 m lang.

27 Ein Fliesenleger will wissen, ob ein Raum rechtwinklig ist. Er misst dazu die Länge mit 3,5 m, die Breite mit 4,5 m und die Diagonale mit 5,7 m.

28 Wie lang ist die rote Strecke? Gegeben sind a = 5,0 cm und h = 10,0 cm.

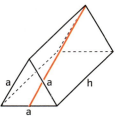

29 Berechne für jedes Gebäude die Länge eines Dachsparren. Jeder Dachsparren steht 40 cm über.

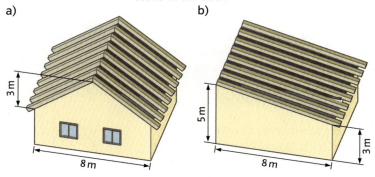

30 a) Durch einen Diagonalschnitt wird ein Würfel mit der Kantenlänge 10 cm in zwei Dreiecksprismen zerlegt. Berechne den Oberflächeninhalt eines dieser Prismen.
b) Halbiert man den Würfel so, dass zwei Trapezprismen entstehen, ändern sich die Oberflächen der Prismen je nach Teilung der Würfelkanten. Teile einmal mit 8 cm und 2 cm, dann mit 6 cm und 4 cm und vergleiche die Oberflächen der Prismen.

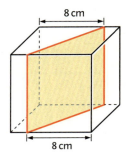

31 Berechne die Dachfläche.

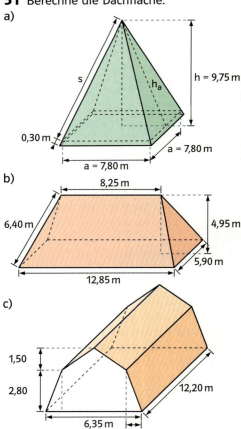

122 Üben • Anwenden • Nachdenken

Rückspiegel

1 Formuliere alle möglichen Sätze aus der Satzgruppe des Pythagoras.

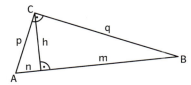

2 Berechne die Länge der Strecke x. (Maße in cm)
a) 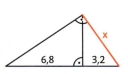 b)

3 Überprüfe, ob das Dreieck rechtwinklig ist. Wenn nicht, begründe, dass es spitz- bzw. stumpfwinklig ist.
a) 9 cm; 40 cm; 41 cm
b) 25 cm; 48 cm; 60 cm
c) 11 cm; 60 cm; 61 cm

4 a) Berechne den Umfang des Dreiecks ABC in cm.

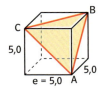

b) Gib den Umfang und den Flächeninhalt des Dreiecks ABC mithilfe der Formvariablen e an.

5 Für das Dach einer Halle braucht man Dachsparren. Wie lang müssen sie zugeschnitten werden, wenn sie an den Dachkanten jeweils 30 cm überstehen sollen?

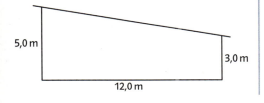

---

1 Formuliere alle möglichen Sätze aus der Satzgruppe des Pythagoras.

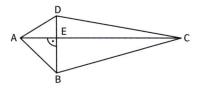

2 Gib die Länge der Strecke x in Abhängigkeit von der Variablen e an.
a) 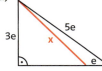 b)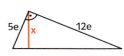

3 Überprüfe, ob das Dreieck rechtwinklig ist. Wenn nicht, dann korrigiere ein Maß.
a) 7 cm; 24 cm; 25 cm
b) 10 cm; 26 cm; 25 cm
c) 7,5 cm; 18 cm; 19,5 cm

4 a) Die Punkte A, B, C, D sind Kantenmittelpunkte. Berechne den Umfang des Vierecks ABCD in cm.

b) Gib den Umfang und den Flächeninhalt des Vierecks ABCD mithilfe der Formvariable e an.

5 Viele Autofahrer, die von A nach B wollen, fahren über C, da man auf den Strecken $\overline{AC}$ und $\overline{CB}$ schneller fahren darf, als auf der Strecke $\overline{AB}$.
Die Wegstrecke A – C – B darf mit 50 km/h befahren werden.
a) Um wie viel Prozent ist die Wegstrecke $\overline{AB}$ kürzer als der Umweg über C?
b) Frau Maier fährt mit 30 km/h die Abkürzung, Herr Müller über C.
Sie kommen gleichzeitig in B an.

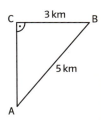

6 Pyramide. Kegel. Kugel

Würfelbauten

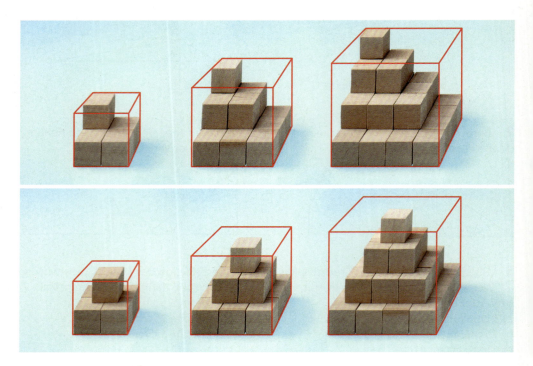

Vergleiche die Höhe, die Grundfläche und das Volumen der Würfelpyramiden.

A	B	C	D	E
Kantenlänge	Anzahl der Würfel der Grundfläche	Anzahl der Würfel der Pyramide	Anzahl der Würfel des Umwürfels	Anzahl der Würfel der Pyramide / Anzahl der Würfel des Umwürfels
1	1	1	1	1
2	4	5	8	0,625
3	9	14	27	0,519
4	16	30	64	0,469
5				
6				
7				
8				
9				
10				
...				
20				

- Erkläre die Bedeutung der Werte in der Tabelle oben.
- Setze die Tabelle fort.
  Überlege, wie die neue Pyramide aus der vorigen entsteht. Du kannst eine Regel für die Anzahl der Würfel finden.
- Wie verändert sich der Quotient in Spalte E mit zunehmender Kantenlänge?
- Welchen Teil des Umwürfels nehmen die Würfelpyramiden wohl ein? Mit einem Tabellenkalkulationsprogramm lässt sich diese Frage etwas leichter beantworten.

Stelle dir im blau abgebildeten Würfel die gelben Körper mit jeweils möglichst großem Volumen vor:
- ein Prisma mit einem rechtwinkligen Dreieck als Grundfläche,
- einen Zylinder,
- eine Pyramide,
- einen Kegel,
- eine Kugel.

Fertige jeweils eine Skizze an.

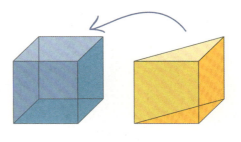

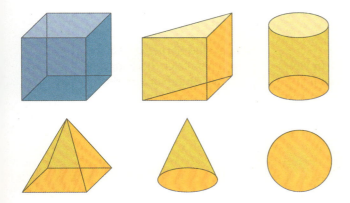

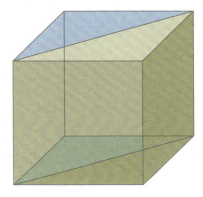

Das Volumen jedes einzelnen dieser Körper ist sicher kleiner als das Volumen des Würfels. Schätze, wie viel Prozent des Würfelvolumens es ausmacht.

Viel schwieriger ist es, die Oberfläche dieser Körper mit der Würfeloberfläche zu vergleichen. Versuche es trotzdem.

Halb voll oder halb leer?
Halb hoch gefüllt oder halbes Volumen?

> ### In diesem Kapitel lernst du,
>
> - wie man Pyramide, Kegel und Kugel skizziert,
> - wie man die Oberfläche von Pyramide, Kegel und Kugel berechnet,
> - wie man das Volumen von Pyramide, Kegel und Kugel berechnet,
> - wie man zusammengesetzte Körper skizziert und berechnet.

Würfelbauten   125

1 Prisma und Zylinder

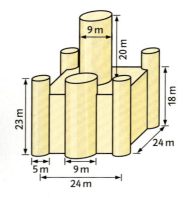

Das abgebildete Jagdschloss Granitz befindet sich auf der Ostseeinsel Rügen.
→ Beschreibe seinen Aufbau entsprechend der vereinfachten Skizze.
→ Wie groß ist der gesamte umbaute Raum?

Hinweis: Die vier Ecktürme ragen so weit in das Hauptgebäude hinein, dass ihre Mittelpunkte genau auf dessen Ecken stehen. Der Turm an der Vorderseite ragt zur Hälfte in das Hauptgebäude hinein.

Prismen sind Körper, die von
– zwei parallelen, deckungsgleichen Vielecken als Grund- und Deckfläche und
– einer Mantelfläche, die aus Rechtecken besteht,
begrenzt werden.

Zylinder sind Körper, die von
– zwei parallelen, deckungsgleichen Kreisen als Grund- und Deckfläche und
– einer Mantelfläche, die in der Ebene ein Rechteck bildet,
begrenzt werden.

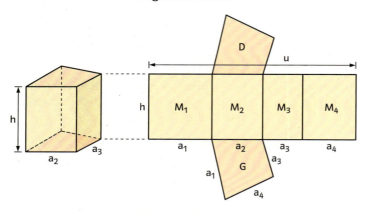

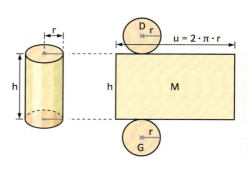

Für das **Prisma** gilt:	Für den **Zylinder** gilt:
Mantelfläche: $M = M_1 + M_2 + M_3 + \ldots$	Mantelfläche: $M = uh$
$M = uh$	$M = 2\pi rh$
Oberfläche: $O = 2G + M$	Oberfläche: $O = 2G + M$
Volumen: $V = Gh$	$O = 2\pi r^2 + 2\pi rh$
	Volumen: $V = Gh$
	$V = \pi r^2 h$

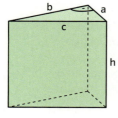

Beispiele
a) Ein Dreiecksprisma hat als Grundfläche ein rechtwinkliges Dreieck mit den Seitenlängen $a = 6\,cm$; $b = 8\,cm$ und $c = 10\,cm$. Seine Höhe beträgt $h = 9\,cm$.

$G = \frac{1}{2} ab = \frac{1}{2} \cdot 6 \cdot 8\,cm^2 = 24\,cm^2$
$M = uh = 24 \cdot 9\,cm^2 = 216\,cm^2$
$O = 2G + M = 2 \cdot 24 + 216\,cm^2 = 264\,cm^2$
$V = Gh = 24 \cdot 9\,cm^3 = 216\,cm^3$

126   Prisma und Zylinder

b) Aus der Oberfläche eines Zylinders mit O = 1068,0 cm² und seinem Radius r = 8,5 cm wird die Körperhöhe h berechnet.

$G = \pi r^2$	$M = O - 2G$	$M = 2\pi r h$	$h \approx \frac{614{,}04}{2 \cdot \pi \cdot 8{,}5}$ cm
$G = \pi \cdot 8{,}5^2$ cm²	$M \approx (1068{,}0 - 453{,}96)$ cm²	$h = \frac{M}{2\pi r}$	$h \approx 11{,}5$ cm
$G \approx 226{,}98$ cm²	$M \approx 614{,}04$ cm²		

Aufgaben

1 Berechne die fehlende Kantenlänge des Quaders.
a) V = 4800 cm³; a = 12 cm; b = 16 cm
b) V = 405 dm³; a = 6 dm; c = 45 dm
c) O = 350,5 m²; b = 9,0 m; c = 11,5 m

2 Drei der Größen eines Prismas sind gegeben. Berechne die fehlenden Größen.

	u	h	G	M	O	V
a)	20 dm		5,8 m²			8,7 m³
b)		35 mm	12 cm²		94 cm²	
c)		25 cm		18 dm²		10 l

3 a) Von einem Prisma mit einem gleichseitigen Dreieck als Grundfläche sind a = 35,0 cm und V = 20,0 dm³ gegeben. Berechne O.
b) Von einem Prisma mit einem regelmäßigen Sechseck als Grundfläche sind a = 12,0 cm und h = 28,0 cm gegeben. Berechne O und V.

4 Berechne die fehlenden Größen des Zylinders.

	r	h	M	O	V
a)	5,4 cm	10,2 cm			
b)		1,20 m	7,25 m²		
c)			29,8 cm²	596,9 cm²	
d)			140 cm²		385 cm³

5 Vergleiche die Oberflächeninhalte der Körper. Gib den Unterschied in Prozent an.

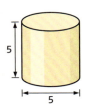
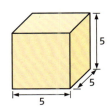

6 In einem Solarhaus soll das Wasser in einem 21 m³ großen Tank allein mit Sonnenenergie auf 90 °C erwärmt werden. Dieser 9,0 m hohe zylinderförmige Tank wird mit einer Dämmschicht isoliert, um Wärmeverluste zu vermeiden. Die Standfläche kann aus bautechnischen Gründen nicht gedämmt werden.
Wie groß ist die zu dämmende Fläche?

7 Alle Kanten des Prismas sind 8,0 cm lang.

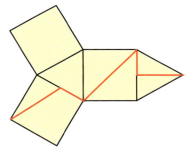

a) Berechne die Länge des eingezeichneten Streckenzuges.
b) Skizziere ein Schrägbild des Prismas und trage den Streckenzug ein.

8 Gib den Oberflächeninhalt und das Volumen der beiden auf dem Rand abgebildeten Prismen in Abhängigkeit von e an.

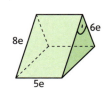
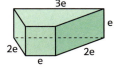

9 Von einem Würfel wird ein Prisma mit dreieckiger Grundseite und Kathetenlänge x abgeschnitten.
a) Berechne den Oberflächeninhalt des Prismas für x_1 = 2,5 cm; x_2 = 5,0 cm; x_3 = 7,5 cm und x_4 = 10,0 cm.
b) Suche einen x-Wert, mit dem die Oberfläche des Prismas möglichst genau halb so groß wie die Würfeloberfläche ist.

Prisma und Zylinder

2 Pyramide. Oberfläche

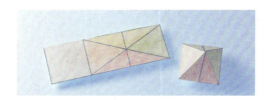

Mit einem passend zerschnittenen Rechteck von 15 cm Länge und 5 cm Breite wird eine quadratische Pyramide ohne Überlappung beklebt.
→ Wie hoch ist diese Pyramide? Wer nicht rechnen will, kann auch ein Modell bauen.

Pyramiden mit einem regelmäßigen Fünfeck, Sechseck usw. als Grundfläche bezeichnen wir kurz als Fünfecks-, Sechseckspyramiden usw.

Eine Pyramide wird von einem Vieleck als **Grundfläche** und einem Mantel begrenzt. Die **Mantelfläche** besteht aus so vielen Dreiecken, wie die Grundfläche Seiten bzw. Ecken hat. Ist das Vieleck der Grundfläche regelmäßig, dann sind alle Manteldreiecke gleichschenklig.

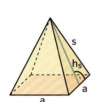

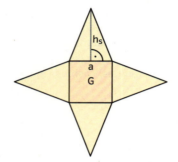

Der **Oberflächeninhalt O** der Pyramide setzt sich aus den Flächeninhalten der Grundfläche **G** und der Mantelfläche **M** zusammen.
Für die Mantelfläche der quadratischen Pyramide gilt:

$M = 4 \cdot A_\triangle$ also $M = 4 \cdot \frac{a \cdot h_s}{2}$
$M = 2 \cdot a \cdot h_s$

Für den Oberflächeninhalt gilt:
$O = G + M$ $O = a^2 + 2 \cdot a \cdot h_s$

> Der **Oberflächeninhalt einer Pyramide** ist die Summe der Flächeninhalte von Grund- und Mantelfläche.
> **O = G + M**

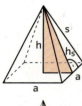

Bemerkung
Bei Berechnungen an Pyramiden muss man die Pyramidenhöhe h und die Höhe eines Manteldreiecks h_s über der Grundkante a unterscheiden.
Die Seitenkante einer Pyramide wird mit s bezeichnet.

Beispiele

a) Aus der Länge der Grundkante a = 5,0 cm und der Pyramidenhöhe h = 6,0 cm wird die Oberfläche der quadratischen Pyramide berechnet.
$O = a^2 + 2ah_s$
Satz des Pythagoras: $h_s^2 = h^2 + \left(\frac{a}{2}\right)^2$
$h_s = \sqrt{6{,}0^2 + 2{,}5^2}$ cm
$h_s = 6{,}50$ cm

$O = (5^2 + 2 \cdot 5 \cdot 6{,}50)$ cm²
$O = 90{,}0$ cm²

b) Aus dem Oberflächeninhalt O = 138,0 cm² und der Grundkante a = 5,0 cm einer quadratischen Pyramide wird die Höhe h_s des Manteldreiecks berechnet.
$O = a^2 + 2ah_s$
$O - a^2 = 2ah_s$
$\frac{O - a^2}{2a} = h_s$

$h_s = \frac{138{,}0 - 25{,}0}{10{,}0}$ cm
$h_s = 11{,}3$ cm

Aufgaben

1 Zeichne das Schrägbild einer quadratischen Pyramide mit a = 4 cm und h = 7 cm. Die Abbildungen auf dem Rand zeigen dir die notwendigen Schritte.

2 Für Berechnungen an quadratischen Pyramiden benötigt man oft rechtwinklige Dreiecke.

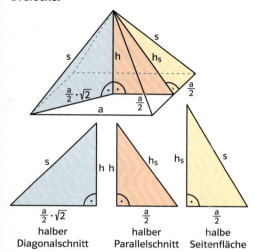

halber Diagonalschnitt — halber Parallelschnitt — halbe Seitenfläche

Fertige das Modell einer quadratischen Pyramide an, das die halbe Seitenfläche, die halbe Parallelschnittfläche und die halbe Diagonalschnittfläche zeigt.

3 Berechne die fehlenden Größen der quadratischen Pyramide. (Maße in cm)

	a	s	h	h_s	M	O
a)	5,9			8,4		
b)	7,8	9,5				
c)	6,2		8,5			
d)			1,1	1,3		
e)		9,9	7,5			

4 Gegeben ist eine quadratische Pyramide.
a) Berechne a, h und s aus M = 75,8 cm² und h_s = 9,2 cm.
b) Berechne h_s, h und s aus O = 456,5 cm² und a = 9,8 cm.
c) Berechne a, h_s und s aus M = 233,5 cm² und O = 333,5 cm².

5 Vier gleichseitige Dreiecke bilden den Mantel einer quadratischen Pyramide mit der Kantenlänge 10 cm.
a) Berechne die Länge des eingezeichneten Streckenzuges. A, B, C sind Kantenmitten.
b) Zeichne das Schrägbild der Pyramide und trage den Streckenzug ein.

6 a) Die Seitenflächen einer quadratischen Pyramide sind gleichseitige Dreiecke mit der Seitenlänge 7,5 cm. Berechne O.
b) Die Parallelschnittfläche einer quadratischen Pyramide ist ein rechtwinklig gleichschenkliges Dreieck mit der Kathetenlänge 12,8 cm. Wie groß ist die Oberfläche der Pyramide?

7 Der Flächeninhalt eines pyramidenförmigen Daches über einer quadratischen Grundfläche beträgt 12,5 m². Die Grundkante ist 1,5 m lang. Berechne die Höhe des Daches.

8 Berechne die fehlenden Größen der Sechseckspyramide. (Maße in cm)

	a	s	h	h_s	M	O
a)	8			12		
b)	6,5		7,5			
c)	23,4	36,2				
d)			70	75		
e)		28,4		25,2		

9 Stelle Formeln für Mantel und Oberfläche der quadratischen Pyramide in Abhängigkeit von e auf.
a) a = 5e und h_s = 8e
b) G = 100 e² und h_s = 15 e
c) Seitenfläche

d) Parallelschnittfläche

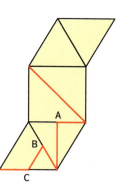

! Schrägbild zeichnen:
1. Grundfläche

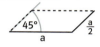

2. Körperhöhe

3. Seitenflächen

Zu Aufgabe 8:

Pyramide. Oberfläche **129**

3 Pyramide. Volumen

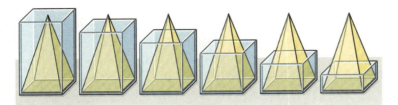

Eine Pyramide wird in Quader mit verschiedenen Höhen gestellt.
Alle Körper haben die gleiche Grundfläche.
→ Welcher Quader hat das gleiche Volumen wie die Pyramide? Schätze.

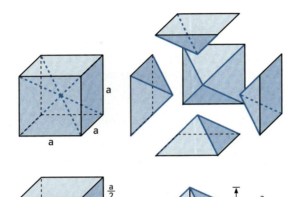

Ein Würfel hat die Kantenlänge a. Er wird in sechs volumengleiche quadratische Pyramiden geteilt.
Das Volumen einer solchen Pyramide ist also gleich dem sechsten Teil des Würfelvolumens.

$V_P = \frac{1}{6} \cdot V_W = \frac{1}{6} \cdot a^3$

Zum Vergleich betrachten wir ein Quadratprisma mit der Grundkantenlänge a und der Körperhöhe $h = \frac{a}{2}$.
Es besitzt das halbe Würfelvolumen.

$V_Q = a^2 \cdot \frac{a}{2} = \frac{1}{2} \cdot a^3$

Das Volumen einer Pyramide mit der Grundkantenlänge a und der Höhe $h = \frac{a}{2}$ ist also gleich dem dritten Teil des Quadervolumens.

$V_P = \frac{1}{3} \cdot V_Q = \frac{1}{3} \cdot a^2 \cdot \frac{a}{2} = \frac{1}{3} \cdot G \cdot h$

Eine quadratische Pyramide mit beliebiger Höhe h lässt sich nicht durch eine solche Zerlegung berechnen. Daher betrachten wir zunächst Stufenpyramiden aus quaderförmigen Platten.

Die Stufenpyramide mit der Höhe $\frac{a}{2}$ wird mit dem Faktor $\frac{h}{\frac{a}{2}}$ in Richtung der Höhe gestreckt. Dadurch entsteht eine Stufenpyramide mit der Grundkante a und der Höhe h, das Volumen multipliziert sich dabei mit $\frac{h}{\frac{a}{2}}$.

Da solche Stufenpyramiden die echten quadratischen Pyramiden beliebig gut annähern können, ergibt sich das Volumen der quadratischen Pyramide mit der Höhe h ebenfalls durch Multiplikation mit $\frac{h}{\frac{a}{2}}$.

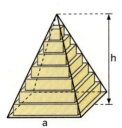

$$V = \frac{1}{3} \cdot a^2 \cdot \frac{a}{2} \cdot \frac{h}{\frac{a}{2}} = \frac{1}{3} \cdot a^2 \cdot h$$

Also gilt für alle quadratischen Pyramiden mit der Grundfläche G:

$$V = \frac{1}{3} \cdot a^2 \cdot h$$

Diese Formel lässt sich auf Pyramiden mit beliebiger Grundfläche übertragen.

Für das **Volumen einer Pyramide** mit der Grundfläche G und der Pyramidenhöhe h gilt: $V = \frac{1}{3} G h$

Beispiele

a) Aus der Länge der Grundkante a = 8 cm und der Pyramidenhöhe h = 12 cm wird das Volumen einer quadratischen Pyramide berechnet.
$V = \frac{1}{3} G h$
$V = \frac{1}{3} \cdot 8^2 \cdot 12 \, cm^3$
$V = 256 \, cm^3$

b) Aus dem Volumen V = 180 cm³ und der Pyramidenhöhe h = 15 cm wird die Länge der Grundkante einer quadratischen Pyramide berechnet.
$V = \frac{1}{3} a^2 h$
$a = \sqrt{\frac{3V}{h}} = \sqrt{\frac{3 \cdot 180}{15}} \, cm$
$a = 6 \, cm$

Aufgaben

1 Berechne die fehlenden Größen der quadratischen Pyramide. Du musst verschiedene rechtwinklige Dreiecke verwenden. (Maße in cm/cm²/cm³)

	a	s	h	h_s	G	V
a)	15		24			
b)	9,2			17,5		
c)			7,8	9,4		
d)		92,2	62,5			
e)	9,5					882,4
f)			15,8			580

2 Berechne das Volumen der quadratischen Pyramide.
a) M = 135,8 cm²
   a = 9,5 cm
b) M = 420,4 m²
   h_s = 12,5 m
c) O = 885 cm²
   a = 15 cm
d) O = 235,4 cm²
   a = 8,2 cm

3 Alle Kanten einer quadratischen Pyramide sind 10 cm lang.
a) Welche Kantenlänge hat ein volumengleicher Würfel?
b) Um wie viel Prozent unterscheiden sich deren Oberflächeninhalte?

4 Die Grundkante einer quadratischen Pyramide beträgt a = 5,2 cm, ihr Volumen V = 86,5 cm³. Berechne den Oberflächeninhalt.

5 Berechne jeweils Volumen und Oberfläche der quadratischen Pyramide.
a) Ein gleichseitiges Dreieck mit der Seitenlänge 7,5 cm ist Parallelschnittfläche.
b) Ein rechtwinklig gleichschenkliges Dreieck mit der Hypotenusenlänge 12,4 cm ist Diagonalschnittfläche.
c) Ein gleichschenkliges Dreieck mit der Schenkellänge 17,8 cm und der Basislänge 9,2 cm ist Seitenfläche.

6 Das Volumen einer quadratischen Pyramide beträgt 75,7 cm³. Sie besitzt eine Höhe von 8,4 cm.
Der Punkt E halbiert die Höhe. Berechne den Flächeninhalt des Dreiecks ABE.

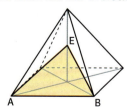

7 Von der abgebildeten quadratischen Pyramide sind die Strecken $\overline{AF}$ = 7,2 cm und $\overline{BF}$ = 2,4 cm bekannt.
Der Punkt F teilt die Seitenkante $\overline{BE}$ im Verhältnis 3 : 1.
a) Berechne das Volumen der Pyramide.
b) Wie groß ist der Oberflächeninhalt der quadratischen Pyramide?

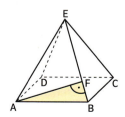

Pyramide. Volumen 131

8 Berechne das Volumen der Sechseckspyramide.

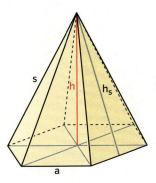

a) a = 15 cm   b) a = 7,9 cm
   h = 25 cm   s = 12,6 cm
c) h = 39,5 cm   d) a = 5,5 cm
   s = 46,7 cm h_s = 9,2 cm

9 Berechne die Höhe h bzw. die Grundkante a der Sechseckspyramide.
a) V = 1050 cm³   b) V = 3 dm³
   a = 9 cm   h = 18 cm

10 Die Abbildung zeigt die Diagonalschnittfläche einer quadratischen Pyramide. Berechne das Volumen der Pyramide.

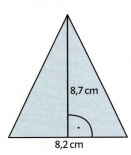

11 Die größte ägyptische Pyramide ist die Cheopspyramide. Sie hat eine quadratische Grundfläche mit einer Kantenlänge von ursprünglich 230 m und eine Höhe von 146 m. Napoleon behauptete nach einem Besuch der Pyramiden, dass man aus den Steinen der Cheopspyramide eine Mauer um ganz Frankreich errichten könnte.
Wie breit und wie hoch könnte eine solche Mauer sein? Die Grenzlinie um Frankreich ist etwa 3800 km lang.

12 Eine Pyramide wird in halber Höhe parallel zur Grundfläche abgeschnitten.
a) Um wie viel Prozent verringert sich ihr Volumen?
b) In welchem Verhältnis stehen die beiden Teile?

13 Das Volumen und die Oberfläche der quadratischen Pyramiden sollen in Abhängigkeit von e ausgedrückt werden.

a)   b)

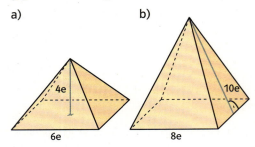

c)   d)

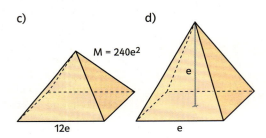

14 Eine quadratische Pyramide hat eine Grundfläche mit der Seitenlänge e.
Vervollständige die Tabelle.
Wie verändern sich die berechneten Größen?

	O	M	h_s	h	V
a)	2e²				
b)	4e²				
c)	8e²				

15 Eine Sechseckspyramide hat die Grundkante a = 6e.
a) Stelle eine Formel für das Volumen in Abhängigkeit von e auf, wenn Grundkante und Körperhöhe gleich groß sind.
b) Wie hoch ist die Pyramide, wenn ihr Volumen V = 162 e³ beträgt? Wie lang ist die Seitenkante s dieser Pyramide?

4 Kreisteile

→ Welche Entfernung legt die Zeigerspitze des Minutenzeigers zwischen 12 h und 12.40 h zurück?
→ Wie groß ist die dabei überstrichene Fläche?
→ Wie sieht es in einer Minute aus? Wie in sieben Minuten?

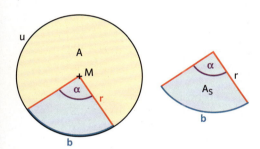

Zwei Radien teilen eine Kreisfläche in zwei **Kreisausschnitte**. Ein **Kreisbogen** ist der jeweils zugehörige Teil des Kreises.
Die Länge des Kreisbogens b eines Kreisausschnittes ist proportional zum zugehörigen Winkel am Kreismittelpunkt, dem **Mittelpunktswinkel** α.
Ebenso ist der Flächeninhalt des Kreisausschnittes A_S proportional zum Winkel α.

Man nennt Kreisausschnitte auch Sektoren.

Für die Bogenlänge ergibt sich:

$\frac{b}{u} = \frac{\alpha}{360°}$

mit $u = 2 \cdot \pi \cdot r$

$\frac{b}{2 \cdot \pi \cdot r} = \frac{\alpha}{360°}$

$b = 2 \cdot \pi \cdot r \cdot \frac{\alpha}{360°}$

Für den Flächeninhalt erhält man:

$\frac{A_S}{A} = \frac{\alpha}{360°}$

mit $A = \pi \cdot r^2$

$\frac{A_S}{\pi \cdot r^2} = \frac{\alpha}{360°}$

$A_S = \pi \cdot r^2 \cdot \frac{\alpha}{360°}$

Weiterhin gilt:

$\frac{A_S}{A} = \frac{b}{u}$

$\frac{A_S}{\pi \cdot r^2} = \frac{b}{2 \cdot \pi \cdot r}$

$A_S = \pi \cdot r^2 \cdot \frac{b}{2 \cdot \pi \cdot r} = \frac{b \cdot r}{2}$

Für die **Länge eines Kreisbogens** mit dem Radius r und dem Mittelpunktswinkel α gilt: $\qquad b = 2\pi r \cdot \frac{\alpha}{360°} \qquad b = \pi r \cdot \frac{\alpha}{180°}$

Für den **Flächeninhalt eines Kreisausschnitts** mit dem Radius r und dem Mittelpunktswinkel α gilt: $\qquad A_S = \pi r^2 \cdot \frac{\alpha}{360°} \qquad A_S = \frac{b r}{2}$

Beispiele

a) Aus dem Radius r = 6,0 cm und dem Mittelpunktswinkel α = 45° wird die Länge des Kreisbogens berechnet.

$b = \pi r \cdot \frac{\alpha}{180°}$

$b = \pi \cdot 6,0 \cdot \frac{45°}{180°}$ cm

$b ≈ 4,7$ cm

b) Aus dem Radius r = 20,0 cm und dem Mittelpunktswinkel α = 120° wird der Flächeninhalt des Kreisausschnitts berechnet.

$A_S = \pi r^2 \cdot \frac{\alpha}{360°}$

$A_S = \pi \cdot 20,0^2 \cdot \frac{120°}{360°}$ cm²

$A_S ≈ 418,9$ cm²

Kreisteile 133

c) Aus dem Flächeninhalt $A_S = 300{,}0\,\text{cm}^2$ und dem Mittelpunktswinkel $\alpha = 100°$ wird der Radius r des Kreisbogens berechnet.

$A_S = \pi r^2 \cdot \frac{\alpha}{360°}$ $\quad | \cdot 360°$
$A_S \cdot 360° = \pi r^2 \alpha$ $\quad | : (\pi \alpha)$
$r^2 = \frac{A_S \cdot 360°}{\pi \alpha}$
$r = \sqrt{\frac{A_S \cdot 360°}{\pi \alpha}} = \sqrt{\frac{300{,}0 \cdot 360°}{\pi \cdot 100°}}\,\text{cm}$
$r \approx 18{,}5\,\text{cm}$

d) Aus der Länge des Kreisbogens $b = 25{,}0\,\text{m}$ und dem Radius $r = 5{,}0\,\text{cm}$ wird der Mittelpunktswinkel α berechnet.

$b = \pi r \cdot \frac{\alpha}{180°}$ $\quad | \cdot 180°$
$b \cdot 180° = \pi r \alpha$ $\quad | : (\pi r)$
$\alpha = \frac{b \cdot 180°}{\pi r}$
$\alpha = \frac{25{,}0 \cdot 180°}{\pi \cdot 5{,}0}$
$\alpha \approx 286{,}5°$

Aufgaben

1 Kreisteile werden oft nach ihrem Anteil am Kreis benannt. Ergänze im Heft.

Mittelpunktswinkel α	Bezeichnung
180°	Halbkreis
90°	▨
▨	Achtelkreis
▨	Drittelkreis
▨	Zehntelkreis
▨	Fünftelkreis
270°	▨
240°	▨
108°	▨

2 Du benötigst keinen Taschenrechner.
a) Der Umfang des Kreises beträgt 72 cm. Berechne die Bogenlänge zum Mittelpunktswinkel 120°; 90°; 60°; 45°; 30°; 12°; 10°; 20°.
b) Der Flächeninhalt des Kreises beträgt 120 cm². Berechne den Flächeninhalt des Kreisausschnitts für die Mittelpunktswinkel 36°; 18°; 72°; 240°; 108°; 24°.

3 Berechne die Bogenlänge und den Flächeninhalt des Kreisausschnitts.
a) b)

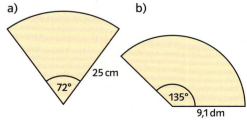

4 Berechne den Radius des Kreisbogens.
a) $\alpha = 48°$
   $b = 6{,}0\,\text{cm}$
b) $\alpha = 330°$
   $b = 6{,}4\,\text{m}$
c) $\alpha = 57°$
   $A = 199\,\text{cm}^2$
d) $\alpha = 108°$
   $A = 76{,}8\,\text{m}^2$

5 Berechne den Mittelpunktswinkel.
a) $b = 4{,}2\,\text{cm}$
   $r = 3{,}0\,\text{cm}$
b) $d = 137\,\text{m}$
   $b = 86\,\text{m}$
c) $r = 8{,}5\,\text{cm}$
   $A = 91\,\text{cm}^2$
d) $r = 13\,\text{dm}$
   $A = 0{,}86\,\text{m}^2$

6 a) Bei einem Kreisausschnitt ist der Bogen genauso lang wie der Radius. Bestimme den Mittelpunktswinkel.
b) Der Bogen ist doppelt bzw. halb so lang wie der Radius.

7 Berechne die fehlenden Angaben.

	r	α	b	A
a)	2,8 cm	112°	▨	▨
b)	▨	48°	96,4 m	▨
c)	4,4 dm	▨	▨	31,0 dm²
d)	▨	211°	▨	84,9 cm²
e)	1,74 m	▨	9,99 m	▨
f)	▨	▨	33,1 cm	198,5 cm²
g)	▨	85°	95 mm	▨
h)	▨	▨	1 dm	1 m²

8 Eine Uhr hat einen 10 cm langen Minutenzeiger. Welchen Weg legt die Zeigerspitze in 5 Minuten zurück? Wie groß ist die Fläche, die der Zeiger dabei überstreicht?

134 Kreisteile

5 Kegel. Oberfläche

→ Stellt verschieden große Tüten her.
→ Schneidet dazu Papierkreise mit einem Radius von 10 cm vom Rand bis zum Mittelpunkt geradlinig ein.
→ Markiert mit einem Farbstift die Grenze der Überlappung. Nun könnt ihr die verschiedenen Kegelmäntel betrachten.

Ein Kegel wird von einem Kreis als **Grundfläche** und einem Mantel begrenzt. Wird die **Mantelfläche** des Kegels in die Ebene ausgerollt, erhält man einen Kreisausschnitt.

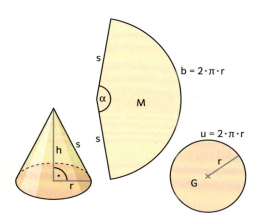

Für den Flächeninhalt des Grundkreises **G** gilt:
$G = \pi \cdot r^2$

Die **Mantellinie s** ist der Radius des Kegelmantels. Seine **Bogenlänge b** ist gleich dem Umfang des Grundkreises.
$b = 2 \cdot \pi \cdot r$

Somit erhält man für den Flächeninhalt der Mantelfläche **M**:
$M = \dfrac{b \cdot s}{2}$
$M = \dfrac{2 \cdot \pi \cdot r \cdot s}{2}$
$M = \pi \cdot r \cdot s$

Die **Oberfläche O** des Kegels setzt sich aus der Grundkreisfläche und der Mantelfläche zusammen. Also ergibt sich für den Oberflächeninhalt des Kegels:
O = G + M $O = \pi \cdot r^2 + \pi \cdot r \cdot s$

Der **Oberflächeninhalt eines Kegels** ist die Summe der Flächeninhalte von Grund- und Mantelfläche.
$O = \pi \cdot r^2 + \pi \cdot r \cdot s = \pi \cdot r \cdot (r + s)$

Beispiele

a) Aus dem Radius des Grundkreises r = 5,4 cm und der Kegelhöhe h = 7,2 cm wird die Mantellinie s und die Oberfläche O berechnet.
$O = \pi r^2 + \pi r s$
Satz des Pythagoras: $s^2 = h^2 + r^2$
$s = \sqrt{7{,}2^2 + 5{,}4^2}$ cm
$s = 9{,}00$ cm
$O = (\pi \cdot 5{,}4^2 + \pi \cdot 5{,}4 \cdot 9{,}00)$ cm²
$O \approx 244{,}3$ cm²

b) Aus dem Oberflächeninhalt O = 1388,6 cm² und dem Grundkreisradius r = 13,0 cm wird die Mantellinie s eines Kegels berechnet.
$O = \pi r^2 + \pi r s$
$O - \pi r^2 = \pi r s$
$s = \dfrac{O - \pi r^2}{\pi r}$
$s = \dfrac{1388{,}6 - \pi \cdot 13{,}0^2}{\pi \cdot 13{,}0}$ cm
$s \approx 21{,}0$ cm

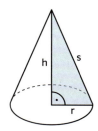

Kegel. Oberfläche   **135**

! Schrägbild zeichnen:
1. Grundfläche

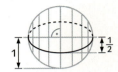

2. Körperhöhe

3. Mantel

? Wie oft dreht sich der Kegel um seine Achse, bis er wieder in seine Ausgangslage zurückkehrt?

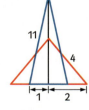

Aufgaben

1 a) Stelle drei Kegel her. Der Mantel soll ein Viertelkreis, ein Halbkreis bzw. ein Dreiviertelkreis mit einem Radius von jeweils 10 cm sein. Bestimme die Radien der Grundkreise durch Messung.
b) Bestätige die Ergebnisse aus Aufgabe 1a) durch Rechnung.

2 Zeichne das Schrägbild eines Kegels. Die Abbildungen auf dem Rand zeigen dir die notwendigen Schritte.
a) r = 3,0 cm
   h = 8,0 cm
b) r = 6,0 cm
   h = 4,0 cm

3 Berechne die fehlenden Größen des Kegels.
(Maße in cm/cm²)

	r	s	h	M	O
a)	5	8			
b)	3,6	6,5			
c)	6		8		
d)		29	21		
e)	6			227	
f)	4,0				163,5

4 Berechne die Größe der Mantel- und Oberfläche der Kegel (Maße in cm). Was fällt dir auf?

a) 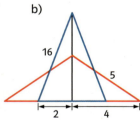 b)

5 Der Mantel eines Kegels ist ein Kreisausschnitt mit r = 5 cm und α = 240°.
a) Mit welchem Faktor muss man den Radius des Kreisausschnitts vergrößern, damit ein Kegelmantel mit doppeltem Flächeninhalt entsteht?
b) Stelle beide Kegel her.

6 Um wie viel Prozent unterscheiden sich die Oberflächeninhalte der Körper?

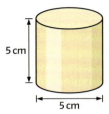 

7 Die Abbildung zeigt den Achsenschnitt eines Kegels. Berechne die Mantelfläche.

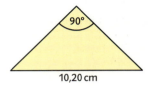

8 In welchem Verhältnis stehen Radius und Mantellinie des Kegels, dessen Mantelfläche
a) doppelt so groß wie die Grundkreisfläche ist?
b) viermal so groß wie die Grundkreisfläche ist?
c) gleich der Grundkreisfläche ist?

9 Gegeben ist der Achsenschnitt eines Kegels. Gib M und O abhängig von e an.

a) 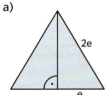 b)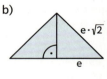

c) 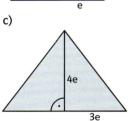 d)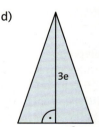

10 Kegelförmige Eistüten haben am oberen Rand einen Durchmesser von 4 cm und sind 12 cm hoch. Wie viel Teig braucht man für 100 Eistüten mit je 2 mm Dicke?

6 Kegel. Volumen

Die beiden Füllkörper haben die gleichen Radien und Körperhöhen.
→ Gieße das Wasser aus dem vollständig gefüllten Kreiskegel in den Zylinder.
→ Wie oft kannst du den Versuch wiederholen, bis auch im Zylinder das Wasser bis zum oberen Rand steht?
→ Schätze zunächst.

Die Abbildung zeigt eine Reihe von Pyramiden mit regelmäßigen Vielecken als Grundflächen. Für das Volumen der Pyramiden gilt jeweils: $V = \frac{1}{3} \cdot G \cdot h$.

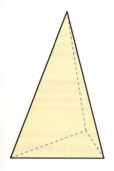 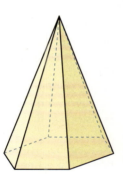 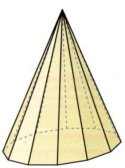 

Mit zunehmender Eckenzahl der Grundfläche kommen die Pyramiden einem Kegel immer näher. Der Kegel kann also als Grenzfall einer Pyramide angesehen werden. Tatsächlich kann das Volumen eines Kegels nach dem gleichen Prinzip wie das Volumen einer Pyramide berechnet werden:

$$V = \frac{1}{3} \cdot G \cdot h$$
$$V = \frac{1}{3} \cdot \pi \cdot r^2 \cdot h$$

> Für das **Volumen eines Kegels** mit dem Grundkreisradius r und der Kegelhöhe h gilt:
> $V = \frac{1}{3} \pi r^2 h$

Beispiele

a) Aus dem Volumen $V = 148{,}5\,cm^3$ und dem Radius $r = 5{,}0\,cm$ wird die Höhe des Kegels bestimmt.

$V = \frac{1}{3} \pi r^2 \cdot h \qquad h = \frac{3V}{\pi r^2}$

$\qquad\qquad\qquad h = \frac{3 \cdot 148{,}5}{\pi \cdot 5{,}0^2}\,cm$

$\qquad\qquad\qquad h \approx 5{,}7\,cm$

b) Aus dem Volumen $V = 148{,}0\,cm^3$ und der Kegelhöhe $h = 13{,}8\,cm$ wird der Radius r des Grundkreises berechnet.

$V = \frac{1}{3} \pi r^2 h \qquad r = \sqrt{\frac{3V}{\pi h}}$

$\qquad\qquad\qquad r = \sqrt{\frac{3 \cdot 148{,}0}{\pi \cdot 13{,}8}}\,cm$

$\qquad\qquad\qquad r \approx 3{,}2\,cm$

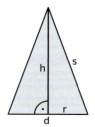

Kegel. Volumen

Aufgaben

1 Berechne die fehlenden Größen des Kegels. (Maße in cm/cm²/cm³)

	r	h	s	O	V
a)	3	8			
b)	4,5	11,0			
c)	2,0				22,0
d)		8,0			253,4
e)	5		13		
f)		35	37		
g)	5			200	

2 Das Volumen eines Kegels beträgt 89,8 cm³ und seine Höhe 7,0 cm.
Zeichne das Netz des Kegels.

3 Ein Zylinder und ein Kegel besitzen das gleiche Volumen. Der Zylinder hat einen Radius von 3,4 cm und eine Höhe von 12,6 cm. Der Kegel ist nur halb so hoch wie der Zylinder.
Berechne die Mantelfläche des Kegels.

4 Der Umfang des Grundkreises eines Kegels beträgt 18,8 cm. Seine Mantellinie ist 8,5 cm lang. Aus dem Kegel wurde ein Stück herausgeschnitten. Berechne Volumen und Oberflächeninhalt des Restkörpers.

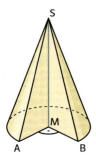

5 Von einem Förderband fällt Sand auf einen Haufen. Dieser Haufen hat immer die Form eines Kreiskegels mit h = 1,2 · r. Fünf Minuten nach dem Start des Förderbandes ist der Haufen einen Meter hoch. Überlege dir mögliche Fragen und versuche sie zu beantworten.

6 Der schwerste Baum der Erde ist ein Mammutbaum in einem kalifornischen Nationalpark. Er hat eine Höhe von 83,8 m und in Bodennähe einen Umfang von 24,4 m. Die Dichte des Holzes beträgt etwa $300 \frac{kg}{m^3}$.
Berechne die Masse des Stammes.
Warum ist zu erwarten, dass die tatsächliche Masse von deinem Ergebnis erheblich abweicht?

7 Berechne Volumen und Oberfläche. Der Achsenschnitt des Kegels ist ein gleichseitiges Dreieck mit einem Flächeninhalt von 84,9 cm².

8 Der kegelförmige Kelch eines Sektglases ist 12 cm hoch und hat einen oberen Innendurchmesser von 7 cm.
a) In welchem Abstand vom oberen Rand muss der Eichstrich für 0,1 l angebracht werden?
b) Wie viel Prozent weniger Flüssigkeit ist im Glas, wenn es nur bis 1 cm unter den Eichstrich gefüllt wird?

9 Gegeben ist der Achsenschnitt eines Kegels. Berechne V und O in Abhängigkeit von e.

a) 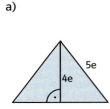   b)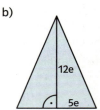

10 Das Volumen des Kegels beträgt $720\pi e^3$. Berechne die gesuchte Größe in Abhängigkeit von e.

a)   b)

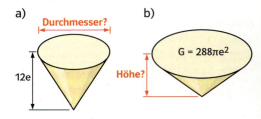

c) Um wieviel Prozent unterscheiden sich die Oberflächeninhalte der beiden Kegel?

7 Kugel. Volumen

Der Durchmesser der Kugel stimmt mit der Kantenlänge des Würfels überein.
→ Tauche die Kugel in den vollständig mit Wasser gefüllten Würfel.
→ Schätze, welcher Bruchteil des Wassers, also des Würfelvolumens, durch die Kugel verdrängt wird.
→ Mit deinem Ergebnis kannst du eine Näherungsformel für das Kugelvolumen finden.

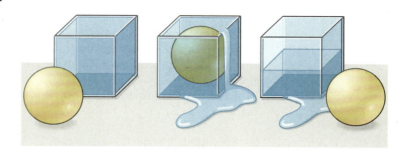

Die Höhe des Zylinders ist gleich dem Durchmesser seines Grundkreises.
Für sein Volumen gilt:

$V_Z = \pi \cdot r^2 \cdot h$ mit $h = 2 \cdot r$
$V_Z = \pi \cdot r^2 \cdot 2 \cdot r$

Wird eine Kugel mit gleichem Durchmesser in den Zylinder getaucht, verdrängt sie etwa zwei Drittel der Wassermenge, also des Zylindervolumens. Man kann beweisen, dass dieses Ergebnis exakt gilt.
Damit ergibt sich für das Volumen einer Kugel die Gleichung:

$V_K = \frac{2}{3} \cdot \pi \cdot r^2 \cdot 2 \cdot r$
$V_K = \frac{4}{3} \cdot \pi \cdot r^3$

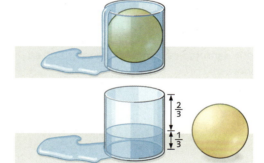

> Für das **Volumen einer Kugel** mit dem Radius r gilt: $V = \frac{4}{3}\pi r^3$

Beispiele

a) Aus dem Radius r = 5 cm wird das Volumen V einer Kugel berechnet.
$V = \frac{4}{3}\pi \cdot r^3$
$V = \frac{4}{3} \cdot \pi \cdot 5^3 \text{ cm}^3$
$V \approx 523{,}6 \text{ cm}^3$

b) Aus dem Volumen V = 2000 cm³ wird der Radius r einer Kugel berechnet.
$V = \frac{4}{3}\pi r^3$ $r = \sqrt[3]{\frac{3V}{4\pi}}$
$r = \sqrt[3]{\frac{3 \cdot 2000}{4\pi}} \text{ cm}$
$r \approx 7{,}8 \text{ cm}$

? Der Kreisumfang ist proportional zum Radius. $u = k_1 \cdot r$
Die Kreisfläche ist proportional zum Quadrat des Radius. $A = k_2 \cdot r^2$
Das Kugelvolumen ist proportional zur dritten Potenz des Radius.
$V = k_3 \cdot r^3$
Wie lauten die Faktoren k_1, k_2 bzw. k_3?

Aufgaben

1 Berechne das Volumen der Kugel.
a) r = 9 cm   b) r = 14,2 m
c) d = 17 dm   d) d = 1,8 m

2 Wie groß ist der Kugelradius?
a) V = 500 cm³   b) V = 3725 mm³
c) V = 8,5 dm³   d) V = 36 cm³

Kugel. Volumen   **139**

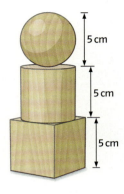

3 Eine halbkugelförmige Müslischüssel hat einen Innendurchmesser von 18 cm. Fasst sie einen Liter?

4 Friedrich Fröbel (1782–1852), einer der Begründer unserer heutigen Kindergärten, entwickelte eine Spielgabe aus Kugel, Walze und Würfel.
Berechne das Gesamtvolumen dieser drei Körper.

5 Ein Auszubildender soll aus einem Holzwürfel mit 12 cm Kantenlänge eine möglichst große Kugel herstellen. Er rechnet mit etwa 25 % Abfall.

6 Kannst du eine Korkkugel anheben, die gerade so durch die Tür deines Klassenzimmers passt? Ein Kubikzentimeter Kork wiegt etwa 0,2 g.

7 Kleine Eisenkugeln mit einem Radius von 0,5 cm sollen zu einer einzigen Kugel mit dem Radius von 5,0 cm verschmolzen werden.
Wie viele kleine Kugeln braucht man?

? *Fa. Mayer & Co. verschickt 1 Million Stahlkugeln für Kugellager mit einem Durchmesser von 1 mm. Welches Transportmittel würdest du wählen, wenn 1 cm³ Stahl 7,8 g wiegt?*
☐ *Tieflader*
☐ *Kleinlaster*
☐ *Fahrrad*
☐ *Brieftaube*

8 Die drei Gläser haben denselben Durchmesser am oberen Rand. Ihre Höhe ist jeweils gleich dem halben Durchmesser.

a) Wie oft passt der Inhalt des kegelförmigen Glases in das halbkugel- bzw. in das zylinderförmige Glas?
b) Welche beiden Gläser haben zusammen das gleiche Volumen wie das dritte Glas? Nimm die Volumenformeln zu Hilfe.

9 Vier gleich große Kugeln mit dem Radius r liegen so auf einer Tischplatte, dass ihre Mittelpunkte ein Quadrat bilden und benachbarte Kugeln sich berühren. Eine fünfte Kugel soll nun dazwischen gelegt werden. Wie groß darf das Volumen dieser Kugel höchstens sein? Eine Skizze hilft.

Der Satz von Cavalieri

„Zwei Körper, die in jeder Höhe inhaltsgleiche Schnittflächen haben, sind volumengleich."
Dieses Prinzip veröffentlichte der italienische Mathematiker Bonaventura Cavalieri (1598–1647), ein Schüler Galileis. Danach lassen sich die Rauminhalte von Körpern vergleichen.

Der Zylinder hat den gleichen Radius r und die gleiche Höhe r wie die Halbkugel. Aus dem Zylinder ist von oben ein Kegel ausgebohrt mit dem Radius r und der Höhe r.
■ Berechne das Volumen des Restkörpers. Beweise, dass der Restkörper und die Halbkugel in jeder beliebigen Höhe h inhaltsgleiche Schnittflächen haben.
■ Was kannst du nach dem Prinzip von Cavalieri daraus schließen?

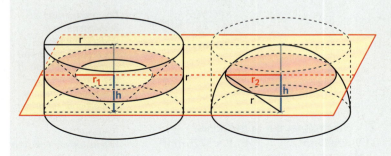

140   Kugel. Volumen

8 Kugel. Oberfläche

→ Bedecke die Oberfläche einer Halbkugel und deren Schnittfläche möglichst lückenlos mit einem Faden.
→ Vergleiche die benötigten Fadenlängen.
→ Mit deinem Ergebnis kannst du eine Formel für die Oberfläche einer Kugel finden.

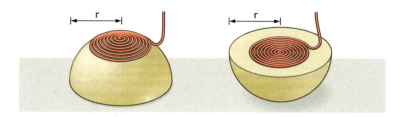

Kugeln haben eine gekrümmte Oberfläche, die man nicht in die Ebene abwickeln kann.

Man denkt sich die Kugel in kleine Pyramiden zerlegt, deren Spitzen sich im Kugelmittelpunkt befinden.
Die Grundflächen dieser Pyramiden nähern bei einer sehr feinen Unterteilung die Kugeloberfläche beliebig genau an. Die Pyramidenhöhen sind annähernd gleich dem Kugelradius.

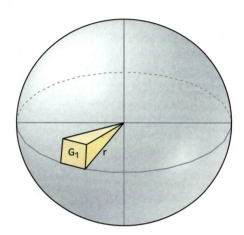

Für das Kugelvolumen gilt somit:
$V_K = V_{P_1} + V_{P_2} + \ldots + V_{P_n}$
$V_K = \frac{1}{3} G_1 \cdot r + \frac{1}{3} G_2 \cdot r + \ldots + \frac{1}{3} G_n \cdot r$
$V_K = \frac{1}{3} (G_1 + G_2 + \ldots + G_n) \cdot r$
$V_K = \frac{1}{3} O_K \cdot r$
Mit $V_K = \frac{4}{3} \pi \cdot r^3$ erhält man: $\frac{4}{3} \pi \cdot r^3 = \frac{1}{3} O_K \cdot r$
Durch Umformen dieser Gleichung ergibt sich: $O_K = 4 \cdot \pi \cdot r^2$

Für die **Oberfläche einer Kugel** mit dem Radius r gilt: **$O = 4 \pi r^2$**

Beispiele

a) Aus dem Radius $r = 8{,}5\,\text{cm}$ wird der Oberflächeninhalt O einer Kugel berechnet.
$O = 4 \pi r^2$
$O = 4 \cdot \pi \cdot 8{,}5^2\,\text{cm}^2$
$O \approx 907{,}9\,\text{cm}^2$

b) Aus dem Volumen $V = 818\,\text{cm}^3$ wird der Oberflächeninhalt O einer Kugel berechnet.
$V = \frac{4}{3} \pi r^3$ $\qquad O = 4 \pi r^2$
$r = \sqrt[3]{\frac{3V}{4\pi}}$ $\qquad O \approx 4\pi \cdot 5{,}80^2\,\text{cm}^2$
$r = \sqrt[3]{\frac{3 \cdot 818}{4\pi}}\,\text{cm}$
$r \approx 5{,}80\,\text{cm}$ $\qquad O \approx 422{,}7\,\text{cm}^2$

Aufgaben

1 Wie groß ist die Kugeloberfläche?
a) $r = 8\,\text{mm}$ b) $r = 30{,}5\,\text{cm}$
c) $d = 41\,\text{cm}$ d) $d = 8{,}3\,\text{dm}$

2 Auch dieses Bild passt zu der gefundenen Formel.
Kannst du es erklären?

Kugel. Oberfläche 141

3 Wie groß ist der Kugelradius?
a) O = 10 cm²   b) O = 100 cm²
c) O = 1000 cm²

4 Berechne die fehlenden Größen.

	r	O	V
a)	70 cm		
b)		70 cm²	
c)			70 cm³

5 a) Berechne für jede Kugelpackung die Oberfläche aller Kugeln.
b) Wie viel wiegen die Packungen aus Korkkugeln (0,2 g/cm³)?

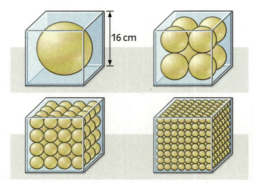

6 Ein Würfel aus Plastillin mit der Kantenlänge a = 10 cm soll zu einer Kugel geformt werden.
a) Welchen Radius hat die Kugel?
b) Vergleiche die Kugel- mit der Würfeloberfläche.

7 a) Verdopple bzw. verdreifache einen Kugelradius. Wie verändern sich V und O?
b) Verdopple das Volumen. Wie ändert sich r?
c) Was passiert mit r, wenn die Oberfläche verdoppelt wird?

8 Das Wahrzeichen der Weltausstellung 1958 in Brüssel ist das Atomium. Es besteht aus 9 Kugeln von je 18 m Durchmesser.
a) Berechne das Gesamtvolumen und die Oberflächeninhalte aller Kugeln.
b) Welche Kantenlänge müsste ein volumengleicher Würfel haben?

9 Der Umfang eines Basketballes liegt zwischen 74,9 cm und 78,0 cm. Wie viel Material wird zur Herstellung von 1000 Bällen mindestens bzw. höchstens benötigt? Rechne mit 25 % Verschnitt.

10 Die Innenfläche eines kugelförmigen Öltanks, der 2000 l fasst, wird neu beschichtet. Wie groß ist die Innenfläche?

11 Während ein Wetterballon in die Atmosphäre aufsteigt, funkt er Daten zur Erde. In der immer dünner werdenden Luft nimmt das Volumen des Ballons zu, bis er in 30 bis 35 km Höhe platzt.

a) Berechne das Gewicht der Latexhülle eines Wetterballons, der am Boden einen Durchmesser von 1,70 m hat. 1 dm² wiegt dort etwa 1,1 g.
b) Das Volumen des Ballons wächst bis auf das 500-Fache an. Welche Oberfläche hat der Wetterballon dann?

12 Eine Seifenblase hat einen äußeren Durchmesser von 8 cm und eine Wandstärke von 0,01 mm.
a) Berechne das Volumen der verbrauchten Seifenlösung.
b) Wie dick wird die Wand der Seifenblase, wenn der äußere Durchmesser durch weiteres Blasen um 1 cm erhöht wird?
c) Die minimale Wandstärke der Seifenblase beträgt 0,005 mm. Dann platzt sie.

142   Kugel. Oberfläche

9 Zusammengesetzte Körper

Die Pyramide wird auf die Deckfläche des Quaders aufgesetzt.
→ Berechne das Volumen des zusammengesetzten Körpers.
→ Kannst du bei der Berechnung der Oberfläche genauso vorgehen wie bei der Berechnung des Volumens?

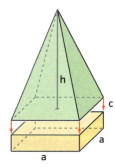

a = 4,0 cm
c = 1,0 cm
h = 6,0 cm

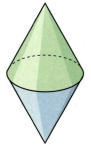

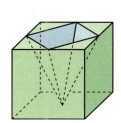

Das Volumen des Doppelkegels setzt sich aus den Volumina der zwei Kegel zusammen. Die Oberfläche besteht aus den zwei Kegelmänteln.
Das Volumen des Hohlkörpers ist die Differenz zwischen dem Würfelvolumen und dem Pyramidenvolumen. Die Oberfläche besteht aus fünf Quadratflächen des Würfels, vier Dreiecksflächen des Pyramidenmantels und einem Würfelquadrat, aus dem die Grundfläche der Pyramide ausgeschnitten wurde.

> Das **Volumen** zusammengesetzter oder ausgehöhlter Körper berechnet man als Summe oder Differenz der einzelnen Volumina. Es gilt also:
> $V = V_1 + V_2$ oder $V = V_1 - V_2$
> Die **Oberfläche** zusammengesetzter oder ausgehöhlter Körper ist die Summe der Einzelflächen. Gemeinsame Flächen werden abgezogen.

Beispiel

Aus einem Zylinder wurden zwei gleich große Kegel herausgedreht.
Aus dem Radius r = 6,0 cm, der Höhe h_Z = 10,0 cm des Zylinders und der Höhe h_K = 3,0 cm des ausgeschnittenen Kegels werden Volumen und Oberflächeninhalt des Restkörpers berechnet.

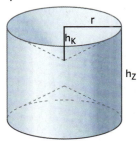

$V = V_Z - 2 V_K$
$V = \pi r^2 h_Z - 2 \cdot \frac{1}{3} \pi r^2 h_K$

$V = (\pi \cdot 6{,}0^2 \cdot 10{,}0 - 2 \cdot \frac{1}{3} \cdot \pi \cdot 6{,}0^2 \cdot 3{,}0)\,cm^3$
$V \approx 904{,}8\,cm^3$

$O = M_Z + 2 M_K$
$O = 2\pi r h_Z + 2\pi r s$

$s^2 = h_K^2 + r^2$
$s = \sqrt{3{,}0^2 + 6{,}0^2}\,cm$
$s \approx 6{,}71\,cm$

$O \approx (2\pi \cdot 6{,}0 \cdot 10{,}0 + 2\pi \cdot 6{,}0 \cdot 6{,}71)\,cm^2$
$O \approx 630{,}0\,cm^2$

Zusammengesetzte Körper

Aufgaben

1 Aus welchen Teilkörpern bestehen die zusammengesetzten Körper? Welche Teilflächen bilden ihre Oberfläche? Berechne Volumen und Oberfläche. (Maße in cm)

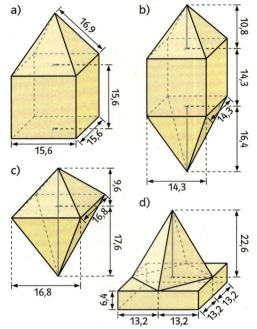

2 Die Länge der Grundkante $a = 3{,}8\,\text{m}$, die Höhe $h_1 = 4{,}5\,\text{m}$ und die Seitenkante $s = 4{,}7\,\text{m}$ sind gegeben. Wie groß sind Volumen und Oberfläche des Körpers?

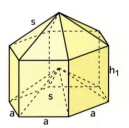

3 Setzt man zwei quadratische Pyramiden mit jeweils acht gleich langen Kanten zusammen, so erhält man einen Oktaeder.

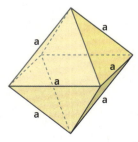

Zeige, dass für die Oberfläche eines Oktaeders die Formel $O = 2a^2\sqrt{3}$ und für das Volumen die Formel $V = \frac{a^3}{3}\sqrt{2}$ gilt.

4 Alle Kanten der Verpackung sind gleich lang. (Maß in cm)
a) Zeichne das Netz der Verpackung in einem geeigneten Maßstab.
b) Wie viel Karton wird zu ihrer Herstellung mindestens benötigt?
c) Nenne mögliche Kantenlängen einer quaderförmigen Verpackung, die das gleiche Fassungsvermögen hat.

5 Aus welchen Teilkörpern bestehen die zusammengesetzten Körper? Welche Teilflächen bilden ihre Oberflächen? Berechne Volumen und Oberfläche. (Maße in cm)

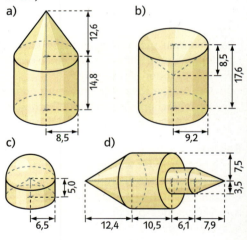

6 Wie groß ist das Volumen der Körper?
a) $O = 664\,\text{cm}^2$ \qquad b) $a = 2{,}4\,\text{cm}$

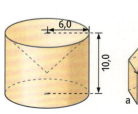
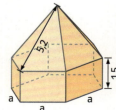

144 Zusammengesetzte Körper

Pyramidenstumpf

Schneidet man eine Pyramide parallel zu ihrer Grundfläche durch, so entstehen ein **Pyramidenstumpf** und die zugehörige Ergänzungspyramide.

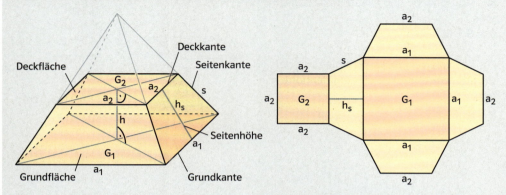

Das **Volumen eines Pyramidenstumpfes** ist die Differenz der Volumina von Pyramide und Ergänzungspyramide.
$V = V_1 - V_2$

Die **Oberfläche eines Pyramidenstumpfes** setzt sich aus Grund-, Deck- und Mantelfläche zusammen.
$O = G_1 + G_2 + M$

■ Zeichne das Schrägbild eines quadratischen Pyramidenstumpfes.
a) Grundkante 6 cm, Höhe der gesamten Pyramide 10 cm, Höhe des Stumpfes 7,0 cm
b) Grundkante 7 cm, Höhe der gesamten Pyramide 9 cm, Deckkante 4,0 cm

■ Berechne den Mantel- und den Oberflächeninhalt eines quadratischen Pyramidenstumpfes mit $a_1 = 7{,}8$ cm, $a_2 = 3{,}1$ cm und $h = 8{,}4$ cm.
Die Mantelfläche besteht aus symmetrischen Trapezen.

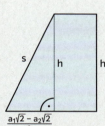
halber Diagonalschnitt

■ Für Berechnungen am Stumpf benötigt man oft Teilfiguren.

■ Berechne das Volumen eines quadratischen Pyramidenstumpfes mit $a_1 = 9{,}8$ cm; $a_2 = 6{,}9$ cm und $h = 7{,}4$ cm.
Zur Berechnung der Höhe der gesamten Pyramide kann man ähnliche Dreiecke oder den Strahlensatz anwenden.

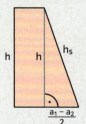
halber Parallelschnitt

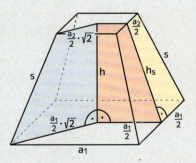

■ Gegeben ist ein Stumpf mit $a_1 = 15{,}0$ cm; $a_2 = 8{,}0$ cm und $h = 10{,}0$ cm. Die Punkte C und D halbieren die Seitenkanten.

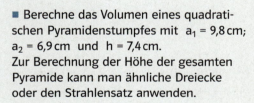

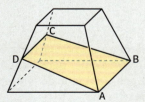

Berechne den Umfang und den Flächeninhalt des Vierecks ABCD.

Fertige das Modell eines quadratischen Pyramidenstumpfes an, bei dem man die halbe Seitenfläche, die halbe Parallelschnittfläche und die halbe Diagonalschnittfläche sieht.

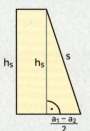
halbe Seitenfläche

Pyramidenstumpf 145

Zusammenfassung

Pyramide
- **Oberfläche**

Die Oberfläche einer Pyramide setzt sich aus Grundfläche und Mantelfläche zusammen.
$O = G + M$

- **Volumen**

Für das Volumen einer Pyramide mit der Grundfläche G und der Pyramidenhöhe h gilt:
$V = \frac{1}{3} \cdot G \cdot h$

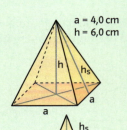

$a = 4{,}0\,\text{cm}$
$h = 6{,}0\,\text{cm}$

$h_s^2 = h^2 + \left(\frac{a}{2}\right)^2$
$h_s = \sqrt{6{,}0^2 + 2{,}0^2}\,\text{cm}$
$h_s \approx 6{,}3\,\text{cm}$
$O = a^2 + 2ah_s$
$O \approx (4{,}0^2 + 2 \cdot 4{,}0 \cdot 6{,}3)\,\text{cm}^2$
$O \approx 66{,}6\,\text{cm}^2$
$V = \frac{1}{3} G h$
$V = \frac{1}{3} \cdot 4{,}0^2 \cdot 6{,}0\,\text{cm}^3$
$V = 32{,}0\,\text{cm}^3$

Kegel
- **Oberfläche**

Die Oberfläche eines Kegels setzt sich aus Grundfläche und Mantelfläche zusammen.
$O = \pi \cdot r^2 + \pi \cdot r \cdot s$

- **Volumen**

Für das Volumen eines Kegels mit dem Grundkreisradius r und der Kegelhöhe h gilt:
$V = \frac{1}{3} \cdot \pi \cdot r^2 \cdot h$

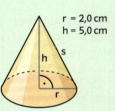

$r = 2{,}0\,\text{cm}$
$h = 5{,}0\,\text{cm}$

$s^2 = h^2 + r^2$
$s = \sqrt{5{,}0^2 + 2{,}0^2}\,\text{cm}$
$s \approx 5{,}4\,\text{cm}$
$O = \pi r^2 + \pi r s$
$O \approx (\pi \cdot 2{,}0^2 + \pi \cdot 2{,}0 \cdot 5{,}4)\,\text{cm}^2$
$O \approx 46{,}4\,\text{cm}^2$
$V = \frac{1}{3} \pi r^2 h$
$V = \frac{1}{3} \cdot \pi \cdot 2{,}0^2 \cdot 5{,}0\,\text{cm}^3$
$V \approx 20{,}9\,\text{cm}^3$

Kugel
- **Oberfläche**

Für die Oberfläche einer Kugel mit dem Radius r gilt: $O = 4 \cdot \pi \cdot r^2$

- **Volumen**

Für das Volumen einer Kugel mit dem Radius r gilt: $V = \frac{4}{3} \pi \cdot r^3$

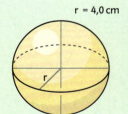

$r = 4{,}0\,\text{cm}$

$O = 4\pi r^2$
$O = 4 \cdot \pi \cdot 4{,}0^2\,\text{cm}^2$
$O \approx 201{,}1\,\text{cm}^2$
$V = \frac{4}{3} \pi r^3$
$V = \frac{4}{3} \cdot \pi \cdot 4{,}0^3\,\text{cm}^3$
$V \approx 268{,}1\,\text{cm}^3$

zusammengesetzte Körper

Das **Volumen** zusammengesetzter oder ausgehöhlter Körper berechnet man als Summe oder Differenz der einzelnen Volumina. Es gilt also
$V = V_1 + V_2$ oder $V = V_1 - V_2$.
Der **Oberflächeninhalt** zusammengesetzter oder ausgehöhlter Körper lässt sich aus den einzelnen Flächeninhalten berechnen.

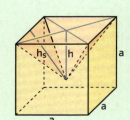

Aus einem Würfel wurde Pyramide herausgearbeitet.
$V = V_W - V_P$
$V = a^3 - \frac{1}{3} a^2 h$
$O = 5 A_Q + M_P$
$O = 5a^2 + 2ah_s$

146 Zusammenfassung

Üben • Anwenden • Nachdenken

1 Zeichne das Netz und das Schrägbild der quadratischen Pyramide.
a) a = 5,0 cm
 h = 4,0 cm
b) a = 4,2 cm
 h_s = 6,0 cm

2 Eine Sechseckspyramide hat die Grundkante a = 5,0 cm und die Höhe h = 6,0 cm.
Zeichne eines der Manteldreiecke in wahrer Größe.

3 Berechne die fehlenden Größen der quadratischen Pyramide.
(Maße in cm/cm²/cm³)

	a	s	h	h_s	O	V
a)	8,0		6,0			
b)	6,2		12,5			
c)	12	16				
d)		6,2	5,5			
e)			6,8	9,6		
f)			9			108
g)	9,2				216,6	
h)	5					60

4 Eine quadratische Pyramide ist durch ihren Parallelschnitt gegeben.
Berechne Oberflächeninhalt und Volumen.
a) 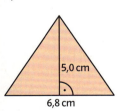 b)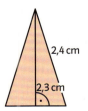

5 Eine quadratische Pyramide ist durch ihren Diagonalschnitt gegeben.
Berechne Oberflächeninhalt und Volumen.
a) b)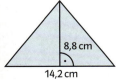

6 Berechne Volumen und Oberflächeninhalt einer Sechseckspyramide mit der Grundkante a = 5,0 cm und der Höhe h = 8,8 cm.

7 Das Schnittdreieck bestimmt die Sechseckspyramide. Berechne Oberflächeninhalt und Volumen.
a)  b)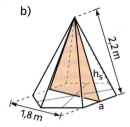

8 Eine Dreieckspyramide, bei der die Grund- und Seitenkanten gleich lang sind, nennt man Tetraeder.
Wie groß ist das Volumen des Tetraeders, der in den Würfel mit der Kantenlänge 9,0 cm einbeschrieben ist?
In welchem Verhältnis stehen Würfel- und Tetraedervolumen?

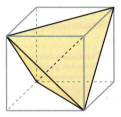

Für die Höhe des Tetraeders brauchst du folgende Verhältnisgleichung:

$\overline{AM} / \overline{ME} = 2/1$ $\overline{CM} / \overline{MD} = 2/1$

9 Eine quadratische Pyramide hat die Grundkante a = 6,0 cm und die Höhe h = 7,0 cm. Das Dreieck FES zerlegt die Pyramide in zwei volumengleiche Teile.

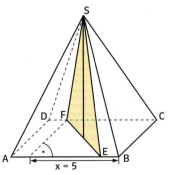

a) Berechne den Flächeninhalt des Dreiecks FES.
b) Die Länge x wird verändert.
Für welchen Wert von x hat das Dreieck FES seinen größten bzw. kleinsten Flächeninhalt?

10 Die Pyramide über dem Grab des Gründers der Stadt Karlsruhe, Markgraf Karl Wilhelm von Baden, ist aus Sandstein (1 dm³ wiegt 1,8 kg). Sie ist 6,81 m hoch und hat einen Grundkantenlänge von 6,05 m. Wie schwer ist das Bauwerk? Gib das Ergebnis in Tonnen an.

11 Das Dach eines Kirchturms hat die Form einer Sechsecksypramide. Es soll neu mit Kupferblech gedeckt werden. Seine Grundkante a = 2,45 m und Seitenkante s = 6,80 m sind bekannt.
Kupferblech kostet 78 € je Quadratmeter. Es wird mit 10 % Verschnitt gerechnet.

12 Zeichne Schrägbild und Netz eines Kegels mit r = 3,0 cm und h = 4,0 cm.

13 Berechne die fehlenden Größen des Kegels.
a) r = 3,6 cm; s = 5,5 cm
b) h = 9,9 cm; V = 180 cm³

14 Ein Kegel ist durch seinen Achsenschnitt gegeben. Berechne Oberflächeninhalt und Volumen. (Maße in cm)
a)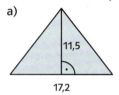
b)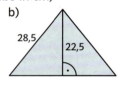
c)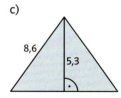
d)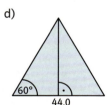

15 Ein alter Futtertrog aus Holz ist 2,00 m lang und 0,60 m breit. Die minimale Wandstärke an den Längsseiten und den Querseiten beträgt 6 cm.
a) Wie viel wiegt der leere Trog? Ein cm³ Holz wiegt 0,8 g.
b) Der Trog soll mit einem biologischen Holzschutzmittel gestrichen werden. Wie groß ist die zu streichende Fläche?

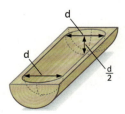

16 Ein Kegel ist durch seine Oberfläche mit O = 425,0 cm² und seinen Radius r = 6,5 cm gegeben.
Welche Höhe hat ein Zylinder mit gleichem Volumen und gleichem Grundkreisradius?

17 Ein Sekt- und ein Wasserglas werden gefüllt. Der Zufluss ist gleichmäßig.

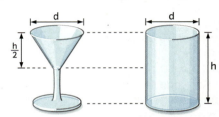

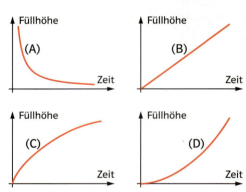

a) Welche Graphen gehören zu den Gläsern?
b) Wie viele vollständig gefüllte Sektgläser werden benötigt, um das Wasserglas bis zum Rand zu füllen?

18 Aus dem Kegel wurde ein Stück herausgeschnitten. Gegeben sind die Längen $\overline{AS}$ = 32 cm und $\overline{MS}$ = 25 cm. Um wie viel Prozent hat sich die Oberfläche des Körpers verkleinert?

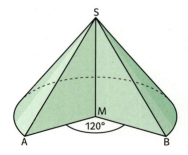

19 Eine kegelförmig aufgeschüttete Kohlenhalde ist 25 m hoch und hat einen Durchmesser von 40 m. Welche Bodenfläche bedeckt der Kohlenberg? Aus wie viel m³ Kohle besteht er?

20 Berechne die fehlenden Größen der Kugel. (Maße in cm/cm²/cm³)

	r	O	V
a)	9		
b)		804,2	
c)			179,6

21 Zwei Kugeln einer Sorte haben zusammen denselben Oberflächeninhalt wie drei Kugeln einer zweiten Sorte.
Um wie viel Prozent unterscheiden sich ihre Radien?

22 In einer Fußgängerzone findet man diese Granitkugel mit einem Durchmesser von 80 cm. Sie liegt in einem Wasserbad und lässt sich deshalb kinderleicht drehen. Wie schwer ist die Kugel? Ein Kubikzentimeter Granit wiegt 2,9 g.

23 Ein würfelförmiges Gefäß ist bis zur halben Höhe mit Wasser gefüllt. In dieses Gefäß wird die größtmögliche Kugel eingetaucht.

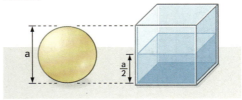

Läuft dabei Wasser über?

24 Von einem Kegel sind M = 180 cm² und s = 10,2 cm gegeben. Eine Kugel hat dasselbe Volumen. Wie groß ist die Oberfläche der Kugel?

25 Berechne Volumen und Oberfläche des Körpers. (Maße in cm)

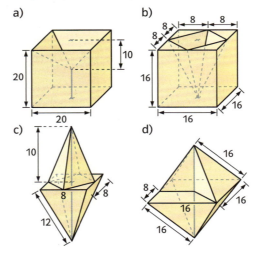

26 Zwei Goldgräber in Alaska fanden elf große Nuggets. Sie ließen die elf Nuggets zu elf verschieden großen Kugeln umschmelzen.
Sieben davon hatten einen Durchmesser von 2 cm, zwei waren 6 cm, eine 8 cm und eine 10 cm dick.
Als die beiden sich trennten, mussten sie ihren Schatz gerecht teilen.

27 Der zusammengesetzte Körper hat ein Volumen von 4170 cm³. Berechne die Länge seiner Kanten.

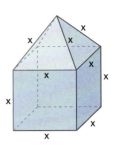

Üben • Anwenden • Nachdenken   149

28 Das Dachgeschoss eines Gebäudes soll renoviert werden. (Maße in m)

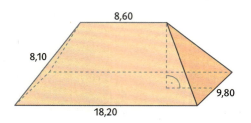

a) Wie viel Quadratmeter Ziegel müssen für das Walmdach bestellt werden, wenn mit einem Verschnitt von 8 % gerechnet werden muss?
b) Wie hoch ist das Dach?
c) Berechne den umbauten Raum des gesamten Dachgeschosses.

29 Die abgebildeten Flächen drehen sich um eine Achse. Es entstehen Drehkörper.

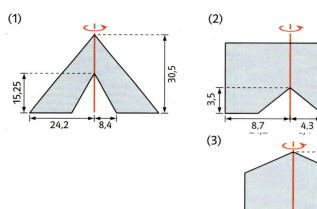

a) Beschreibe die Körper. Aus welchen Teilen setzt sich ihre Oberfläche zusammen?
b) Skizziere das Schrägbild der Körper.
c) Berechne das Volumen und die Oberfläche.

30 Die Sandmenge im oberen Glas der Sanduhr läuft in genau 6 Minuten durch. Wo muss die Markierung für drei Minuten angebracht werden?
Beachte: Die Durchlaufzeit ist proportional zum Volumen des Sandes.

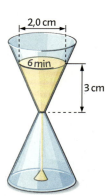

31 Gegeben ist der Diagonalschnitt einer quadratischen Pyramide. Gib die Oberfläche und das Volumen in Abhängigkeit von e an.

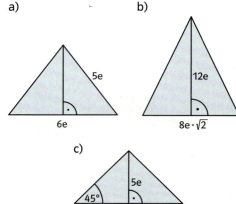

32 Gegeben ist der Kegelmantel. Gib Formeln für Volumen und Oberfläche des Kegels in Abhängigkeit von e an.

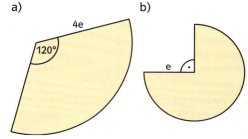

33 Ein Körper setzt sich aus einer Halbkugel, einem Zylinder und einem Kegel zusammen. Der Körper hat ein Volumen von $66\pi e^3$.
Berechne die Länge der Mantellinie s in Abhängigkeit von e.

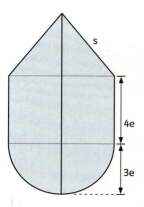

Rückspiegel

1 Wie groß sind Mantelfläche, Oberfläche und Volumen der quadratischen Pyramide?
a) $a = 10$ cm
   $h_s = 7{,}0$ cm
b) $h = 0{,}8$ cm
   $s = 1{,}0$ cm

2 Berechne Oberflächeninhalt und Volumen der
a) quadratischen Pyramide mit $a = 5$ cm und $h = 8$ cm
b) Sechseckspyramide mit $a = 6$ cm und $h = 12$ cm

3 Gegeben ist der Achsenschnitt eines Kegels. Berechne Oberflächeninhalt und Volumen.

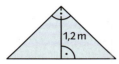

4 Wie viel Prozent Luft ist in dieser Verpackung?

5 Berechne das Volumen und den Materialbedarf der Verpackung. Rechne mit 10 % Zuschlag für Verschnitt und Klebefalze.

6 Gib M, O und V einer quadratischen Pyramide in Abhängigkeit von e an.
a) $a = 6e$
   $h = 4e$
b) $h = 12e$
   $h_s = 15e$

---

1 Berechne h_s, h und V einer quadratischen Pyramide mit einem Oberflächeninhalt von 39,2 cm² und einer Grundkante von 3,0 cm.

2 a) Eine Rechteckspyramide hat die Maße $h = 5$ cm, $a = 4$ cm und $V = 120$ cm³. Berechne die fehlende Grundkante.
b) Eine Sechseckspyramide hat ein Volumen von 184 cm³ und eine Höhe von 10,5 cm. Berechne den Oberflächeninhalt.

3 Bei einem Kegel ist die Höhe doppelt so groß wie der Radius. Sein Volumen beträgt 575 cm³.
Berechne den Oberflächeninhalt.

4 Von einem Kegel sind gegeben:
$V = 185{,}2$ cm³
$h = 6{,}8$ cm
Die Mantelfläche des Kegels ist genauso groß wie die Oberfläche einer Kugel. Berechne das Volumen dieser Kugel.

5 Berechne x.
a) $V = 1190$ cm³
b) $V = 1539{,}5$ cm³

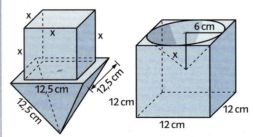

6 Stelle Formeln für den Oberflächeninhalt und das Volumen auf. Verwende dabei keine gerundeten Werte.
a)
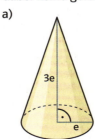
b)
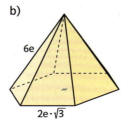

- **Bewerbungstraining**

Spätestens wenn dein Bewerbungsschreiben erfolgreich war, musst du an die nächste Hürde denken: Der Einstellungstest muss bestanden werden.
Die Aufgaben in diesem Teil sollen dir helfen, dich auf den mathematischen Bereich vorzubereiten.

Achtung:
In der Regel werden auch Aufgaben zum Allgemeinwissen und zu deinen sprachlichen Fähigkeiten gestellt!

Allgemeine Hinweise

Vor dem Test solltest du dich über den Betrieb informieren. Mach dir auch Gedanken über deine Stärken und Schwächen. Lass dich bei der Wahl der Kleidung für ein Vorstellungsgespräch beraten, achte auf ein gepflegtes Äußeres. Pünktlichkeit und höfliches Verhalten sind ebenfalls sehr wichtig – auch bei einem Test. Erkundige dich daher auch rechtzeitig nach den gültigen Verkehrsverbindungen. Der erste Eindruck, den dein zukünftiger Chef von dir bekommt, hat immer Einfluss auf die Entscheidung zur weiteren Zusammenarbeit.

Durch Auswahltests versucht der Betrieb, sich ein Bild von deinen Fähigkeiten zu machen. Nicht immer bekommen die Bewerber mit den besten Testergebnissen den Ausbildungsplatz. Entscheidend ist oft, wer insgesamt am besten den Erwartungen entspricht und damit die Ausbildung erfolgreich abschließen kann.
Zu den Tests gehören meist auch schriftliche Prüfungen, die mit Klassenarbeiten vergleichbar sind.

Tipps für den schriftlichen Test

- Beginne die Prüfung ohne Hektik, konzentriere dich auf deine Aufgabe. Zeitdruck ist Absicht, um zu testen, wie du auf Stress reagierst.
- Lies die Aufgabe gewissenhaft durch, damit du sicher bist, dass du alles verstanden hast.
- Gib nicht sofort auf, wenn du bei einer Aufgabe Schwierigkeiten bekommst. Beiße dich aber auch nicht zu lange an einem Problem fest, wechsle dann lieber zur nächsten Aufgabe.
- Bei manchen Aufgaben kann dir eine Skizze, ein Diagramm oder eine Tabelle weiterhelfen.
- Überprüfe deine Ergebnisse und überlege, ob sie sinnvoll sind.
- Wissen wird abgeprüft, ebenso die Fähigkeit zum logischen Denken und räumlichen Vorstellungsvermögen.

LINDENER LANDMASCHINEN GMBH

Eignungstest

Liebe Bewerberin, lieber Bewerber,

herzlich willkommen bei unserer Veranstaltung. Durch diesen Test möchten wir herausfinden, ob Sie für den angebotenen Ausbildungsplatz geeignet sind.
Bitte bearbeiten Sie die Aufgaben selbstständig und ohne Hilfsmittel (Taschenrechner).
Sie haben 30 Minuten Zeit zur Bearbeitung aller Aufgaben.
Befolgen Sie die Anweisungen unserer Mitarbeiter, ansonsten müssen Sie die Veranstaltung leider vorzeitig verlassen.

Wir wünschen Ihnen viel Erfolg!

Beispielaufgabe: Markieren Sie die Ziffern 6 und 9

2	9	3	1	6	8	5	9	6	2	5	5	5	2	2	5
6	6	5	9	5	6	9	3	5	5	9	6	8	6	4	8
5	7	4	8	8	7	8	9	8	8	9	2	8	8	7	9
2	4	1	4	5	5	8	6	7	1	6	6	5	6	5	2
4	4	4	5	5	3	4	2	2	2	1	2	6	2	2	9
4	8	1	4	1	2	1	2	3	1	6	8	9	9	7	6
3	6	3	1	6	4	7	1	3	3	1	6	8	9	5	9
8	9	6	5	6	7	5	7	8	9	8	2	2	3	7	5
2	4	1	1	5	3	5	5	5	8	9	9	8	3	5	8
1	4	1	8	1	8	3	2	5	4	6	5	3	4	7	6
4	5	1	9	7	3	8	6	5	1	9	2	9	4	7	5
1	7	9	9	5	8	8	7	8	2	2	2	9	3	1	6

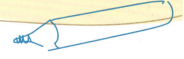

153

Bewerbungstraining

Grundrechenarten

> Beim schriftlichen **Addieren** und **Subtrahieren** müssen die Zahlen stellenwertgerecht untereinanderstehen, dabei steht Komma unter Komma.
> Dezimalzahlen sind zunächst ohne Berücksichtigung des Kommas zu **multiplizieren**. Das Komma wird erst im Endergebnis gesetzt. Dabei hat das Ergebnis so viele Nachkommastellen wie die einzelnen Faktoren zusammen haben.
> Beim **Dividieren** muss der Divisor eine natürliche Zahl sein. Gegebenenfalls müssen Dividend und Divisor entsprechend mit einer Zehnerpotenz erweitert werden. Das Komma ist also nach rechts zu verschieben.

Summe
$12 + 5$
Summand + Summand

Differenz
$12 - 5$
Minuend − Subtrahend

Produkt
$12 \cdot 5$
Faktor · Faktor

Quotient
$12 : 5$
Dividend : Divisor

- **Addition**
$$\begin{array}{r} 1{,}354 \\ +\,44{,}58 \\ +\ \ 2{,}679 \\ \hline 1\ \ 21\ \ \\ \hline 48{,}613 \end{array}$$
↑ Komma unter Komma

- **Subtraktion**
$$\begin{array}{r} 64{,}39\ \ \\ -\,21{,}822 \\ -\ \ 6{,}656 \\ \hline 1\ 2\ \ \ 1\ \ \\ \hline 35{,}912 \end{array}$$
↑ Komma unter Komma

- **Multiplikation**
$$\begin{array}{r} 6{,}28 \cdot 5{,}7 \\ \hline 31\ 40\ \ \\ 4\ 39\ 6 \\ \hline 35{,}796 \end{array}$$
3 Nachkommastellen

- **Division**
$1{,}68 : 0{,}3 =$
$16{,}8 : 3 = 5{,}6$
$\underline{15}$
$\ \ 18$
$\ \ \underline{18}$
$\ \ \ \ 0$
Komma um **eine Stelle nach rechts**

Bruchrechnung

Tipp:
$5\tfrac{3}{8} = \tfrac{5 \cdot 8 + 3}{8} = \tfrac{43}{8}$
$\tfrac{35}{8} = 35 : 8 = 32 : 8 + 3 : 8$
$= 4\tfrac{3}{8}$

Kürze vor dem Multiplizieren!

Addition
Zwei Brüche werden addiert, indem man beide Brüche gleichnamig macht, die Zähler addiert und den Nenner beibehält.

- $\tfrac{3}{4} + \tfrac{2}{3} = \tfrac{9}{12} + \tfrac{8}{12} = \tfrac{17}{12} = 1\tfrac{5}{12}$
- $2\tfrac{1}{5} + 3\tfrac{7}{8} = 2\tfrac{8}{40} + 3\tfrac{35}{40} = 5\tfrac{43}{40} = 6\tfrac{3}{40}$

Subtraktion
Zwei Brüche werden subtrahiert, indem man beide Brüche gleichnamig macht, die Zähler subtrahiert und den Nenner beibehält.

- $\tfrac{3}{4} - \tfrac{2}{3} = \tfrac{9}{12} - \tfrac{8}{12} = \tfrac{1}{12}$
- $3\tfrac{1}{6} - 1\tfrac{3}{4} = 3\tfrac{2}{12} - 1\tfrac{9}{12} = 2\tfrac{14}{12} - 1\tfrac{9}{12} = 1\tfrac{5}{12}$

Multiplikation
Zwei Brüche werden multipliziert, indem man Zähler mit Zähler und Nenner mit Nenner multipliziert.

Division
Zwei Brüche werden dividiert, indem man den ersten Bruch mit dem Kehrbruch des zweiten Bruches multipliziert.

Der Kehrbruch zu $\tfrac{3}{4}$ ist $\tfrac{4}{3}$.

- $\tfrac{4}{5} \cdot \tfrac{2}{3} = \tfrac{4 \cdot 2}{5 \cdot 3} = \tfrac{8}{15}$
- $1\tfrac{3}{5} \cdot 2\tfrac{2}{3} = \tfrac{8}{5} \cdot \tfrac{8}{3} = \tfrac{32}{15} = 2\tfrac{2}{15}$

- $\tfrac{4}{5} : \tfrac{3}{7} = \tfrac{4 \cdot 7}{5 \cdot 3} = \tfrac{28}{15} = 1\tfrac{13}{15}$
- $2\tfrac{2}{3} : 2\tfrac{2}{7} = \tfrac{8}{3} : \tfrac{16}{7} = \tfrac{8}{3} \cdot \tfrac{7}{16} = \tfrac{7}{6} = 1\tfrac{1}{6}$

Zahlenreihen

In fast jedem Einstellungstest sind Zahlenreihen zu finden. Sie sind nach einer bestimmten Regel aufgebaut. Aufgabe ist es, die nächste oder die nächsten beiden Zahlen sinnvoll zu ergänzen. Hier gilt es, möglichst schnell die „Regel" zu erkennen. Folgende Überlegungen können helfen, wenn das Aufbausystem nicht auf den ersten Blick zu erkennen ist:

1. Werden die Zahlen größer oder kleiner oder abwechselnd größer und kleiner?
2. Werden die Zahlen kontinuierlich größer, so berechnet man die Differenzen zwischen benachbarten Zahlen und versucht, die Regelmäßigkeit herauszufinden.
3. Sind die Differenzen unregelmäßig, so sollte man prüfen, ob die Regel auf einer Multiplikation oder Division aufbaut.
4. Ist auch dieses Prinzip erfolglos, so versucht man, die Zahlenreihe in zwei oder mehr getrennte Reihen zu teilen, die jeweils einem bestimmten Aufbauprinzip folgen.

- 2   4   6   8   10   12   □   □   Lösung: 14   16   (Regel: + 2)
- 2   4   8   16   32   □   □   Lösung: 64   128   (Regel: · 2)
- 2   3   6   7   10   11   □   □   Lösung: 14   15   (Regel: + 1; + 3)
- 10   6   18   14   42   □   □   Lösung: 38   114   (Regel: − 4; · 3)

Schätzen

In Bewerbungstests geht es manchmal auch nur darum, sich eine Vorstellung von der Größenordnung des Ergebnisses zu machen. Häufig ist ein Näherungswert aus mehreren Lösungsvorschlägen anzukreuzen. Wichtigstes Hilfsmittel ist dabei der Überschlag.

> Mit folgenden Regeln erhält man beim Überschlagen gute Schätzwerte:
> **Beim Addieren und Multiplizieren** werden zwei Summanden bzw. Faktoren **gegensinnig verändert**: einer wird verkleinert, der andere vergrößert.
>
> **Beim Subtrahieren und Dividieren** werden die Zahlen **gleichsinnig verändert**: beide verkleinert oder beide vergrößert. Bei der Division wird der Dividend so gerundet, dass die Division glatt aufgeht.

- 3754 · 84 982
  ≈ 4000 · 80 000 = 320 000 000

- 96 358 : 532
  ≈ 95 000 : 500 = 190

> Soll zum Beispiel eine große Menschenmenge geschätzt werden, so zählt man einen geeigneten Anteil der Menge und schätzt, mit welchem Faktor diese Anzahl zu multiplizieren ist, um die Gesamtmenge zu erhalten.
> Es kann auch eine Vergleichsgröße, zum Beispiel ein Mensch, abgebildet sein.

- Das kleine rote Quadrat enthält 36 Punkte. Es bedeckt den zwölften Teil des Rechtecks.
  Folglich enthält das Rechteck rund 420 Punkte. (≈ 12 · 35 = 420)

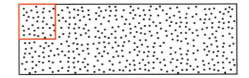

155

Längenmaße

Früher gab es eine Vielfalt von unterschiedlichen Maßen. Um sie zu vereinheitlichen, wurden seit Ende des 18. Jahrhunderts Standards entwickelt.
Seit 1983 wird ein **Meter** definiert als die Länge der Strecke, die Licht im Vakuum während der Dauer von $\frac{1}{299\,792\,458}$ Sekunde durchläuft.

Kilometer	**km**	1 km = 1000 m
Meter	**m**	1 m = 10 dm = 100 cm = 1000 mm
Dezimeter	**dm**	1 dm = 10 cm = 100 mm
Zentimeter	**cm**	1 cm = 10 mm
Millimeter	**mm**	

Vorsilben:
kilo – tausend
hekto – hundert
deka – zehn
dezi – zehntel
zenti – hundertstel
milli – tausendstel

! Wird die Maßeinheit kleiner, vergrößert sich die Maßzahl entsprechend und umgekehrt.

Die **Umwandlungszahl bei Längen ist grundsätzlich 10**. Ungebräuchlich sind die Einheiten Dekameter (1 dam = 10 m) und Hektometer (1 hm = 10 dam = 100 m).

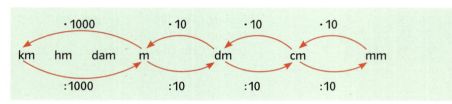

- 7 m = 7 · 10 dm = 70 dm
- 0,5 dm = 0,5 · 10 · 10 mm = 50 mm
- 700 mm = (700 : 10) cm = 70 cm
- 5 cm = (5 : 10 : 10) m = 0,05 m

Flächenmaße

Ein **Quadratmeter** oder Meterquadrat (1 qm oder 1 m²) ist der Flächeninhalt eines Quadrates mit der Seitenlänge 1 m. Entsprechendes gilt für die anderen Flächeneinheiten:
Quadratkilometer (km²), **Quadratdezimeter** (dm²), **Quadratzentimeter** (cm²) und **Quadratmillimeter** (mm²).
Grundstücksgrößen werden oft auch in **Ar** (a) oder **Hektar** (ha) angegeben. 1 Ar ist der Flächeninhalt eines Quadrates mit der Seitenlänge 10 m, ist also 10 m · 10 m = 100 m² groß, ein Hektar hat eine Seitenlänge von 100 m, ist also 100 m · 100 m = 10 000 m² groß.

1 Quadratmeter = 1 m²

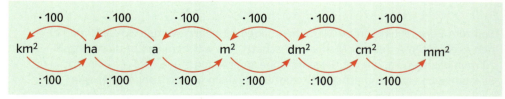

Die **Umwandlungszahl von einer Einheit zur nächsten ist grundsätzlich** $10^2 = 100$.

- 7 m² = 7 · 100 dm² = 700 dm²
- 2,5 ha = 2,5 · 100 · 100 m² = 25 000 m²
- 800 mm² = (800 : 100) cm² = 8 cm²
- 52 m² = (52 : 100) a = 0,52 a

Volumen

Ein **Kubikmeter** (1 m³) ist der **Rauminhalt** (das **Volumen**) eines Würfels mit der Kantenlänge 1 m. Entsprechend sind die Einheiten **Kubikmillimeter** (mm³), **Kubikzentimeter** (cm³), **Kubikdezimeter** (dm³) und **Kubikkilometer** (km³) definiert.

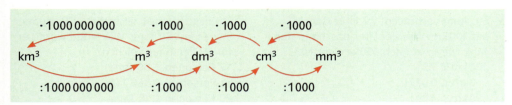

Die Umwandlungszahl bei Rauminhalten ist $10^3 = 1000$.

- $3\,m^3 = 3 \cdot 1000\,dm^3 = 3000\,dm^3$
- $2\,mm^3 = (2:1000)\,cm^3 = 0{,}002\,cm^3$

Dienen Raummaße zum Messen von Flüssigkeiten, so spricht man von **Hohlmaßen**. Verwendete Einheiten: **Hektoliter** (hl), **Liter** (l), **Zentiliter** (cl) und **Milliliter** (ml). $1\,l = 1\,dm^3$, $1\,ml = 1\,cm^3$

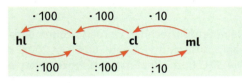

- $45\,hl = 45 \cdot 100\,l = 4500\,l$
- $3\,ml = (3:1000)\,l = 0{,}003\,l$

Gewichte

Ursprünglich war das **Kilogramm** definiert als die **Masse** von 1 dm³ (1 Liter) Wasser. 1889 wurde ein Zylinder aus einer Platin-Iridium-Legierung hergestellt, das „**Urkilogramm**". In Deutschland noch übliche Gewichtseinheiten sind das **Pfund** (1 ℔ = 500 g), der **Zentner** (1 Ztr. = 100 ℔ = 50 kg) und der **Doppelzentner** (1 dz = 200 ℔ = 100 kg).

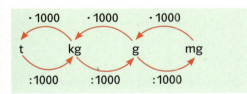

- $4{,}2\,kg = 4{,}2 \cdot 1000\,g = 4200\,g$
- $50\,g = (50:1000)\,kg = 0{,}05\,kg$
- $3{,}5\,℔ = 3{,}5 \cdot 500\,g = 1750\,g = 1{,}75\,kg$
- $36\,Ztr. = 36 \cdot 50\,kg = 1800\,kg = 1{,}8\,t$

Der Begriff „Gewicht" ist nicht korrekt, hat sich aber für „Masse" eingebürgert.

Die Umwandlungszahl bei Gewichten ist grundsätzlich 1000.

Zeiten

Die Einheiten der Zeit sind **Tage** (d), **Stunden** (h), **Minuten** (min) und **Sekunden** (s). Früher waren für Sekunden auch die Abkürzungen „sek" oder „sec" üblich.

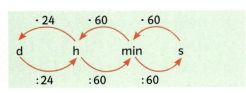

- $5{,}3\,min = 5{,}3 \cdot 60\,s = 318\,s$
- $2\,min\,13\,s = (2 \cdot 60 + 13)\,s = 133\,s$
- $60\,h = (48:24)\,d + 12\,h = 2\,d\,12\,h$
- $2\,d\,7\,h = (2 \cdot 24 + 7)\,h = (55 \cdot 60)\,min$
  $= 3300\,min$

157

Textaufgaben. Dreisatz

Ein beliebter Bestandteil von Einstellungs- und Eignungstests, nicht nur in den kaufmännischen Berufen, sind Textaufgaben. Viele dieser Aufgaben kannst du mit dem **Dreisatz** oder mit **Zuordnungstabellen** lösen.

- Ein Auto verbraucht 7,2 Liter Benzin auf 100 km. Wie viel Liter passen in den Tank, wenn er nach 690 km leer ist?
  100 km ≙ 7,2 l
  1 km ≙ 0,072 l
  690 km ≙ 41,4 l

- Ein Essensvorrat reicht für 12 Personen insgesamt 30 Tage. Wie lange würde er für 20 Personen reichen?
  12 Personen ≙ 30 Tage
  1 Person ≙ 360 Tage
  20 Personen ≙ 18 Tage

Prozentrechnen

*Das Wort **Prozent** kommt vom italienischen „per cento" und bedeutet „von Hundert".*

G ≙ 100 %; W ≙ p %

Diese Prozentsätze solltest du kennen:

$\frac{1}{2} = 0,5 = 50\%$
$\frac{1}{4} = 0,25 = 25\%$
$\frac{1}{5} = 0,2 = 20\%$
$\frac{1}{10} = 0,1 = 10\%$

Beim Prozentrechnen werden Größen oder Zahlen miteinander verglichen. Wenn man sagt: „30 € sind 15 % von 200 €", ist 200 € der **Grundwert G**, er entspricht 100 %. Die 30 € bezeichnet man als **Prozentwert W** und den Anteil als **Prozentsatz p %** oder $\frac{p}{100}$.

Sind zwei Werte gegeben, kann man mit einem Operatorbild, einer Zuordnungstabelle oder einer **Formel** den dritten Wert berechnen:

$$W = \frac{G \cdot p}{100} \qquad G = \frac{W \cdot 100}{p} \qquad \frac{p}{100} = \frac{W}{G}$$

- 38 von 250 m:

  $\frac{p}{100} = \frac{W}{G}$
  $\frac{p}{100} = \frac{38}{250} = 0,152$
  p % = 15,2 %

- 15 % ≙ 66 h:

  $G = \frac{W \cdot 100}{p}$
  $G = \frac{66 \cdot 100}{15}$ h
  G = 440 h

Zinsrechnen

Im Bankwesen werden die Zinsen taggenau berechnet. Der Einfachheit halber rechnet man mit folgenden Werten:
1 Monat = 30 Tage
1 Jahr = 360 Tage

Spart man Geld bei der Bank, erhält man dafür **Zinsen**. Den Geldbetrag, den man der Bank überlässt, bezeichnet man als **Kapital** und der Prozentsatz des Kapitals, den die Bank dafür gutschreibt, wird **Zinssatz** genannt. Der Zinssatz bezieht sich auf einen Zeitraum von einem Jahr. Man spricht deshalb auch von **Jahreszinsen**. Wird Geld nur für einen Teil des Jahres verzinst, multipliziert man die Zinsen mit dem **Zeitfaktor**.

Zinsen = Jahreszinsen · Zeitfaktor

$Z = \frac{K \cdot p}{100} \cdot \frac{t}{360}$ $\qquad K = \frac{Z \cdot 100 \cdot 360}{p \cdot t} \qquad p = \frac{Z \cdot 100 \cdot 360}{K \cdot t} \qquad t = \frac{Z \cdot 100 \cdot 360}{K \cdot p}$

t = Anzahl der Tage

! Die Formeln gelten nicht für einen Zeitraum, der länger als ein Jahr dauert.

- K = 5000 €
  p % = 3,5 %
  Zeit: 76 d

  $Z = \frac{K \cdot p \cdot t}{100 \cdot 360}$
  $Z = \frac{5000 \cdot 3,5 \cdot 76}{100 \cdot 360}$ €
  Z ≈ 36,94 €

- K = 1500 €
  Z = 42,5 €
  p % = 4,25 %

  $t = \frac{Z \cdot 100 \cdot 360}{K \cdot p}$
  $t = \frac{42,5 \cdot 100 \cdot 360}{1500 \cdot 4,25}$ d
  t = 240 d = 8 Monate

Flächen und Körper

Zum Thema **Flächen** gehört einerseits das Berechnen von **Flächeninhalten**, andererseits auch die Vorstellung von dreidimensionalen „Gebilden" und den Flächen, aus denen sie zusammengesetzt sind.
Zu den **Körpern** gehört die **Volumenberechnung**, aber auch das Finden und Erstellen von **Schrägbildern** und **Netzen**.
Häufig soll dein räumliches Vorstellungsvermögen getestet werden, also wie gut du dir Dinge anhand von Zeichnungen vorstellen kannst. Oft hilft das Zählen der Flächen bei der Entscheidung.

Schrägbild:

Netz:

- Berechne den Flächeninhalt der Figur. Dazu wird die Fläche in einzelne Teilflächen zerlegt, um die Berechnungsformeln für Drei- und Vierecke oder auch den „Pythagoras" zum Ermitteln von fehlenden Längen zu nutzen.

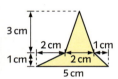

Obere Figur: Dreieck
$A_D = \frac{g\,h}{2} = 3\,cm^2$
Untere Figur: Trapez
$A_T = \frac{(a + c)\,h}{2} = 3{,}5\,cm^2$
$A_{ges} = A_D + A_T = 6{,}5\,cm^2$

- Manchmal müssen die entsprechenden Maße durch Ablesen aus einer Skizze gefunden werden. Die Skizze kann in einem Raster gezeichnet sein, die Länge der Rasterflächen ist gegeben.
- Die Anzahl der Flächen eines Körpers soll bestimmt werden. Bei einer räumlichen Figur musst du auch an die nicht sichtbaren Flächen auf der Rückseite denken.

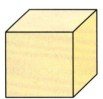

Diese Figur besteht aus sechs Flächen.

Weg-Zeit-Diagramme

Wir alle sehen täglich in vielen Bereichen grafische Darstellungen, vor allem Diagramme. Bei den folgenden Aufgaben sollst du das zu den Situationen passende Diagramm auswählen.

- Ein zylinderförmiges Gefäß wird gleichmäßig mit einer Flüssigkeit gefüllt. Der Graph zeigt den Füllstand in Abhängigkeit von der Zeit an.
- Bei einem Weg-Zeit-Diagramm kann ein zurückgelegter Weg, also auch das Tempo, in Abhängigkeit von der Zeit dargestellt werden. Je höher das Tempo, desto steiler der Graph.
Katharina läuft langsam an, macht dann eine Pause und läuft dann sehr schnell weiter.

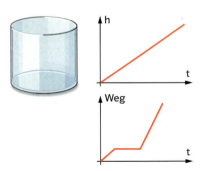

Textaufgaben. Gleichungen

Textaufgaben enthalten oft mathematische Probleme, die in Worten ausgedrückt sind. Aufgabe ist zunächst die „Übersetzung in eine mathematische Form", zum Beispiel eine Gleichung, und dann die Lösung des Problems.

- Zwei Brüder, die sich in ihrem Alter um 7 Jahre unterscheiden, sind zusammen 39 Jahre alt. Wie alt sind sie?
  Bezeichne mit x das Alter des jüngeren Bruders.
  Antwort: Der eine Bruder ist 16, der ältere 23 Jahre alt.

  $x + (x + 7) = 39$ | -7
  $2x = 32$ | $:2$
  $x = 16$

- Von welcher Zahl ist das Fünffache, vermehrt um 8, gleich dem Siebenfachen, vermindert um 4? Bezeichne die gesuchte Zahl mit x.
  Antwort: Die Zahl ist 6.

  $5x + 8 = 7x - 4$ | $+4 - 5x$
  $12 = 2x$ | $:2$
  $6 = x$

- Die Summe zweier Zahlen ist 10, ihre Differenz 4. Bezeichne die gesuchten Zahlen mit x und y.
  Einsetzen in eine Gleichung ergibt y = 3.
  Antwort: Die Zahlen sind 3 und 7.

  (1) $x + y = 10$
  (2) $x - y = 4$ | Addieren
  (1) + (2) $2x = 14$ | $:2$
  $x = 7$ $L = \{(7; 3)\}$

Mittelwert

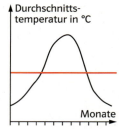

In vielen Situationen des täglichen Lebens werden **Mittelwerte** bzw. **Durchschnittsgrößen** angegeben oder berechnet. Mithilfe dieser Zahlen oder Größen werden Vergleiche angestellt oder Vorhersagen getroffen. In der Mathematik spricht man vom **arithmetischen Mittel**.

$$\text{Mittelwert (arithmetisches Mittel)} = \frac{\text{Summe aller Werte}}{\text{Anzahl aller Werte}}$$

- Mittelwert der Zahlen
  7, 12, 16, 25, 18, 14, 13
  $(7 + 12 + 16 + 25 + 18 + 14 + 13) : 7 = 15$

- Mittelwert der Körpergrößen
  1,42 m; 1,52 m; 1,60 m
  $(1{,}42 + 1{,}52 + 1{,}60)\,\text{m} : 3 \approx 1{,}51\,\text{m}$

Runden

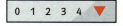

Zahlen werden im Alltag häufig gerundet, damit man sie leichter vergleichen oder sich besser merken kann.

Die Ziffer an der Rundungsstelle bleibt unverändert, wenn eine der Ziffern 0; 1; 2; 3 oder 4 folgt.
Die Ziffer an der Rundungsstelle wird um 1 erhöht, wenn eine der Ziffern 5; 6; 7; 8 oder 9 folgt.

- Runde 298 384 573 auf Millionen:
  298 384 573 ≈ 298 000 000

- Runde 3,9285 m auf ganze Zentimeter:
  3,9285 m = 392,85 cm ≈ 393 cm

160

Test 1

1 Berechne im Kopf.
a) 17,6 + 12,3   b) 0,6 + 1,23
c) 2,8 − 1,3   d) 2,5 − 0,9
e) 1,4 · 0,3   f) 0,04 · 1,2
g) 45,325 · 100   h) 0,57 : 0,3
i) 12,1 : 0,11   j) 85 : 100

2 Berechne schriftlich.
a) 19,53 + 21,89 + 17,52
b) 125,04 + 87,9 + 0,0026 + 28
c) 256,7 − 129,65
d) 589,23 − 123,35 − 84,3 − 215,469
e) 2,86 · 8   f) 47 · 1,23
g) 1890 : 6   h) 9,027 : 1,7

3 Berechne.
a) $\frac{4}{7} + \frac{5}{7}$ b) $2\frac{3}{8} + 3\frac{9}{10}$ c) $\frac{29}{30} - \frac{5}{6}$
d) $6\frac{5}{6} - 3\frac{2}{15}$ e) $\frac{13}{44} \cdot \frac{11}{65}$ f) $3\frac{11}{35} \cdot 1\frac{6}{29}$
g) $\frac{3}{7} : 4$ h) $2\frac{1}{2} : 4\frac{1}{2}$

4 Führe die Zahlenreihen weiter.
a) 3   6   9   12   15   ☐   ☐
b) 6   42   35   5   35   28   4   28   ☐   ☐
c) 15   6   18   9   27   18   ☐   ☐
d)

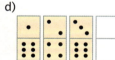 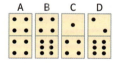

5 Schätze die Anzahl der Gummibären.

6 Im April 2005 flogen in einer Woche durchschnittlich 4739 Flugzeuge auf dem Rhein-Main-Flughafen ab.
Wie viele Flugzeuge starteten im gesamten Monat April?

7 Welche Zahl musst du für x einsetzen, sodass eine wahre Aussage entsteht?
a) 3x + 4 = 25   b) 1,5 − x = −3
c) $\frac{5}{7}x = \frac{15}{49}$ d) $\frac{5}{6} : x = \frac{10}{33}$

8 2004 erhielt das VW-Werk 4000 Bewerbungen von Ausbildungsplatzsuchenden. Acht Mitarbeiterinnen arbeiteten 50 Stunden daran, die Bewerbungen zu sichten. Wie viele Stunden und Minuten hätte es gedauert, wenn zusätzlich weitere vier Mitarbeiterinnen geholfen hätten?

9 Wie viel Flächen haben die Körper?
a) 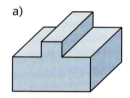   b)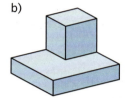

10 Berechne den Flächeninhalt der Figur. (Maße in cm)

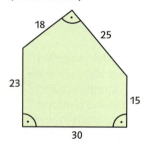

11 Tina ist halb so alt wie ihr Bruder Christian. Beide zusammen sind 15 Jahre alt. Wie lange dauert es, bis Tina volljährig ist?

12 Wandle in die in Klammern angegebene Einheit um.
a) 20 dm (cm)   b) 0,053 m (cm)
c) 13 000 cm² (m²)   d) 1,82 cm² (mm²)
e) 0,07 dm³ (cm³)   f) 35 hl (l)
g) 384 g (kg)   h) 0,0007 t (g)
i) 7,5 min (s)   j) 7 d (h)

13 Wie viel Liter fasst ein quaderförmiges Aquarium mit 120 cm Breite, 4 dm Tiefe und 1 m Höhe?

161

Test 2

1 Berechne im Kopf.
a) 74 + 160 b) 273 + 228
c) 63 − 39 d) 173 − 84
e) 8 · 36 f) 4 · 88
g) 34 · 100 h) 245 : 7
i) 3690 : 30 j) 80 000 : 100

2 Berechne schriftlich.
a) 473 + 49 823 + 8462
b) 4568 + 7215 + 68 942 + 89
c) 7472 − 983 − 273
d) 53 700 − 389 − 8937 − 40 273 − 29
e) 38 · 273
f) 3782 · 8090
g) 37 845 : 4
h) 3744 : 18

3 Berechne.
a) $3\frac{5}{6} + 2\frac{5}{6}$ b) $3\frac{5}{9} + 2\frac{2}{3}$ c) $\frac{8}{9} - \frac{5}{12}$
d) $\frac{1}{8} - \frac{7}{24}$ e) $\frac{19}{112} \cdot 28$ f) $\frac{48}{77} \cdot \frac{121}{96}$
g) $8 : \frac{3}{7}$ h) $\frac{56}{95} : \frac{21}{38}$

4 In einen Swimmingpool passen 42 540 Liter Wasser.
a) Wie viele Stunden werden ungefähr zum Füllen des Pools benötigt, wenn die Wasserpumpe 5100 l je Stunde schafft?
b) Schätze, wie viele Stunden benötigt werden, wenn ein Pool 480 000 l Wasser enthält.

5 Welcher Körper hat die größere Oberfläche?

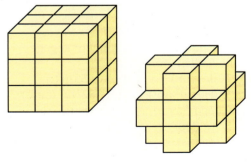

6 Nach einer Preiserhöhung von 4 % kostet ein Rucksack 78 €. Wie teuer war der Rucksack vorher?

7 Wandle in die angegebene Einheit um.
a) 43 kg (g) b) $\frac{3}{8}$ t (Ztr.)
c) 2,4 h (min) d) 2880 min (d)
e) 1,06 m² (dm²) f) 48 290 m² (km²)
g) 1,38 m (mm) h) 3,7 m (dm)
i) 25 l (cm³) j) 4,63 m³ (dm³)

8 Zu welcher Figur gehört das Netz?
a)

☐ ☐ ☐ ☐

b)

☐ ☐ ☐ ☐

9 Welcher Graph gehört zu welcher Zuordnung?
a) Zeit → Temperatur von Tee im Glas
b) Zeit → Höhe einer brennenden Kerze
c) Alter eines Menschen → Körpergröße
d) Zeit → Abstand eines geworfenen Balles zum Boden
e) Zeit → Abstand einer Riesenradgondel zum Boden

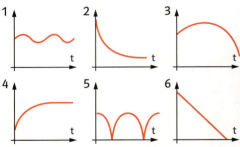

10 Der Flächeninhalt eines Rechtecks beträgt 21 cm², der Umfang ist 20 cm. Wie lang sind die Seiten? Die Lösungen sind ganzzahlig.

11 Berechne im Kopf.
a) 20 % von 93 € b) 10 % von 342 m
c) 15 % ≙ 33 € d) 17 % ≙ 51 kg
e) 45 s von 180 s f) 15 min von 1 h

Test 3

1 Berechne im Kopf.
a) 8,5 − 3,7   b) 2,4 + 7,6
c) 5,8 + 3,9   d) 3,5 − 0,8
e) 1,5 · 9   f) 0,7 · 3000
g) 34 092 : 1000   h) 8,4 : 0,04
i) 1,44 : 12   j) 3,2 · 0,8

2 Berechne schriftlich.
a) 823 + 4798 + 98,38 + 23,98
b) 2,839 + 0,438 − 29,30 + 45
c) 4000 − 3285,49
d) 8294,38 − 39,09 − 2984 − 574,49
e) 85,4 · 2,3   f) 3,48 · 98
g) 3842 : 8   h) 3848,4 : 1,2

3 Berechne.
a) $\frac{2}{3} + \frac{4}{7}$ b) $2\frac{1}{8} + 5\frac{6}{13}$ c) $9 - \frac{4}{13}$
d) $3\frac{3}{4} - 2\frac{5}{8}$ e) $\frac{26}{19} \cdot \frac{38}{39}$ f) $1\frac{2}{3} \cdot 2\frac{3}{4}$
g) $\frac{3}{4} : \frac{5}{2}$ h) $1\frac{1}{4} : 1\frac{1}{6}$

4 Führe die Zahlenreihe weiter.
a) 1 3 6 10 15 21 ☐ ☐
b) 1 3 9 27 ☐ ☐
c) 1 4 9 16 25 36 ☐ ☐
d)

5 Auf einem Fußballfeld mit den Maßen 70 m × 100 m liegt 20 cm hoch Neuschnee. Überschlage, wie viel Kubikmeter das sind.
☐ 60 m³   ☐ 250 m³   ☐ 900 m³   ☐ 1400 m³

6 Drei Abfüllmaschinen können in einer Schicht 195 000 Flaschen abfüllen.
a) Nach einer halben Schicht fällt eine Maschine aus. Wie viele Flaschen können nun in der Schicht abgefüllt werden?
b) Wie viele Flaschen können in der nächsten Schicht abgefüllt werden?

7 650 m² Kopfsteinpflaster sollen verlegt werden, 8 % sind bereits geschafft. Wie viel Quadratmeter sind das?

8 Berechne den Flächeninhalt der zusammengesetzten Figur. (Maße in cm)

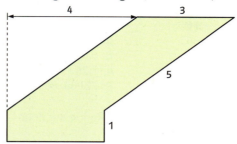

9 Herr Ferad bewirbt sich bei zwei verschiedenen Firmen um eine neue Stelle. Firma A bietet ihm monatlich ein Fixum von 1500 € zuzüglich 5 % Provision. Firma B bietet 840 € monatlich zuzüglich einer Provision von 8 %.
Wie hoch müsste Herrn Ferads Umsatz sein, damit er bei beiden Firmen gleich viel verdient?

10 Wandle in die in Klammern angegebene Einheit um.
a) 9 dm² (cm²)   b) 2,43 dm² (m²)
c) 950 000 dm² (a)   d) 823 l (ml)
e) $\frac{1}{4}$ kg (g)   f) $5\frac{1}{8}$ l (ml)
g) 80 l (m³)   h) 0,5 t (kg)
i) 35 000 g (kg)   j) 12 h (min)
k) $\frac{3}{4}$ t (g)   l) 1,2 km (m)

11 Familie Neu macht Ferien auf dem Lande. Abends fragt Tom den Bauern, wie viele Kaninchen und Hühner er besitzt. Der Bauer antwortet: „Meine Hühner und Kaninchen haben zusammen 180 Beine und 70 Köpfe." Kannst du Tom helfen?

12 Wie groß ist Deutschland ungefähr?

Fixum: festes Monatsgehalt

Provision: prozentuale Umsatzbeteiligung

Test 4

1 Berechne im Kopf.
a) 58 + 96
b) 385 + 415
c) 83 − 36
d) 284 − 146
e) 4 · 4,3
f) 0,6 · 2,8
g) 4,8 · 1000
h) 8,24 · 10
i) 5100 : 30
j) 72 000 : 800

2 Berechne schriftlich. Runde auf Zehntel, falls nötig.
a) 129,87 + 17,3 + 4523,6
b) 23,98 + 5432,8 + 12,483
c) 87,49 − 75,34
d) 58 345,022 − 15 634,472 − 38 945,36
e) 1,7 · 3,6
f) 25,025 · 4,44
g) 3,9 : 0,7
h) 96,6 : 0,12

0,1234
↑
Zehntel

3 Berechne.
a) $\frac{3}{11} + \frac{5}{11}$
b) $8\frac{2}{3} + 7\frac{3}{4}$
c) $\frac{4}{5} - \frac{3}{13}$
d) $8\frac{1}{4} - 7\frac{4}{5}$
e) $\frac{34}{45} \cdot \frac{15}{68}$
f) $5\frac{3}{8} \cdot 7\frac{5}{9}$
g) $\frac{9}{32} : \frac{45}{64}$
h) $1\frac{11}{25} : 1\frac{3}{5}$

4 Welche Zahl musst du für x einsetzen?
a) x · 12 = 60
b) 75 : x = 5
c) 54 + x = 145
d) 83 − x = 45
e) 3,5 · x = 1,05
f) 6,8 : x = 17
g) 3,85 + x = 5
h) 3,4 − x = −4

5 Vergleiche die Anzahl der Passagiere der Jahre 2002 und 2005 miteinander.

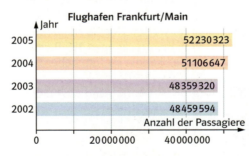

Um wie viel Prozent stieg die Anzahl der Passagiere ungefähr?

6 Die Kaltmiete einer 90 m² großen Wohnung beträgt 432 €.
Was kostet eine 70 m² große Wohnung im gleichen Haus?

7 Wandle in die angegebene Einheit um.
a) 12 m (dm)
b) 12 000 cm (m)
c) 1,2 mm (cm)
d) 300 a (ha)
e) 5,8 ha (m²)
f) 0,4 m² (cm²)
g) 8000 ml (l)
h) 67 l (hl)
i) 37 mm³ (cm³)
j) 2,8 h (min)
k) 345 min (h, min)
l) 8 h 54 min (min)

8 Zu welcher Figur gehört das Netz?
a)
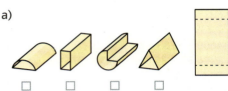

b)
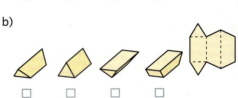

9 Berechne im Kopf.
a) 40 % von 152 m
b) 10 % von 5,4 kg
c) 45 % ≙ 54 t
d) 6 % ≙ 90 m²
e) 12 s von 2 min
f) 7 ha von 1 km²

10 Der Flächeninhalt eines Kreises ist 153,94 cm². Berechne seinen Umfang.

11 6 Bagger brauchen ca. 8 Tage, um eine Straße einzuebnen. Nach 2 Tagen fallen 2 Bagger aus. Wie lange dauert das Projekt nun insgesamt?

12 Wie hoch ist der Zaun?

13 Elke ist heute dreimal so alt wie Sabine. In 10 Jahren ist Elke nur noch doppelt so alt. Wie alt sind sie heute?

Test 5

1 Berechne im Kopf.
a) 85 − 37 + 15 − 25 + 13
b) 1,4 − 5,3 + 4,6 + 2,8 − 2,7
c) 2 · 8 · 5 · 20   d) 0,4 · 15 · 25 · 6
e) 45 · 12 + 15 · 12   f) (84 + 49) : 7
g) 27 · 15 − 7 · 15   h) 99 · 18

2 Berechne schriftlich.
a) 34,82 + 29,4 + 298 + 0,45
b) 4,3 + 21 + 6,362 + 12,91 + 3,228 + 2,2
c) 56,41 − 33,88
d) 485,43 − 48,93 − 49,59 − 275,84
e) 3,7 · 2,5 · 0,68   f) 12,34 · 0,021
g) 1658 : 8   h) 3,42 : 0,019

3 Berechne.
a) $\frac{2}{9} + \frac{7}{15} + \frac{11}{45} + \frac{7}{18} + \frac{3}{5} + \frac{19}{30}$
b) $19\frac{5}{12} - 6\frac{3}{4} - 2 - 3\frac{1}{2} - \frac{2}{3}$
c) $\frac{8}{39} \cdot \frac{13}{28} \cdot 3\frac{1}{2}$ d) $1\frac{5}{18} \cdot \frac{9}{35} \cdot 7$
e) $\frac{21}{40} : \frac{7}{16}$ f) $2\frac{2}{5} : 1\frac{1}{4}$

4 Führe die Zahlenreihen weiter.
a) 30 29 27 24 20 ☐ ☐ ☐
b) 6 7 9 6 10 15 9 ☐ ☐ ☐
c) 5 4 7 6 10 9 ☐ ☐ ☐
d) 3 6 12 24 48 ☐ ☐ ☐

5 Zähle die Flächen der abgebildeten Körper.

a) 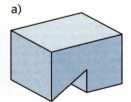   b)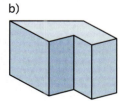

6 Schätze, wie viel Kubikmeter Getreide ein Silo mit rechteckiger Grundfläche (12 m × 10 m) und einer Höhe von 25 m aufnehmen kann.
☐ 300 m³   ☐ 1500 m³   ☐ 3000 m³   ☐ 6000 m³

7 Von welcher Zahl ergeben das Dreifache und das Vierfache zusammen 224?

8 Das Foto zeigt einen Schmetterlingsschwarm. Wie viele Schmetterlinge sind ungefähr zu sehen?

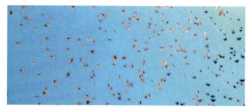

9 Wandle in die in Klammern angegebene Einheit um.
a) 3 m (cm)   b) 500 cm (mm)
c) 8000 mm (m)   d) 17 m (km)
e) 36,5 dm² (m²)   f) 3 km² (m²)
g) 12,4 cm² (mm²)   h) 0,7 ha (a)
i) 0,3 cm³ (mm³)   j) 35 dm³ (cm³)
k) $2\frac{3}{4}$ d (h) l) $4\frac{3}{5}$ h (min)
m) 0,56 t (kg)   n) 0,0005 g (mg)

10 Das Gehäuse eines elektrischen Wäschetrockners hat die Maße 60 cm × 60 cm × 85 cm. Die zylindrische Trommel zur Aufnahme der Wäsche soll möglichst groß sein. Schätze die Maße und das Fassungsvermögen dieser Trommel. Rechne im Überschlag mit π = 3.

11 Zum Bau einer langen Mauer benötigen acht Maurer zwölf Tage. Wie lange benötigen sechs Maurer für diese Arbeit?

12 Berechne den Flächeninhalt der zusammengesetzten Figur. Eine Kästchenlänge des Rasters entspricht 2 cm.

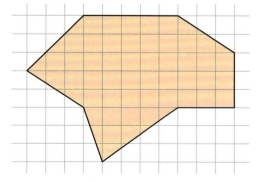

Test 6

1 Berechne im Kopf.
a) 125 + 254
b) 45,6 − 8,75
c) 16^2
d) $\sqrt{225}$

2 Berechne schriftlich.
a) 23,68 + 896,4
b) 245,8 − 485,7
c) 89,67 · 4,68
d) 245,89 : 25

3 Berechne.
a) $\frac{5}{7} + \frac{7}{21}$
b) $\frac{12}{15} - \frac{7}{12}$
c) $\frac{5}{8} \cdot \frac{24}{15}$
d) $\frac{16}{25} : \frac{12}{35}$

4 Führe die Zahlenreihe weiter.
a) 1 2 4 8 16 □ □ □
b) 4 6 12 14 28 30 □ □ □
c) 16 12 6 24 20 10 40 □ □ □
d) 15 6 18 10 30 23 □ □ □
e)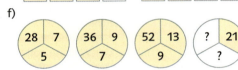
f)

5 Schätze die Anzahl der Flamingos.

6 Wie viel Liter Wasser fasst ein Aquarium, das 2 m lang, 5 dm breit und 80 cm hoch ist?

7 Die Summe zweier Zahlen ergibt 15. Addiert man zum Doppelten der ersten Zahl das Dreifache der zweiten Zahl, so ergibt dies 38.

8 Die Seitenkanten eines Würfels sind insgesamt 96 mm lang. Welches Volumen besitzt der Würfel?

9 Die neue Straße schneidet von einer quadratischen Wiese eine Ecke ab.
a) Der Eigentümer erhält als Entschädigung 1500 € je Ar.
b) Wie viel Prozent der Fläche verbleiben dem Eigentümer?

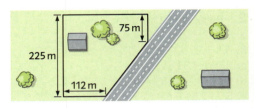

10 Welches Weg-Zeit-Diagramm passt zu der Aussage?
a) Ein Radfahrer steigert schnell seine Geschwindigkeit, hält diese für kurze Zeit und stoppt dann an einer Ampel. Danach fährt er ohne Unterbrechung mit konstanter Geschwindigkeit.
b) Ein Läufer startet zu einer Tour im Wald. Er erhöht seine Geschwindigkeit langsam und läuft dann mit konstanter Geschwindigkeit. Zwischendurch legt er kurze Pausen ein, in denen er seine Muskulatur dehnt.
c) Tina startet beim 100-m-Lauf sehr schnell, wird dann aber bis zum Ziel immer langsamer.

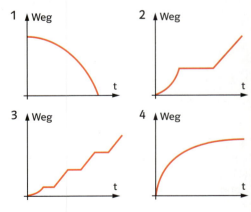

11 Wandle in die in Klammern angegebene Einheit um.
a) 12 dm² (cm²)
b) 5 dm (m)
c) 544 s (min; s)
d) 0,5 l (ml)

In den nun folgenden Tests kann man sich auf die Situation eines Einstellungstests gut vorbereiten. Man hat je Test genau 30 Minuten Zeit. Auf keinen Fall sollte man durch Zeitdruck in Stress geraten und dadurch Fehler machen. Firmen prüfen in diesen Tests unter anderem auch die Belastbarkeit von Auszubildenden in Stresssituationen. Hilfsmittel sind grundsätzlich keine erlaubt, außer bei den Aufgaben, bei denen ein Taschenrechner abgebildet ist.

Einstellungstest 1

1 Rechnen Sie im Kopf.

a) 76 + 85 = _____   b) 124 − 93 = _____

c) 3,8 + 8,4 = _____   d) 3,5 − 1,8 = _____

e) 5 · 3,9 = _____   f) 0,8 · 1,5 = _____

g) 7,2 : 0,6 = _____   h) 5,4 : 9 = _____

2 Berechnen Sie schriftlich.

a) 234,84 + 28,4 + 298 = _____

b) 870 − 495,36 − 268,354 = _____

c) 4305 · 8,9 = _____

d) 7,52 · 3,842 = _____

e) 23,785 : 5 = _____

f) 9,027 : 1,7 = _____

3 a) $\frac{1}{4} + \frac{1}{6}$ = _____   b) $\frac{4}{5} + \frac{2}{6}$ = _____

c) $\frac{1}{5} - \frac{1}{10}$ = _____   d) $1\frac{1}{2} - \frac{2}{3}$ = _____

e) $\frac{3}{5} \cdot \frac{5}{12}$ = _____   f) $\frac{5}{8} \cdot \frac{12}{25}$ = _____

4 Die Gefäße werden gleichmäßig gefüllt. Ordnen Sie die Graphen zu.

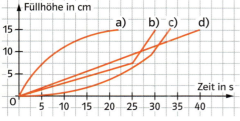

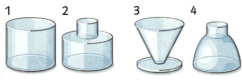

5 Wandeln Sie die Einheiten um.

a) 0,8 km = _____ m

b) 2,85 m³ = _____ l

c) 50 ha = _____ m²

d) 30 kg = _____ t

6 a) 70 % von 15 €   = _____

b) 6 % ≙ 90 m   100 % = _____

c) 50 m von 1 km   = _____

7 Wie viele Flächen hat der Körper?

a) 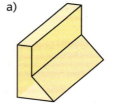   b)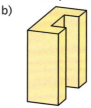

_____   _____

8 Steffen erhält auf sein Guthaben 6 % Zinsen. Wie hoch ist sein Guthaben, wenn er in drei Monaten 3 € Zinsen erhält?

_____

9 Ein rechteckiges Grundstück ist 20 m lang und hat einen Flächeninhalt von 700 m². Wie groß ist sein Umfang?

_____

10 Ein Zylinder hat einen Durchmesser von 70 cm. Berechnen Sie die Größe der Oberfläche und das Volumen des 6 dm hohen Körpers mit π ≈ 3,14.

Einstellungstest 2

1 Berechnen Sie im Kopf.

a) 58 + 84 = _____

b) 7,7 − 5,9 = _____

c) 5,8 · 6 = _____

d) 4,2 : 0,7 = _____

2 Berechnen Sie schriftlich.

a) 83,48 + 8,36 + 47 + 0,9 = _____

b) 38 − 23,48 − 9,78 − 3 = _____

c) 248 · 8,4 = _____

d) 48,38 : 9 = _____

3 a) $2\frac{4}{5} + 4\frac{1}{3}$ = _____ b) $\frac{3}{8} - \frac{1}{12}$ = _____

c) $\frac{4}{15} \cdot \frac{21}{36}$ = _____ d) $\frac{12}{15} : \frac{9}{20}$ = _____

4 Wandeln Sie in die angegebene Einheit um.

a) 3,5 m = _____ cm

b) 520 s = _____ min _____ s

c) 2 h 48 s = _____ s

d) 0,04 kg = _____ mg

e) 34 500 a = _____ km^2

f) 3 871 302 cm^3 = _____ ml

5 Bestimmen Sie x.

a) x · 8 = 96   x = _____

b) 125 : x = 5   x = _____

c) 8,4 + x = 14,3   x = _____

d) 87 − x = 42   x = _____

6 Berechnen Sie.

a) 25 % von 15 €   _____

b) 9 % von 240 kg   _____

c) 160 € ≙ 20 %   _____

d) 4,5 m von 60 m   _____

7 Wie viele Flächen hat der Körper?

a) 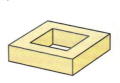 b)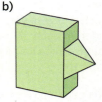

_____   _____

8 Tim hat bei einer Verkehrszählung insgesamt 35 Fahrzeuge gezählt. Wie viele Mofas und Pkw waren es, wenn sie zusammen 110 Räder hatten?

_____

9 Eine Regentonne hat einen Durchmesser von 60 cm und eine Höhe von 1,20 m. Überschlagen Sie, wie viel Liter Wasser sie auffangen kann.

☐ 80 Liter   ☐ 180 Liter   ☐ 340 Liter   ☐ 500 Liter

10 Laut Grundbuchauszug ist ein Grundstück 4 ha 4 a 4 m^2 groß.

a) Wie viel Quadratmeter hat die Fläche?

_____

b) Notieren Sie in Ar und Hektar.

_____

c) Die Fläche soll in 42 gleich große Bauplätze geteilt werden. Wie groß wird jeder Bauplatz?

_____

11 Setzen Sie die Reihe fort.

a) 20   3   19   2   18   ___   ___   ___

b) 8   4   12   6   ___   ___   ___

c) 11   13   8   10   5   ___   ___   ___

d) 96   24   48   12   24   ___   ___   ___

12 In einer Goldmine gewinnt man aus einer Tonne Erz 9 Gramm Gold. Wie viel Tonnen Erz muss man abbauen, um 3,6 kg Gold zu gewinnen?

_____

Einstellungstest 3

1 Berechnen Sie im Kopf.

a) 5,9 + 6,8 = _____ b) 254 − 67 = _____

c) 18 · 15 = _____ d) 276 : 3 = _____

2 Berechnen Sie schriftlich.

a) 8947 + 64,54 + 0,8 = _____

b) 58,6 − 4,89 − 29,7 − 0,8 = _____

c) 45,56 · 6,75 = _____

d) 45,96 : 12 = _____

3 Berechnen Sie.

a) $\sqrt{81}$ = _____ b) $\sqrt{144}$ = _____

c) $\sqrt{49}$ = _____ d) 15^2 = _____

e) 6^3 = _____ f) 2^7 = _____

4 Ein Glaspavillon hat als Grundfläche die Form eines regelmäßigen Sechsecks mit einer Seitenlänge von 4 m (s. Rand). Schätzen Sie den Flächeninhalt der Glasflächen mit einer Höhe h von 6 m.

☐ 30 m²   ☐ 70 m²   ☐ 100 m²   ☐ 120 m²

5 🖩 Ein Quadratmeter des abgebildeten Aluminiumbleches wiegt 13,5 kg. Bestimmen Sie das Gewicht des Bleches.

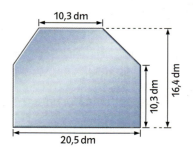

6 Ein Rechteck ist doppelt so lang wie breit. Sein Umfang beträgt 24 cm. Wie groß ist sein Flächeninhalt?

7 Frau Pfiffig lieh sich 2880 € zu einem Zinssatz von 5 % bei der Sparkasse. Nach 50 Tagen zahlte sie das Geld einschließlich der Zinsen zurück. Wie viel Geld war das?

8 Wie viele Flächen hat der Körper?

a)   b)

9 Im Jahr 2004 arbeiteten 8514 Beschäftigte der Fraport-AG in Frankfurt im Schichtdienst, das waren 66 %. Wie viele Mitarbeiter hatte die Fraport-AG?

10 Bei einem Räumungsverkauf erhält man 40 % Rabatt. Ein Fernseher kostet nun 690 €. Was kostete er ursprünglich?

11 Wie viele Menschen sind zu sehen?

12 Berechnen Sie den Notendurchschnitt der Klassenarbeit auf Hundertstel genau.

Note	1	2	3	4	5	6	∅
Schüler	2	4	8	7	3	1	

13 Die Differenz zweier Zahlen ergibt 20 und ihre Summe das Fünffache ihrer Differenz.

Zu Aufgabe 4:

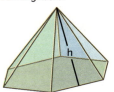

169

Fit im Job

DF steht für Dünnformat.

Auf der Baustelle
Vor dem Bau eines Hauses muss der Maurer den benötigten Materialbedarf gut einschätzen. In der Tabelle ist der Bedarf an Steinen und Mörtel zum Bau einer Mauer unter Berücksichtigung des Verlustes angegeben. Außenwände und tragende Innenwände werden in der Regel 24 cm dick, Trennwände 11,5 cm dick gemauert.

Steinart	Wanddicke in cm	Steine pro m^2	Mörtel in l pro m^2
DF Einfach	11,5	33	19
DF Doppelt	24	66	50

■ Bestimmt den Stein- und Mörtelbedarf einer Wand eures Klassenzimmers oder einer Zimmerwand eurer Wohnung. Wählt dazu eine Wand aus, deren Dicke ihr kennt.
■ Bestimmt ungefähr den Stein- und Mörtelbedarf der sichtbaren Außenwand des oben abgebildeten Rohbaus.

Kalkmörtel wird aus einer Mischung von Kalkteig und Sand hergestellt.
■ Welches Mischungsverhältnis liegt vor, wenn die nebenstehend abgebildeten Mengen gemischt werden?
■ Wie viel Sand und Kalk wurde zur Herstellung des Mörtels bei einem Mischungsverhältnis von 1:3,5 für eine Wand eures Klassenzimmers oder einer Zimmerwand eurer Wohnung benötigt?

Beim Mediengestalter
Druckerzeugnisse werden vom Mediengestalter mit einem Desktop Publisher Programm (DTP) hergestellt. Nutzt für die folgenden Aufgaben ein Textverarbeitungsprogramm.

■ Für jede Schrift gibt es unterschiedliche Schriftgrößen. Die Schriftgröße wird in Punkt, abgekürzt pt, gemessen. Schreibt das Wort „Fliegenpilz" in ARIAL in verschiedenen Größen und druckt die Seite aus. Messt die Länge der Wörter und vergleicht mit der Schriftgröße.
■ Schreibt in ARIAL und in COURIER das Wort „Wirbelwind" in gleicher Schriftgröße. Vergleicht das Schriftbild. Was fällt auf?

Schriften, bei denen jeder Buchstabe gleich viel Platz einnimmt, heißen, im Gegensatz zu den heute üblichen Proportionalschriften, nichtproportionale Schriften.
■ Sucht nichtproportionale Schriften.
■ COURIER ist eine nichtproportionale Schrift. Wie viele Buchstaben passen in eine Zeile (Ränder: 2 cm) bei den Schriftgrößen 12 pt, 18 pt, 24 pt und 36 pt? Formuliert eine Regel. Gilt diese Regel auch für eine proportionale Schrift wie ARIAL?
■ Vergleich die Länge eines Wortes in einer Proportionalschrift mit der Schriftgröße. Formuliert eine Regel.

Treffpunkt | Beruf

Beim Friseur

Viele Kunden möchten beim Friseur ihre Haare färben lassen. Dazu wird u.a. Wasserstoffperoxid (H_2O_2) benötigt, das man in unterschiedlichen Konzentrationen kaufen kann. Will man eine andere Konzentration haben, muss man mit Wasser verdünnen.

■ Ein Friseur benötigt häufig eine 3%-ige Lösung. Dennoch kauft er eine 30%-ige Lösung ein. Begründet. Untermauert eure Begründung mit Zahlen.

Sollen aus einer Lösung mit 30%-iger Konzentrationsstärke (K) 160 ml Lösungsmenge (M) mit einer 9%-igen Lösungsstärke (P) hergestellt werden, so benötigt man 48 ml Konzentrationsmenge (KM) des 30%-igen Konzentrats.
■ Prüft nach und beschreibt eure Lösungswege. Beurteilt die Lösungswege.
■ Stellt mithilfe eines Lösungsweges eine Formel auf.
■ Stellt euch gegenseitig Mischungsaufgaben. Beachtet, dass man auch nach der Lösungsmenge (M), der Lösungsstärke (P) und der Konzentrationsstärke (K) fragen kann. Ihr solltet also mindestens vier unterschiedliche Aufgabentypen finden.

In der Küche

Um den Verkaufspreis (Inklusivpreis) einer Speise zu berechnen, werden dem Wareneinkaufspreis nacheinander Betriebskosten, Gewinn, Bedienung und MwSt. prozentual zugeschlagen. Das Verhältnis Inklusivpreis zu Wareneinkaufspreis bezeichnet man als Kalkulationsfaktor k.
■ Mache eine Aufstellung über mögliche Betriebskosten.

Ein Betrieb rechnet mit folgenden Kosten.

	Getränke	Speisen
Betriebskosten	140%	180%
Gewinn	25%	12%
Bedienung	15%	15%
MwSt.	19%	19%

■ Bestimmt die Kalkulationsfaktoren. Warum ist es günstig, die Faktoren zu kennen? Kann vom Kalkulationsfaktor auf den Gewinn geschlossen werden?
■ Erklärt die Kalkulationstabelle. Kalkuliert mit unterschiedlichen Faktoren.

	A	B	C	D	E	F	G
1	Kalkulationsfaktor		4,2				
2	Ware	Menge in kg	Preis je kg		Einkaufs-preis	Verkaufs-preis	Portions-preis
3	Schnitzel	0,220	6,25 €		1,38 €	5,78 €	
4	Erbsen	0,250	1,20 €		0,30 €	1,26 €	
5	Kartoffeln	0,350	0,40 €		0,14 €	0,59 €	
6							7,62 €

(Formel: =$C$1*E5)

■ Stellt drei verschiedene Menüs zusammen. Recherchiert die Einkaufspreise, schätzt die benötigte Warenmenge und kalkuliert den Verkaufspreis mit einer Kalkulationstabelle. Es geht auch mit einem Taschenrechner.

… und jetzt ran an die Arbeit!

In fast jedem Beruf benötigt man spezielle mathematische Kenntnisse. Erkundigt euch bei euren Eltern, Verwandten und Bekannten, welche mathematische Aufgaben sie in ihrem Beruf zu lösen haben. Lasst euch möglichst mehrere Beispiele geben. Stellt eure Recherchen der Klasse vor. Gebt die notwendigen Informationen zu den fachlichen Inhalten und Formeln. Ordnet die Aufgaben Teilgebieten der Mathematik wie Dreisatz, Funktionen, Geometrie usw. zu. Formuliert weitere passende Aufgaben.

Umwelt geht uns alle an

Erdgasautos als Alternative?
Erdgasautos sind umweltschonender und auch unter Kostengesichtspunkten eine Alternative zu herkömmlichen Fahrzeugen. In der Tabelle sind beispielhafte Kosten für drei PKW-Typen vereinfacht dargestellt:

	Benziner	Diesel	Erdgas
Neupreis in €	19 000,00	22 000,00	24 000,00
Kfz-Service in €/Jahr	108,00	308,00	108,00
Service (pro 15 000 km oder Jahr) €	200,00	–	250,00
Service (pro 30 000 km oder Jahr) €	–	250,00	–
Preis Kraftstoff in €/l bzw. €/kg	1,418	1,223	1,019
Verbrauch, l/100 km bzw. kg/100 km	7,2	6,0	5,2
Versicherung (Musterkunde) in €	300	650	500
Förderung durch Stromanbieter	–	–	500 € + 0,02 €/km

Moderne Windmühlen
Windräder gehören wie Sonnenkollektoren zu den regenerativen Energieerzeugern.

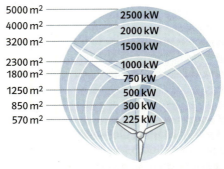

Die Leistung P einer Windkraftanlage in Abhängigkeit von der Rotorfläche (1 kW = 1000 W).

- Berechnet für jeden Nutzertyp die Unterhaltskosten für die drei Fahrzeuge für einen Zeitraum von 8 Jahren.
- Erstellt Zeit-Kosten-Diagramme, mit denen jeder Nutzertyp einen direkten Kostenvergleich anstellen kann.
- Präsentiert eure Ergebnisse mithilfe der erstellten Diagramme und untersucht, ob ein Auto mit Erdgasantrieb eine echte Alternative zu konventionellen Motoren ist. Wann und für wen lohnt es sich?
- Welche weiteren Gründe für oder gegen ein Erdgasauto fallen euch ein? Führt eine Diskussion.

- Was wird in der Abbildung ersichtlich?
- Beschreibt mittels eines Graphen im Koordinatensystem, wie die Leistung P einer Windkraftanlage von der Rotorfläche abhängt.
- Welche Fläche ist für eine Windkraftanlage mit einer Leistung von 3 MW nötig? Begründet.
- Recherchiert:
  - Wovon hängt die Leistung einer Windkraftanlage noch ab?
  - Wie viele Windräder bräuchte man, um ein Kernkraftwerk zu ersetzen?
  - Reicht ein Windrad aus, um einen 4-Personen-Haushalt das ganze Jahr über mit Strom zu versorgen?

> **Nutzertypen:**
> *Wenigfahrer*
> ca. 7000 km/Jahr
> *Durchschnittsfahrer*
> ca. 12 000 km/Jahr
> *Vielfahrer*
> ca. 25 000 km/Jahr

Treffpunkt | Umwelt

Papierrecycling – Recyclingpapier

Die Tabelle zeigt die Ökobilanz der Papierherstellung dreier Papiersorten:

Verbrauchswerte für 1 kg Papier = 200 Blatt A4			
Papiersorte	Zellstoff	Holzschliff	Altpapier
Holz	2000 g	1100 g	nur Altpapier
Wasser	250 l	70 l	5 l
Energie	8 kWh	6 kWh	2 kWh
Wasserverschmutzung			

- Recherchiert: Wodurch unterscheidet sich Papier aus Holzschliff von dem aus Zellstoff bzw. aus Altpapier?
- Zählt alle Hefte in der Klasse, die aus Zellstoff bzw. aus Altpapier hergestellt wurden. Stellt das Ergebnis grafisch dar.
- Nehmt an, alle Schülerinnen und Schüler eurer Klasse würden nur noch Recyclingpapierhefte kaufen. Wie würde sich der Holz-, Wasser- und der Energiebedarf ändern, wie der Grad der Wasserverschmutzung?
- Aus welchem Papier sind eure Arbeitsblätter? Wie viel Kopierpapier braucht die Schule pro Jahr? Berechnet die Ökobilanz beim Kauf von Papier aus Zellstoff bzw. aus Altpapier. Erkundigt euch nach Preisen.

Energiesparlampen

Australien schafft bis zum Jahre 2010 alle Glühlampen ab. Dadurch soll Energie eingespart werden. Auch bei uns gibt es Diskussionen zu diesem Thema.

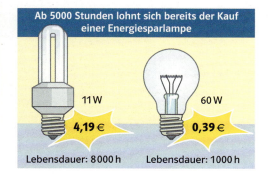

Ab 5000 Stunden lohnt sich bereits der Kauf einer Energiesparlampe

11 W – 4,19 € – Lebensdauer: 8000 h
60 W – 0,39 € – Lebensdauer: 1000 h

Während eine normale Glühlampe nur fünf bis zehn Prozent der eingesetzten Energie in Licht umwandelt, sind es bei der Energiesparlampe gut 25 Prozent.

- Erkundigt euch über die Strompreise eures Energieversorgers und vergleicht die Stromkosten beider Leuchtmittel.
- Wie viel Euro werden eingespart, wenn ihr in eurem Zimmer alle Glühlampen durch Energiesparlampen ersetzt? Welche Faktoren müsst ihr beachten?
- Stellt je einen Term auf für die Kosten, die beim Gebrauch einer Glühlampe und einer Energiesparlampe entstehen. Ermittelt geeignete Zahlenwerte und stellt beide Zuordnungen grafisch dar. Vergleicht mit dem Werbeplakat.

Der „Blaue Engel" kennzeichnet Produkte und Dienstleistungen, die besonders umweltfreundlich sind. Er ist das weltweit älteste Umweltsiegel und hat 2008 seinen 30. Geburtstag gefeiert. Zugleich ist er auch das bekannteste unter den zahlreichen Siegeln: 80 % der Bundesbürger kennen ihn, fast die Hälfte davon orientiert sich beim Kauf von Produkten daran.

... und jetzt Energie gespart!

Eine Schule ist in vielerlei Hinsicht ein Energiefresser: Täglich werden große Mengen an elektrischer Energie, Wärme und Wasser verbraucht sowie Müll erzeugt. Einen ersten Schritt, dem Energiefraß auf die Spur zu kommen, könnt ihr dadurch leisten, dass ihr in eurer Schule eine Umfrage startet zur Raumtemperatur und den Lichtverhältnissen in Klassenräumen und Fluren: Wie warm ist es? Wie viele Heizkörper sind in jeder Klasse, sind sie regelbar? Wie ist die Luft im Zimmer? Wie wird gelüftet? Habt ihr ausreichend Licht im Raum? Wo sind Lampen unnötig an? ... Wertet die Umfrage aus und erstellt Infowände im Schulgebäude. Für viele Informationen ist es sicherlich sinnvoll, den Hausmeister mit einzubeziehen. Ebenso können Aktion gestartet werden wie: „Dreh mal ab", „Richtig lüften" oder „Licht aus". Euch fällt sicherlich noch mehr ein, einen Beitrag zum Schutz der Umwelt zu leisten. Viel Spaß!

Lösungen des Basiswissens

Basiswissen | Prozent- und Zinsrechnen, Seite 6

1
Beim zweiten Angebot ist der Rabatt höher, nämlich 33,4 %, beim ersten sind es 25,1 %.

2
Nach Abzug kostet die Jacke 165,75 €. Das sind 29,25 € Rabatt.

3
a) Vorher kostete er 90 €.
b) um 4,8 % (genauer 4,76 %)
c) um 21 %

4
a) Tim hatte mit 2,5 % den höheren Zinssatz (Tanja 2,25 %).
b) für 1200 €

5
a) Er muss 4,41 € Zinsen bezahlen.
b) Er würde 3,59 € Zinsen bekommen.

Basiswissen | Funktionen, Seite 7

1
a) $f(x) = 4,5x$ proportional, Gerade geht durch den Ursprung
b) $f(x) = 4,5$ linear, Steigung 0, y-Achsenabschnitt 4,5
c) $f(x) = x^2 - 3x$ weder linear noch proportional, Schaubild ist keine Gerade
d) $f(x) = 3x + 2,5$ linear, Steigung 3 und y-Achsenabschnitt 2,5

2
a) $y = 2x + 4$

x	−4	−3	−2	−1	0	1	2
y	−4	−2	0	2	4	6	8

b) $y = 2x - 4$

x	−1	0	1	2	3	4	5
y	−6	−4	−2	0	2	4	6

c) $y = -2x + 4$

x	−2	−1	0	1	2	3	4
y	8	6	4	2	0	−2	−4

d) $y = -2x - 4$

x	−5	−4	−3	−2	−1	0	1
y	6	4	2	0	−2	−4	−6

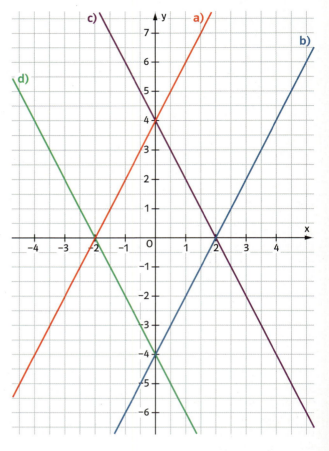

3
$f(x) = 2x - 3$

4
Die Gerade g_1 hat die Gleichung $f(x) = \frac{1}{4}x + 1$
Die Gerade g_2 hat die Gleichung $f(x) = 2x - 2$
Die Gerade g_3 hat die Gleichung $f(x) = -x + 3$
Die Gerade g_4 hat die Gleichung $f(x) = -3x - 1$
Die Gerade g_5 hat die Gleichung $f(x) = -\frac{1}{3}x + 1$

5

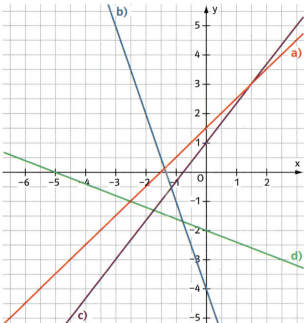

6
$f(x) = 5x + 20$

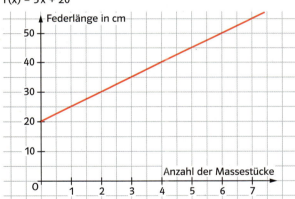

7
Tarif A: pro Tag 5 € Miete und 10 € Grundgebühr
Tarif B: pro Tag 7,50 € und keine Grundgebühr
Bei einer Mietdauer von mehr als vier Tagen ist Tarif A günstiger.

Basiswissen | Rechnen mit Termen, Seite 8

1
a) 3   b) −9   c) −18   d) −2

2

x	−3	−2	−1	0	1	2	3
a) $4 + 2x$	−2	0	2	4	6	8	10
b) $-3x - 4$	5	2	−1	−4	−7	−10	−13
c) $2x - 5x$	9	6	3	0	−3	−6	−9
d) $2x^2 - x$	21	10	3	0	1	6	15

3
a) $11x + 8y$ b) $-9a + 15b$ c) $-11ab - 6xy$
d) $3a^2 - 3a$

4
a) $9y$ b) $17x$ c) $-4b$ d) $(xy - ab)$

5
a) $960x^2yz$ b) $60xyz$ c) $-288a^2bc$
d) $-12a^3bc$ e) $10xy$ f) $-5y^2$

6
a) $-59xy$ b) $2xy$ c) $-7a^2b^2 - c^2d^2$

7
a) $3a + 9b$ b) $5a + 9$ c) $5m - 6n$ d) $-5m + 6n$

8
a) $27ab + 18a$ b) $56ab - 72ac$
c) $60xy - 30y^2$ d) $-36x^2 - 30xy^2$
e) $54x^2 + 63xy^2$ f) $2a - 3$
g) $ab - 2bc$ h) $-16a^2b + 2b^2$

Basiswissen | Gleichungen lösen, Seite 9

1
a) $x = 6$ b) $x = 2$ c) $x = 1$
d) $x = 10$ e) $x = 0$ f) $x = -4$

2
a) $x = 14$ b) $x = 12$ c) $x = 5$
d) $x = \frac{9}{2}$ e) $x = -1$ f) $x = \frac{3}{2}$

3
a) $x = 2$ b) $x = 6$ c) $y = 9$
d) $y = 0$ e) $u = -31$

4
a) $x = \frac{1}{2}$ b) $y = -\frac{2}{3}$ c) $z = -7$

5
a) $\frac{5}{16}$ b) 2   c) $\frac{5}{2}$
d) −2   e) 1   f) −6

6
x = 3

7
a) x = 4   b) x = 15

Basiswissen | Umfang und Flächeninhalt, Seite 10

Randspalte
u = 18 e; A = 12 e²

1
a) A = 35 cm²   b) A = 12 dm²
c) A = 10,08 cm²

2
a) b = 4,44 m   b) b = 20,4 mm
c) b = 22 cm

3
a) r = 2,4 cm; d = 4,8 cm; A = 17,9 cm²
b) Der Flächeninhalt vervierfacht sich.

4
a) A = 27,54 cm²; u = 23,24 cm
b) A = 186,24 cm²; u = 71,2 m
c) A = 53 cm²; u = 41,2 cm

5
Der Flächeninhalt versechsfacht sich.

6
A = 345,45 m²

Basiswissen | Prismen, Seite 11

1
a) O = 75,6 cm²

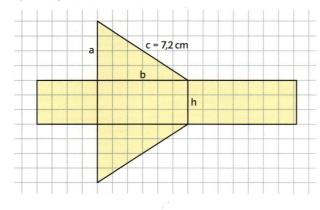

b) O = 81,5 cm²

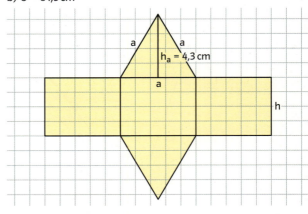

c) O = 102 cm²

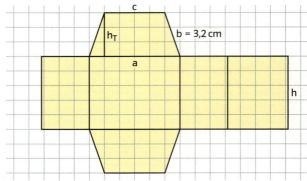

2
V_P = 252 cm³

3
a = 5 O_P = 210 cm²

4
a) V = 67,2 cm³; O = 116,4 cm²   b) V = 80,6 cm³; O = 120,7 cm²

5
O_z ≈ 165 cm²

6
a) V ≈ 942 ml
b) Es werden ca. 614 cm² Material benötigt.

Lösungen der Rückspiegel

Rückspiegel, Seite 39, links

1
a) L = {(3 ; −2)}

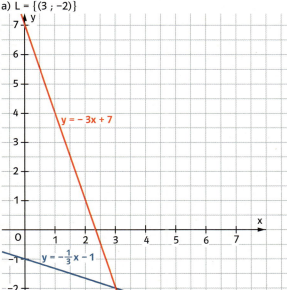

b) L = {(4 ; 2)}

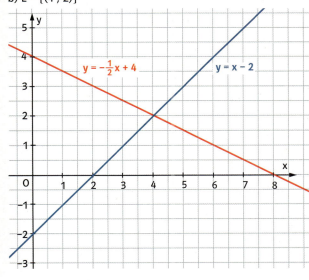

2
a) L = {(2 ; 3)}
b) L = {(1 ; −$\frac{2}{3}$)}
c) L = {(4 ; $\frac{3}{2}$)}
d) L = {(4 ; 3)}
e) L = {(7 ; 10)}

3
g: y = x + 2 und h: y = −$\frac{1}{2}$x + 5; S(2 | 4)

4
a) Keine Lösung, Geraden sind parallel.
b) S(0 | −1); L = {(0 ; −1)}

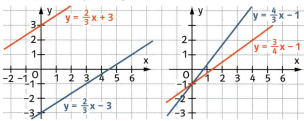

5
Ein Döner kostet 5 €, eine Limo 2 €. Zwei Limos und ein Döner kosten 9 €.

6

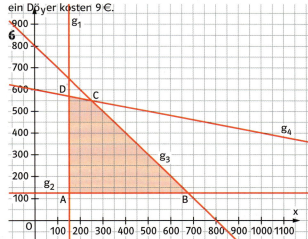

A(150 | 125), B(675 | 125), C(250 | 550), D(150 | 570)

7
Die Angebote können mit zwei linearen Gleichungen dargestellt werden. A: y = 120 + 25x und B: y = 100 + 30x
Familie Hartmann muss die Anzahl der Urlaubstage berücksichtigen. Bei 4 Tagen sind die Angebote gleich, ab 5 Tagen wird das Angebot A günstiger.

Lösungen der Rückspiegel 177

Rückspiegel, Seite 39, rechts

1
a) L = {(3 ; 2)}

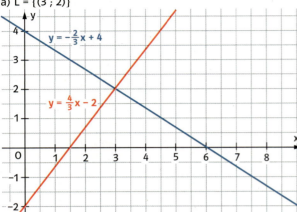

b) $y = -\frac{2}{5}x - \frac{4}{5}$ und $y = -\frac{5}{2}x + \frac{11}{2}$; L = {(3 ; -2)}

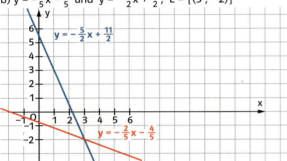

2
a) L = {(-1 ; 2)}
b) L = {(0 ; 4)}
c) L = {(3 ; -2)}
d) L = {(24 ; 16)}
e) L = {(27 ; 44)}

3
g: $y = \frac{1}{3}x + 2$ und h: $y = -x + 4$; S(1,5 | 2,5)

4
a) unendlich viele Lösungen, es ist dieselbe Gerade, y = 3x − 4
b) Keine Lösung, Geraden sind parallel.

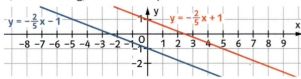

5
Ein Sticker kostet 0,80 €, eine Postkarte 1,50 €.
8 Postkarten und 7 Sticker kosten 17,60 €.

6

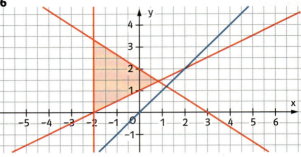

a) $x = -2$; $x = \frac{6}{7}$
b) $y = 0$; $y = 3\frac{1}{3}$
c) x und y sind niemals gleich groß.

7
Die Tarife können mit zwei linearen Gleichungen dargestellt werden. A: y = 45,50 + 0,165x und B: y = 75,25 + 0,155x
Familie Munz muss ihren Stromverbrauch ermitteln. Bei 2975 KWh sind beide Tarife gleich teuer, bei einem höheren Verbrauch wird der Tarif B günstiger.

Rückspiegel, Seite 59, links

1
a) 6   b) 11   c) 15   d) 27
e) 33   f) 45

2
a) 12   b) 14   c) 1360   d) 24
e) 21   f) 28

3
a) $6\sqrt{5}$
b) $4\sqrt{17} - 5\sqrt{19}$
c) $12\sqrt{31} + \sqrt{29}$

4
a) $4\sqrt{2}$ b) $6\sqrt{2}$ c) $7\sqrt{3}$ d) $5\sqrt{11}$
e) $4\sqrt{30}$ f) $12\sqrt{3}$

5
a) $-3\sqrt{2} + 7\sqrt{3}$
b) $18\sqrt{3}$
c) 200   d) 179   e) 9

6
Nein, das stimmt nicht.
Es gibt zwei: $\sqrt{0} = 0$ und $\sqrt{1} = 1$

7
a = 4 cm

Rückspiegel, Seite 59, rechts

1
a) 0,2 b) 1,2 c) 2,5 d) $\frac{2}{3}$
e) $\frac{11}{14}$ f) $\frac{26}{29}$

2
a) $15x$ b) $30x^2$ c) $\frac{8a}{3b}$ d) $105xy$
e) $2x$ f) $8x$

3
a) $15\sqrt{e}$ b) $-\sqrt{a}+\sqrt{b}$
c) $3x\sqrt{yz}+y\sqrt{xz}$

4
a) $7x\sqrt{2}$ b) $6x\sqrt{x}$ c) $4x\sqrt{7y}$ d) $\frac{b}{2}\sqrt{a}$
e) $\frac{12}{5y}\sqrt{\frac{x}{3}}$ f) $\frac{7x}{24y}\sqrt{2}$

5
a) $5\sqrt{3y}-3\sqrt{5y}+5\sqrt{7y}$ b) $27x$
c) 1 d) 8 e) 1

6
$\sqrt{4}=2$, also ist die Zahl 4 doppelt so groß wie ihre Quadratwurzel.

7
$V = 27\,cm^3$

Rückspiegel, Seite 77, links

1
a) Zinsen 51,04 €; neues Guthaben 3551,04 €
b) t = 140 Tage

2
a) Z = 604,24 € b) K = 3500 €

3
Nach 4 Jahren erhält Familie Haller 14 798,87 €.

4
Gesamtkosten: 942,15 €
Monatliche Rate: 157,03 €

5
Rückzahlungsbetrag: 4747,68 €
Monatliche Rate: 197,82 €
Effektiver Jahreszins: 12,5 %

6
Gesamtkosten: 17 460 €

Rückspiegel, Seite 77, rechts

1
a) Zinssatz 10,5 % b) 289 Tage

2
a) 3,5 % b) bei 3,53 %

3
a) Man muss 9107,45 € anlegen.
b) 3,17 %

4
Die monatliche Rate beim Kauf im Elektromarkt beträgt 183,77 €; der Kreditaufschlag beträgt insgesamt 206,30 €. Der effektive Jahreszins beträgt 19,05 %. Der Kreditaufschlag beim Einzelhändler beträgt insgesamt 503,00 €. Der effektive Jahreszins liegt bei 31,78 %. Das Angebot ist also extrem verteuert.

5
Frau Meier kann sich bei diesen Konditionen einen Kredit von etwa 6465 € leisten.

6
50 € bzw. 20 %

Rückspiegel, Seite 99, links

1
a) 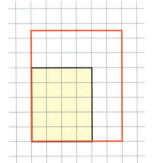 b)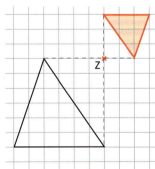

2
$k = \frac{12}{8} = \frac{3}{2} = 1,5$; $f = k^2 = 2,25$

3
$\frac{b'}{a'} = \frac{b}{a}$; $\frac{b'}{7,5} = \frac{8,4}{10,5}$; $b' = 6,0\,cm$
Rechteck mit $a' = 7,5\,cm$ und $b' = 6,0\,cm$

Lösungen der Rückspiegel

4

$\frac{a'}{b'} = \frac{12}{10} = \frac{6}{5}$; $\frac{a}{b} = \frac{9}{7,5} = \frac{3}{2,5} = \frac{6}{5}$

$\frac{b'}{c'} = \frac{10}{16} = \frac{5}{8}$; $\frac{b}{c} = \frac{7,5}{12} = \frac{2,5}{4} = \frac{5}{8}$

$\frac{a'}{c'} = \frac{12}{16} = \frac{3}{4}$; $\frac{a}{c} = \frac{9}{12} = \frac{3}{4}$

Die Dreiecke sind ähnlich.

Zweiter Lösungsweg:

Vergrößerungsfaktor $k = \frac{a'}{a} = \frac{4}{3}$ benutzen

5

a) $x = 7,5$ cm b) $y = 8,4$ cm

6

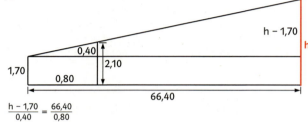

$\frac{h - 1,70}{0,40} = \frac{66,40}{0,80}$

$h = 34,90$ m

Der Baum ist 34,90 m hoch.

Rückspiegel, Seite 99, rechts

1

a) b)

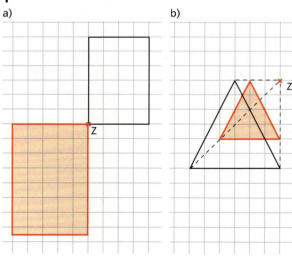

2

$k^2 = \frac{25}{49} \approx 0,51$; $k = \sqrt{\frac{25}{49}} = \frac{5}{7} \approx 0,71$

3

$u = a + b + c = 19,2$ cm

$k = \frac{u'}{u} = \frac{12,8}{19,2} = \frac{2}{3}$

Dreieck mit $a' = 4$ cm; $b' = 5,2$ cm; $c' = 3,6$ cm

4

R: $\frac{a}{b} = \frac{57,4}{49,2} = \frac{574}{492} = \frac{7}{6} = 1,1\overline{6}$

R': $\frac{a'}{b'} = \frac{121}{141} \approx 0,86$

Der Quotient für R' besagt jedoch nichts, da $a' < b'$, aber $a > b$ gilt. Man muss $\frac{b'}{a'}$ berechnen:

$\frac{b'}{a'} = \frac{141}{121} \approx 1,17$

Also sind R und R' nicht ähnlich.

R'': $\frac{a''}{b''} = \frac{38,5}{33} = \frac{385}{330} = \frac{7}{6} = 1,1\overline{6}$

R und R'' sind ähnlich, R' und R'' sind nicht ähnlich.

5

$x = 5,2$ cm; $y = 7,8$ cm

6

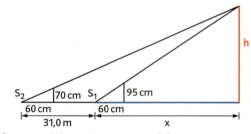

Größen, soweit in cm, in m umwandeln.

Scheitel S_1: $\frac{h}{0,95} = \frac{x}{0,60}$

Scheitel S_2: $\frac{h}{x + 31} = \frac{0,70}{0,60}$

$h \approx 137,43$

Zur Kontrolle: $x = 86,80$

Der Sendemast ist etwa 137 m hoch.

Rückspiegel, Seite 123, links

1

$p^2 = n \cdot (n + m)$; $q^2 = m \cdot (n + m)$

$h^2 = m \cdot n$

$h^2 + n^2 = p^2$; $h^2 + m^2 = q^2$; $p^2 + q^2 = (n + m)^2$

2

a) $x = 5,66$ cm b) $x \approx 40,37$ cm

3

a) $9^2 + 40^2 = 41^2$; $81 + 1600 = 1681$; rechtwinklig

b) $25^2 + 48^2 < 60^2$; stumpfwinklig

c) $11^2 + 60^2 = 61^2$; rechtwinklig

180 Lösungen der Rückspiegel

4
a) $u = 3 \cdot \sqrt{50}$ cm ≈ 21,2 cm
b) $u = 3 \cdot e\sqrt{2}$
$A = \frac{a^2}{4}\sqrt{3} = \frac{(e\sqrt{2})^2}{4}\sqrt{3} = \frac{e^2}{2}\sqrt{3}$

5
$x^2 = 2{,}0^2 \, m^2 + 12{,}0^2 \, m^2$
$x^2 = 148 \, m^2$
$x ≈ 12{,}17 \, m$
$l ≈ 12{,}17 \, m + 2 \cdot 0{,}30 \, m = 12{,}77 \, m$

Rückspiegel, Seite 123, rechts

1
$\overline{AE}^2 + \overline{BE}^2 = \overline{AB}^2$; $\overline{AE}^2 + \overline{DE}^2 = \overline{AD}^2$
$\overline{BE}^2 + \overline{EC}^2 = \overline{BC}^2$; $\overline{DE}^2 + \overline{EC}^2 = \overline{DC}^2$

2
a) $y = 4e$; $x = \sqrt{9e^2 + 9e^2} = 3e\sqrt{2}$
b) $y = 13e$; $y_1 = 11\frac{1}{13}e$; $x = 4\frac{8}{13}e ≈ 4{,}62\,e$

3
a) $7^2 + 24^2 = 25^2$; $49 + 576 = 625$; rechtwinklig
b) $10^2 + 25^2 \neq 26^2$; nicht rechtwinklig, korrigiertes Maß: 24 cm statt 25 cm, denn $10^2 + 24^2 = 26^2$
c) $7{,}5^2 + 18^2 = 19{,}5^2$; rechtwinklig

4
a) $u = 2 \cdot \sqrt{18}$ cm $+ 2 \cdot 3\sqrt{6}$ cm; $u ≈ 23{,}18$ cm
b) $u = 2 \cdot \frac{e}{2}\sqrt{2} + 2 \cdot \frac{e}{2}\sqrt{6} = e(\sqrt{2} + \sqrt{6})$
$A = \frac{e}{2}\sqrt{2} \cdot \frac{e}{2}\sqrt{6} = \frac{e^2}{2}\sqrt{3}$

5
a) $\overline{AC} = \sqrt{34}$ km ≈ 5,83 km
$\overline{AC} + \overline{CB} ≈ 5{,}83$ km $+ 3$ km $≈ 8{,}83$ km
$\frac{5}{8{,}83} ≈ \frac{x}{100}$
$x ≈ 56{,}6\%$
Die Strecke $\overline{AB}$ ist um etwa 43,4% kürzer.
b) $\frac{8}{v} ≈ \frac{5{,}83}{30}$; $v ≈ 41{,}2$ km/h

Rückspiegel, Seite 151, links

1
a) $M = 140 \, cm^2$; $O = 240 \, cm^2$; $V ≈ 163{,}3 \, cm^3$
b) $M ≈ 1{,}54 \, m^2$; $O ≈ 2{,}26 \, m^2$; $V ≈ 0{,}19 \, m^3$

2
a) $O ≈ 108{,}8 \, cm^2$; $V ≈ 66{,}7 \, cm^3$
b) $O ≈ 328{,}9 \, cm^2$; $V ≈ 374{,}4 \, cm^3$

3
$O ≈ 10{,}9 \, m^2$; $V ≈ 1{,}8 \, m^3$

4
In der Verpackung sind etwa 54,6% Luft.

5
$V = 2450 \, cm^3$; Materialbedarf: etwa 1148 cm²

6
a) $M = 60\,e^2$; $O = 96\,e^2$; $V = 48\,e^3$
b) $M = 540\,e^2$; $O = 864\,e^2$; $V = 1296\,e^3$

Rückspiegel, Seite 151, rechts

1
$h_s ≈ 5{,}0$ cm; $h ≈ 4{,}8$ cm; $V ≈ 14{,}4 \, cm^3$

2
a) $b = 18$ cm
b) $O ≈ 203{,}7 \, cm^2$

3
$O ≈ 429{,}4 \, cm^2$

4
$V ≈ 149{,}4 \, cm^3$

5
a) $x ≈ 9{,}0$ cm   b) $x ≈ 7{,}8$ cm

6
a) $O = \pi e^2 (1 + \sqrt{10})$ b) $O = 18\,e^2(\sqrt{3} + \sqrt{11})$
$V = \pi e^3$ $V = 36\,e^3\sqrt{2}$

Lösungen des Bewerbungstrainings

Test 1, Seite 161

1
a) 29,9 b) 1,83 c) 1,5 d) 1,6
e) 0,42 f) 0,048 g) 4532,5 h) 1,9
i) 110 j) 0,85

2
a) 58,94 b) 240,9426 c) 127,05
d) 166,111 e) 22,88 f) 57,81
g) 315 h) 5,31

3
a) $1\frac{2}{7}$ b) $6\frac{11}{40}$ c) $\frac{2}{15}$ d) $3\frac{7}{10}$
e) $\frac{1}{20}$ f) 4 g) $\frac{3}{28}$ h) $\frac{5}{9}$

4
a) 18; 21 b) 21; 3 c) 54; 45 d) A

5
Es sind rund 100 Gummibären.

6
Es starteten 20 310 Flugzeuge.

7
a) x = 7 b) x = 4,5 c) x = $\frac{3}{7}$ d) x = $2\frac{3}{4}$

8
Es hätte 33 Stunden und 20 Minuten gedauert.

9
a) 10 b) 9

10
Die Gesamtfläche beträgt (570 + 225) cm² = 795 cm².

11
Es dauert noch 13 Jahre bis Tina volljährig ist.

12
a) 200 cm b) 5,3 cm c) 1,3 m² d) 182 mm²
e) 70 cm³ f) 3500 l g) 0,384 kg h) 700 g
i) 450 s j) 168 h

13
(12 · 4 · 10) dm³ = 480 dm³
Das Aquarium fasst 480 Liter.

Test 2, Seite 162

1
a) 234 b) 501 c) 24 d) 89
e) 288 f) 352 g) 3400 h) 35
i) 123 j) 800

2
a) 58 758 b) 80 814 c) 6216 d) 4072
e) 10 374 f) 30 596 380
g) 9461,25 h) 208

3
a) $6\frac{2}{3}$ b) $6\frac{2}{9}$ c) $\frac{17}{36}$ d) $-\frac{1}{6}$
e) $4\frac{3}{4}$ f) $\frac{11}{14}$ g) $18\frac{2}{3}$ h) $1\frac{1}{15}$

4
a) Es werden rund 8 Stunden benötigt.
b) Es werden rund 94 Stunden benötigt.

5
Die Oberflächen der beiden Körper sind gleich groß.

6
Der Rucksack kostete vorher 75 €.

7
a) 43 000 g b) 7,5 Ztr.
c) 144 min d) 2 d
e) 106 dm² f) 0,048 29 km²
g) 1380 mm h) 37 dm
i) 25 000 cm³ j) 4630 dm³

8
a) Zur vierten Figur
b) Zur zweiten Figur

9
a) 2 b) 6 c) 4 d) 3 e) 1

10
Die beiden Seiten sind 3 und 7 cm lang.

11
a) 18,6 € b) 34,2 m c) 220 € d) 300 kg
e) $\frac{1}{4}$ = 25 % f) $\frac{1}{4}$ = 25 %

Test 3, Seite 163

1
a) 4,8 b) 10 c) 9,7 d) 2,7
e) 13,5 f) 2100 g) 34,092 h) 210
i) 0,12 j) 2,56

2
a) 5743,36 b) 18,977 c) 714,51 d) 4696,8
e) 196,42 f) 341,04 g) 480,25 h) 3207

3
a) $1\frac{5}{21}$ b) $7\frac{61}{104}$ c) $8\frac{9}{13}$ d) $1\frac{1}{8}$
e) $1\frac{1}{3}$ f) $4\frac{7}{12}$ g) $\frac{3}{10}$ h) $1\frac{1}{14}$

4
a) 28; 36 d)
b) 81; 243
c) 49; 64

5
Es sind 1400 m³.

6
a) Es können 162 500 Flaschen abgefüllt werden.
b) In der nächsten Schicht können nur 130 000 Flaschen abgefüllt werden, falls die dritte Anlage nicht repariert wird.

7
Es sind bereits 52 m² verlegt.

8
Die Gesamtfläche beträgt
(9 + 3) cm² = 12 cm².

9
Der Umsatz müsste bei 22 000 € monatlich liegen.

10
a) 900 cm² b) 0,0243 m² c) 95 a d) 823 000 ml
e) 250 g f) 5125 ml g) 0,08 m³ h) 500 kg
i) 35 kg j) 720 min k) 750 000 g l) 1200 m

11
Der Bauer besitzt 20 Kaninchen und 50 Hühner.

12
Deutschland ist ungefähr 320 000 km² groß.

Test 4, Seite 164

1
a) 154 b) 800 c) 47 d) 138
e) 17,2 f) 1,68 g) 4800 h) 82,4
i) 170 j) 90

2
a) 4670,77 b) 5469,263 c) 12,15 d) 3765,19
e) 6,12 f) 111,111 g) ≈ 5,6 h) 805

3
a) $\frac{8}{11}$ b) $16\frac{5}{12}$ c) $\frac{37}{65}$ d) $\frac{9}{20}$
e) $\frac{1}{6}$ f) $40\frac{11}{18}$ g) $\frac{2}{5}$ h) $\frac{9}{10}$

4
a) x = 5 b) x = 15 c) x = 91 d) x = 38
e) x = 0,3 f) x = 0,4 g) x = 1,15 h) x = 7,4

5
Die Anzahl der Passagiere stieg um rund 8 %.

6
Die 70 m² große Wohnung kostet 336 €.

7
a) 120 dm b) 120 m c) 0,12 cm
d) 3 ha e) 58 000 m² f) 4000 cm²
g) 8 l h) 0,67 hl i) 0,037 cm³
j) 168 min k) 5 h 45 min l) 534 min

8
a) Zur dritten Figur
b) Zur ersten Figur

9
a) 60,8 m b) 0,54 kg c) 120 t
d) 1500 m² e) $\frac{1}{10}$ = 10 % f) $\frac{7}{100}$ = 7 %

10
r ≈ 7 cm; u ≈ 44 cm

11
Das Projekt dauert dann insgesamt 11 Tage.

12
Der Zaun ist etwa 4 m hoch.

13
Elke ist 30, Sabine ist 10 Jahre alt.

Lösungen des Bewerbungstrainings

Test 5, Seite 165

1
a) 51   b) 0,8   c) 1600   d) 900
e) 720   f) 19   g) 300   h) 1782

2
a) 362,67   b) 50   c) 22,53   d) 111,07
e) 6,29   f) 0,25914   g) 207,25   h) 180

3
a) $2\frac{5}{9}$ b) $6\frac{1}{2}$ c) $\frac{1}{3}$ d) $2\frac{3}{10}$
e) $1\frac{1}{5}$ f) $1\frac{23}{25}$

4
a) 15; 9; 2   b) 16; 24; 15
c) 14; 13; 19   d) 96; 192; 384

5
a) 8   b) 8

6
Es kann 3000 m³ Getreide aufnehmen.

7
Die gesuchte Zahl ist 32.

8
Es sind rund 240 Schmetterlinge zu sehen.

9
a) 300 cm   b) 5000 mm
c) 8 m   d) 0,017 km
e) 0,365 m²   f) 3 000 000 m²
g) 1240 mm²   h) 70 a
i) 300 mm³   j) 35 000 cm³
k) 66 h   l) 276 min
m) 560 kg   n) 0,5 mg

10
Das Fassungsvermögen beträgt 162 l, also rund 160 Liter.

11
6 Maurer benötigen etwa 16 Tage.

12
a) Der gesamte Flächeninhalt beträgt
(30 + 30 + 100 + 48) cm² = 208 cm².

Test 6, Seite 166

1
a) 379   b) 36,85   c) 256   d) 15

2
a) 920,08   b) −239,9   c) 419,6556   d) 9,8356

3
a) $1\frac{1}{21}$ b) $\frac{13}{60}$ c) 1   d) $1\frac{13}{15}$

4
a) 32 64 128   b) 60 62 124   c) 36 18 72
d) 69 63 189   e) C
f) 84 21 11 oder 76 21 11

5
Es sind rund 280 Flamingos.

6
Es fasst 800 Liter Wasser.

7
x = 7; y = 8

8
Sein Volumen beträgt 512 mm³.

9
a) Der Eigentümer erhält 127 125 €.
b) Dem Eigentümer verbleiben 83,26 % der Fläche.

10
a) Diagramm 2   b) Diagramm 3   c) Diagramm 4

11
a) 1200 cm²   b) 0,5 m   c) 9 min 4 s   d) 500 ml

Einstellungstest 1, Seite 167

1
a) 161   b) 31   c) 12,2   d) 1,7
e) 19,5   f) 1,2   g) 12   h) 0,6

2
a) 561,24   b) 106,286   c) 38 314,5   d) 28,891 84
e) 4,757   f) 5,31

3
a) $\frac{5}{12}$ b) $1\frac{2}{15}$ c) $\frac{1}{10}$ d) $\frac{5}{6}$
e) $\frac{1}{4}$ f) $\frac{3}{10}$

4
a) Gefäß 3   b) Gefäß 2   c) Gefäß 4   d) Gefäß 1

5
a) 800 m b) 2850 l c) 500 000 m² d) 0,03 t

6
a) 10,5 € b) 1500 m c) 0,05 = 5 %

7
a) 7 b) 10

8
Steffens Guthaben beträgt 200 €.

9
Sein Umfang ist 110 m lang.

10
O = 208,81 dm²   V = 230,79 dm³

Einstellungstest 2, Seite 168

1
a) 142 b) 1,8 c) 34,8 d) 6

2
a) 139,74 b) 1,74 c) 2083,2 d) ≈ 5,375

3
a) $7\frac{2}{15}$ b) $\frac{7}{24}$ c) $\frac{7}{45}$ d) $1\frac{7}{9}$

4
a) 350 cm b) 8 min 40 s c) 7248 s
d) 40 000 mg e) 3,45 km² f) 3 871 302 ml

5
a) x = 12 b) x = 25 c) x = 5,9 d) x = 45

6
a) 3,75 € b) 21,6 kg c) 800 € d) 0,075 = 7,5 %

7
a) 10 b) 11

8
Es waren 15 Mofas und 20 Pkw.

9
340 Liter

10
a) Die Fläche ist 40 404 m² groß.
b) 404,04 a; 4,0404 ha
c) Jeder Bauplatz wird 962 m² groß.

11
a) 1 17 0 b) 18 9 27 c) 7 2 4 d) 6 12 3

12
Man muss 400 Tonnen Erz abbauen.

Einstellungstest 3, Seite 169

1
a) 12,7 b) 187 c) 270 d) 92

2
a) 9012,34 b) 23,21 c) 307,53 d) 3,83

3
a) 9 b) 12 c) 7 d) 225
e) 216 f) 128

4
72 m² ≈ 70 m²

5
93,94 dm² + 211,15 dm² = 305,09 dm² ≈ 3,05 m²
Das Blech wiegt ungefähr 41,19 kg.

6
Sein Flächeninhalt beträgt 32 cm².

7
Frau Pfiffig zahlte nach 50 Tagen 2900 € zurück.

8
a) 7 b) 14

9
Die Fraport-AG hatte 12 900 Mitarbeiter.

10
Der Fernseher kostete ursprünglich 1150 €.

11
Es sind rund 350 Menschen zu sehen.

12
Der Notendurchschnitt beträgt 3,32.

13
Die Zahlen sind 40 und 60.

Register

Addition von Quadratwurzeln 50, 54
Additionsverfahren 23, 34
ähnlich 84, 94
Anfangskapital 64, 72

Bestimmen von Quadratwurzeln 45, 54
Bogenlänge des Kegelmantels 135
Break-Even-Point 27

Distributivgesetz 50
Division von Quadratwurzeln 48, 54

effektiver Jahreszins 74
Einsetzungsverfahren 22, 34
erster Strahlensatz 87, 94

Fibonacci-Zahlen 57
Flächeninhalt des Kreisausschnitts 133

Gleichsetzungsverfahren 20, 34
Gleichungssystem, lineares 16, 34

Halbebene 28, 34
Heron-Verfahren 47
Höhensatz 104, 117
Hypotenuse 102, 117

Intervall 45, 54
irrationale Zahlen 46

Jahreszins, effektiver 74
Jahreszinsen 62, 72

Kapital 62, 72
Kathete 102, 117
Kathetensatz 102, 117
Kegel 135, 146
–, Mantelfläche 135, 146
–, Oberflächeninhalt 135, 146
–, Volumen 137, 146
Kleinkredit 69, 72
Kreditbetrag 69, 72
Kreisausschnitt 133
–, Flächeninhalt 133
Kreisbogen 133
–, Länge 133
Kubikwurzel 52, 54
Kubikzahl 52, 54
Kugel 141, 146
–, Oberflächeninhalt 141, 146
–, Volumen 139, 146

Länge des Kreisbogens 133
Laufzeit 69, 72
lineare Gleichung mit zwei Variablen 14
lineare Ungleichung
    mit zwei Variablen 28, 34
lineares Gleichungssystem 16, 34
–, Optimieren 32, 34
–, Ungleichungssystem 30, 34
Lösen
– durch Addieren 23, 34
– durch Einsetzen 22, 34
– durch Gleichsetzen 20, 34
Lösung
– einer linearen Gleichung 14
– einer linearen Ungleichung 28
– eines linearen
    Gleichunggsystems 16, 34
–, eines linearen
    Ungleichungssystems 30, 34

Mantelfläche
– der Pyramide 128, 146
– des Kegels 135, 146
– des Prismas 126
– des Zylinders 126
Mantellinie des Kegelmantels 135
Modellieren mit, linearen
    Gleichungssystemen 25
Multiplikation von
    Quadratwurzeln 48, 54

n-te Wurzel 52, 54

Oberflächeninhalt
– des Prismas 126
– des Zylinders 126
– der Kugel 141, 146
– der Pyramide 128, 146
– des Kegels 135, 146
– des Pyramidenstumpfs 145
– zusammengesetzter Körper 143, 146
Optimieren, lineares 32, 34

Planungsgebiet 30, 32
Prisma
–, Mantelfläche 126
–, Oberflächeninhalt 126
–, Volumen 126
Punktprobe 29
Pyramide 128, 146
–, Mantelfläche 128, 146
–, Oberflächeninhalt 128, 146
–, Volumen 131, 146
Pyramidenstumpf 145
–, Oberflächeninhalt 145
–, Volumen 145
Pythagoras, Satz des 106, 117
pythagoreisches Zahlentripel 108

Quadratwurzel 42, 54
Quadratwurzeln
– addieren 50, 54
– bestimmen 45, 54
– dividieren 48, 54
– multiplizieren 48, 54
– subtrahieren 50, 54
Quadratzahl 42
Quadrieren 42

Radizieren 42
Randgerade 28, 34
Ratenkauf 71, 72
Rechengesetze für
    Quadratwurzeln 48, 50, 54
reelle Zahlen 46

Satz des Pythagoras 106, 117
Satz des Pythagoras anwenden 113
Satz des Pythagoras
    im Koordinatensystem 121
Satz des Pythagoras in
    geometrischen Figuren 109, 117
Satz von Cavalieri 140
Strahlensatz
–, erster 87, 94
–, zweiter 87, 94
Strahlensätze anwenden 90
Streckfaktor 80, 94
Streckung, zentrische 80, 94
Streckzentrum 80, 94
Subtraktion von Quadratwurzeln 50, 54
System linearer Ungleichungen 30, 34

teilweise Wurzelziehen   48, 54

Variable   14, 34
vergrößern   80, 94
verkleinern   80, 94
Volumen
– der Kugel   139, 146
– der Pyramide   131, 146
– des Kegels   137, 146
– des Prismas   126
– des Pyramidenstumpfs   145
– des Zylinders   126
– zusammengesetzter Körper   143, 146

Wurzel, n-te   52, 54
Wurzelziehen   42, 54
–, teilweise   48, 54

Zahlenpaar   14
zentrische Streckung   80, 94
Zielfunktion   32, 34
Zielgerade   32
Zinsen   62, 72
Zinseszinsen   64, 72
Zinseszinsformel   64, 72
Zinsfaktor   64, 72
Zinssatz   62, 72
zusammengesetzte Körper
–, Oberflächeninhalt   143, 146
–, Volumen   143, 146
Zuwachssparen   67, 72
Zwei-Punkte-Form der
     Geradengleichung   37
zweiter Strahlensatz   87, 94
Zylinder, Mantelfläche   126
–, Oberflächeninhalt   126
–, Volumen   126

Mathematische Symbole

=	gleich	A, B, ... , P, Q, ...	Buchstaben für Punkte
≈	ungefähr gleich	α, β, γ, δ, ...	griechische Buchstaben für Winkel
<	kleiner als		
>	größer als	$\overline{AB}$	Strecke mit den Endpunkten A und B
$\mathbb{N}$	Menge der natürlichen Zahlen		
$\mathbb{R}$	Menge der reellen Zahlen	A(−2|4)	Punkt im Koordinatensystem mit dem x-Wert −2 und y-Wert 4
$\mathbb{Z}$	Menge der ganzen Zahlen		
$\mathbb{Q}$	Menge der rationalen Zahlen	π	Kreiszahl
g ⊥ h	die Geraden g und h sind zueinander senkrecht	√	Wurzel
∟	rechter Winkel		
g ∥ h	die Geraden g und h sind parallel		
g, h, ...	Buchstaben für Geraden		

Maßeinheiten und Umrechnungen

Zeiteinheiten

Jahr	Tag	Stunde	Minute	Sekunde
1 a =	365 d			
	1 d =	24 h		
		1 h =	60 min	
			1 min =	60 s

Gewichtseinheiten

Tonne	Kilogramm	Gramm	Milligramm
1 t =	1000 kg		
	1 kg =	1000 g	
		1 g =	1000 mg

Längeneinheiten

Kilometer	Meter	Dezimeter	Zentimeter	Millimeter
1 km =	1000 m			
	1 m =	10 dm		
		1 dm =	10 cm	
			1 cm =	10 mm

Flächeneinheiten

Quadrat-kilometer	Hektar	Ar	Quadrat-meter	Quadrat-dezimeter	Quadrat-zentimeter	Quadrat-millimeter
1 km² =	100 ha					
	1 ha =	100 a				
		1 a =	100 m²			
			1 m² =	100 dm²		
				1 dm² =	100 cm²	
					1 cm² =	100 mm²

Raumeinheiten

Kubikmeter	Kubikdezimeter	Kubikzentimeter	Kubikmillimeter
1 m³ =	1000 dm³		
	1 dm³ =	1000 cm³	
	1 l =	1000 ml	
		1 cm³ =	1000 mm³

Bildquellenverzeichnis

U1: Fotosearch Stock Photography (BrandXPictures), Waukesha, WI; 4.1: Klett-Archiv (komaamok), Stuttgart; 4.2: Avenue Images GmbH (Stockbyte), Hamburg; 4.3: Avenue Images GmbH (Stock Disc), Hamburg; 4.4: Picture-Alliance (Wolfgang Thieme), Frankfurt; 5.1: Getty Images (Taxi), München; 5.2: Getty Images (Greg Elms/Lonely Planet Images), München; 5.3: Getty Images (Woods Wheatcroft), München; 5.4: iStockphoto (RF/David Freund), Calgary, Alberta; 12.1: Klett-Archiv (komaamok), Stuttgart; 12.2: Getty Images (Phillip Jarrell), München; 12.3: Klett-Archiv (komamok), Stuttgart; 12.4: Picture-Alliance (Zentralbild/Peter För), Frankfurt; 13.2: f1 online digitale Bildagentur (Wave Images), Frankfurt; 14.1: Klett-Archiv (komaamok), Stuttgart; 15.2: Klett-Archiv (KD Busch Fotostudio GmbH), Stuttgart; 16.1: Klett-Archiv (komaamok), Stuttgart; 18.3: Imago Stock & People (Niehoff), Berlin; 20.1: Viscom Fotostudio (Siegfried Schenk), Schwäbisch Gmünd; 26.1: Mauritius (Hackenberg), Mittenwald; 27.2: laif (Specht), Köln; 36.4: iStockphoto (RF), Calgary, Alberta; 40.1; 40.4: Avenue Images GmbH (Stockbyte), Hamburg; 41.3: Getty Images (Image Bank), München; 43.1: Ullstein Bild GmbH (Fritsch), Berlin; 45.1: Klett-Archiv (Simianer & Blühdorn), Stuttgart; 47.3: Picture-Alliance (akg-images), Frankfurt; 55.1: Bananastock RF, Watlington/Oxon; 57.1: Corbis (Bettmann), Düsseldorf; 60.1: Avenue Images GmbH (Stock Disc), Hamburg; 60.2: Avenue Images GmbH (Medio Images), Hamburg; 60.3: Avenue Images GmbH (Photodisc), Hamburg; 60.4: Avenue Images GmbH (Image Source), Hamburg; 61.1: Getty Images (Stock 4 B), München; 61.2: Avenue Images GmbH (Stockbyte), Hamburg; 62.1: Image Source (RF), Köln; 63.2: Mauritius (Gilsdorf), Mittenwald; 64.1: Avenue Images GmbH (Corbis RF), Hamburg; 66.1: MEV Verlag GmbH, Augsburg; 67.1: Getty Images (taxi/Benelux Press), München; 68.3: Picture-Alliance, Frankfurt; 74.1: Corbis, Düsseldorf; 76.1: Avenue Images GmbH (Comstock), Hamburg; 76.2: MEV Verlag GmbH, Augsburg; 78.1: Picture-Alliance (Wolfgang Thieme), Frankfurt; 78.2: Getty Images (Image Bank), München; 78.3: Avenue Images GmbH (Stockbyte), Hamburg; 79.1: Getty Images (Dorling Kindersley), München; 79.3: Getty Images (Image Bank), München; 83.4: Picture-Alliance (Heiko Wolfraum), Frankfurt; 86.1: Corel Corporation Deutschland, Unterschleissheim; 93.2: Astrofoto (Dorst), Sörth; 98.1: Okapia (G. Jendreyzik), Frankfurt; 100.1: Getty Images (Taxi), München; 100.2: Getty Images (Photonica), München; 100.4: Avenue Images GmbH (PhotoDisc), Hamburg; 100.5: Getty Images (Stone), München; 101.2: Getty Images (First Light), München; 101.3: Avenue Images GmbH (Photo Alto), Hamburg; 101.4; 101.5: Avenue Images GmbH (Digital Vision), Hamburg;

106.1: Klett-Archiv (Simianer & Blühdorn), Stuttgart; 107.6: Corbis (Gianni Dagli Orti), Düsseldorf; 108.1: MEV Verlag GmbH, Augsburg; 114.5: iStockphoto (Vladimir Tatarevic), Calgary, Alberta; 115.4: AKG, Berlin; 115.5: Simon, Bernd, Hürtgenwald; 115.9: Robert Bosch GmbH, Stuttgart; 116.2: MEV Verlag GmbH, Augsburg; 118.1: Schwaneberger Verlag GmbH Unterschleißheim, MICHEL-Nummer 633; 119.2: ddp Deutscher Depeschendienst GmbH (mecom/Lohnes), Berlin; 124.1: Getty Images (Greg Elms/Lonely Planet Images), München; 124.2; 126.1: Picture-Alliance (Kalaene), Frankfurt; 141.3: Dreamstime LLC (Pamelajane), Brentwood, TN; 141.4: schulverlag blmv AG, Bern und Klett und Balmer AG, Zug, 2004/Fotografin: Stephanie Tremp; 142.1: Corel Corporation Deutschland, Unterschleissheim; 142.3: Mauritius (Hubatka), Mittenwald; 148.1: Mauritius (Werner Otto), Mittenwald; 149.1: Getty Images (Stone/Bruce Forster), München; 149.2: Stabsbereich Kommunale Kriminalprävention, Stuttgart; 152.1: Getty Images (Woods Wheatcroft), München; 152.2: Getty Images (Chabruken), München; 152.3; 152.4: Getty Images (ColorBlind Images), München; 153.1: Getty Images (Justin Pumfrey), München; 153.2: Getty Images (altrendo images), München; 153.3: Fotosearch Stock Photography (Stockbyte), Waukesha, WI; 156.1: creativ collection Verlag GmbH, Freiburg; 156.2: Avenue Images GmbH (PhotoDisc), Hamburg; 157.1: Picture-Alliance (dpa/Reeh), Frankfurt; 157.2: Hofmeister, Anja, Malmsheim; 157.3: iStockphoto (Jaap2), Calgary, Alberta; 157.4: MEV Verlag GmbH, Augsburg; 161.2: Klett-Archiv (Martina Backhaus), Stuttgart; 164.3: Klett-Archiv (Martina Backhaus), Stuttgart; 165.2: JupiterImages photos.com (photos.com), Tucson, AZ; 166.2: Corbis (Yann Arthus-Bertrand), Düsseldorf; 169.3: Corbis (Arnd Wiegmann/Reuters), Düsseldorf; 170.1: iStockphoto (Anna Milkova), Calgary, Alberta; 170.3: IFA-BILDERTEAM GmbH (Selma), Ottobrunn; 171.1: JupiterImages photos.com (photos.com), Tucson, AZ; 171.2: iStockphoto (blackred), Calgary, Alberta; 171.3: shutterstock (Mark Stout Photography), New York, NY; 172.1: iStockphoto (RF/Alison Cornford-Matheson), Calgary, Alberta; 173.2: RAL, Sankt Augustin

*Alle übrigen Fotos entstammen dem Archiv des
Ernst Klett Verlages, Stuttgart.*

Nicht in allen Fällen war es uns möglich, den uns bekannten Rechteinhaber ausfindig zu machen. Berechtigte Ansprüche werden selbstverständlich im Rahmen der üblichen Vereinbarungen abgegolten.